U0196654

定本 発振回路の設計と応用

稲葉 保 CQ出版株式会社 2003

著 者 简 介

稲叶 保

　　1948 年 生于千叶县

　1968 年 国立仙台电波高等学校毕业

　1968 年 取得 1 级无线通信师资格

　1971 年 进入原电子测量仪器株式会社

　1974 年 辞职

　1976 年 设立株式会社日本 Circuit Design 公司

现 在 任株式会社日本 Circuit Design 公司董事长

著 作 《振荡电路完全手册》(日本广播出版协会)

　　　《模拟电路的实用设计》(CQ 出版)

　　　《精选模拟实用电路集》(CQ 出版)

　　　《电子电路故障对策技巧》(合著, CQ 出版)等

实用电子电路设计丛书

振荡电路的设计与应用

RC 振荡电路到数字频率合成器的实验解析

〔日〕 稻叶 保 著

何希才 尤克 译

科学出版社

北京

图字：01-2003-7939号

内 容 简 介

　　本书是"实用电子电路设计丛书"之一。本书主要介绍振荡电路的设计与应用,内容包括基本振荡电路、RC 方波振荡电路的设计、RC 正弦波振荡电路的设计、高频 LC 振荡电路的设计、陶瓷与晶体振荡电路的设计,以及函数发生器的设计、电压控制振荡电路的设计、PLL 频率合成器的设计、数字频率合成器的设计,等等。

　　本书系统全面,具有极高的实用性和可操作性,便于读者自学和理解,可供电子、通信等领域技术人员以及大学相关专业的本科生、研究生参考,也可供广大的电子爱好者学习参考。

图书在版编目(CIP)数据

　　振荡电路的设计与应用/(日)稻叶保著;何希才,尤克译.—北京:
科学出版社,2004(2025.1重印)
　　(实用电子电路设计丛书)
　　ISBN 978-7-03-013444-8

　　Ⅰ.①振… Ⅱ.①稻… ②何… ③尤… Ⅲ.①电子电路—电路设计
Ⅳ.TN702

　　中国版本图书馆 CIP 数据核字(2004)第 033033 号

责任编辑:杨　凯　崔炳哲 / 责任制作:魏　谨
责任印制:霍　兵 / 封面设计:李　力

科 学 出 版 社 出版
北京东黄城根北街 16 号
邮政编码:100717
http://www.sciencep.com

北京凌奇印刷有限责任公司印刷
科学出版社发行　各地新华书店经销

*

2004年9月第 一 版　开本:B5(720×1000)
2025年1月第二十一次印刷　印张:18 1/2
字数:332 000

定　价:**39.00元**
(如有印装质量问题,我社负责调换)

前　言

本书主要介绍振荡电路的设计与应用。振荡电路的振荡频率与波形等随用途不同而异,各式各样的振荡电路应用在各种电子设备中。

参考电子电路有关书籍进行振荡电路设计时,若书中提供的设计实例与现实中需要的电路特性相差甚远,则要考虑电路参数的确定与元器件的选用等诸多麻烦的因素。

如果只提"振荡",那是个简单的话题,但是振荡电路若要满足频率稳定度、波形纯正度(谐波失真、寄生振荡等)、温度特性、电源电压特性等,需要掌握的技术范围很广。原因是进行优良的电路设计时,需要同时满足各种电气特性。例如,以元器件廉价作为前提,要求设计的规格是振荡频率稳定性高(仅指晶体振荡器)、波形失真小时,这就需要研究兼顾两者的规格要求,采取折衷方案进行合理设计。

对于使用的元器件,有人说只要选用高性能(通常价钱昂贵)元器件就能获得良好的波形,实际未必是这样的。原因是元器件的性能也有与电气特性无关的时候。那么,如何降低使用元器件的特性,降低到什么程度,这就需要掌握元器件的基本知识、电路设计技术以及电路的工作原理等。若没有这些综合技术,就无法设计出性能均衡的振荡电路。

对于振荡电路,除此以外还有各种项目需要研究,同时需要选择电路方式,这与一般的放大器和滤波器相比较也有麻烦的一面,但有趣的是"根据客户的要求可以定做电路"。对于电路设计者更感兴趣的是振荡电路。

然而,在现实中还没有见到简单易懂,容易理解振荡原理的可作为振荡电路的入门教科书,而本书是一本真正容易理解振荡电路工作原理并用于设计的入门教科书,它是在 CQ 出版株式会社已出版的《晶体管技术》一书的基础上增加一些内容而编写成的。

本书由 10 章构成,第 1 章概论,主要涉及振荡电路的入门技术,介绍振荡电路的输出波形以及如何使用的问题。

第 2 章基本振荡电路,主要介绍市售振荡模块的使用方法。

第 3 章 RC 方波振荡电路的设计,从这章开始便是读者学习的重点,通过实验学习有关的工作原理与设计的基本事项。由于现在是数字的鼎盛时代,方波的振荡波形也有很多用途,这时可用逻辑 IC 构成振荡器。读者在本章中可以学到这些电路技术。

第 4 章 RC 正弦波振荡电路的设计,介绍最基本振荡电路的正弦波的发生,给出典型的维恩电桥式与状态变量型的正弦波实例,并介绍振幅稳定电路与低失真化的技术。

第 5 章高频 *LC* 振荡电路的设计,这是有一定历史的 *LC* 振荡电路,但作为约 200MHz 以下的高频振荡电路,现如今也只在 VCO 以及频率稳定度要求不高的领域得到广泛的应用。

第 6 章陶瓷与晶体振荡电路的设计,这是陶瓷与晶体振子的应用电路,也是电子电路应用最多的中频率稳定度最高的方式。

第 7 章函数发生器的设计,这是频率可变范围很宽的函数发生器,它应用于测试电路等的振荡方式。

第 8 章电压控制振荡电路的设计,这是频率可变范围较窄的振荡电路,用电压改变其频率的称为 VCO,应用 *LC* 振荡方式与机械振子的电路。

第 9 章 PLL 频率合成器的设计,这是高频振荡电路中固定的 PLL 方式。

第 10 章数字频率合成器的设计,这一章介绍在不久的将来的一般化数字频率合成器的内容。

最后,对提供本书出版机会的 CQ 出版株式会社的蒲生良治先生表示衷心的感谢。

著　者

目　　录

第1章　概　论 ……………………… 1

　1.1　振荡电路的波形 ……………………… 1

　　1.1.1　正弦波(sin 波) ……………………… 1

　　1.1.2　方波与脉冲波 ……………………… 2

　　1.1.3　三角波与斜波 ……………………… 3

　　1.1.4　脉冲串与扫频波 ……………………… 4

　1.2　振荡电路的基础 ……………………… 5

　　1.2.1　数字电路中的时钟发生器 ……………………… 5

　　1.2.2　电视机与收音机等中使用的振荡电路 ……………………… 6

　　1.2.3　高稳定度振荡的晶体与陶瓷 ……………………… 6

　　1.2.4　精度要求不高的 RC 与 LC 振荡器 ……………………… 7

　　1.2.5　振荡频率可变技术 ……………………… 8

　　1.2.6　方波与正弦波的不同处理方式 ……………………… 9

第2章　基本振荡电路 ……………………… 11

　2.1　用于数字电路的晶振模块 ……………………… 11

　　2.1.1　性能良好的振荡模块 ……………………… 11

　　2.1.2　晶振模块的规格 ……………………… 12

　　2.1.3　晶振模块的测试 ……………………… 14

　　2.1.4　高频波形测试的探头 ……………………… 17

　　2.1.5　高频时钟波形的改善方法 ……………………… 18

　　2.1.6　内有分频器的振荡模块 ……………………… 19

　2.2　用于模拟电路的正弦波振荡模块 ……………………… 21

　　2.2.1　模拟电路模块 ……………………… 21

　　2.2.2　电阻调谐式二相振荡器 OSC-05X ……………………… 23

　　2.2.3　低失真率二相振荡器 OSC-202A ……………………… 24

　　2.2.4　可编程低频二相振荡器 OSC-201A ……………………… 25

　　2.2.5　直接数字频率合成器 OSC-16B ……………………… 27

第 3 章 *RC* 方波振荡电路设计 ············· 29

3.1 施密特 IC 构成的振荡电路 ············· 29

3.1.1 使用元器件最少的振荡电路 ············· 29

3.1.2 施密特反相器的工作原理 ············· 29

3.1.3 振荡工作原理 ············· 32

3.1.4 振荡频率的计算方法 ············· 33

3.1.5 电路常数的限制 ············· 36

3.1.6 超低频振荡的关键问题 ············· 37

3.1.7 最高振荡频率的界限 ············· 38

3.1.8 电源电压与振荡频率的变化 ············· 40

3.1.9 TTL 施密特触发器构成的振荡电路 ············· 41

3.2 CMOS 反相器构成的振荡电路 ············· 41

3.2.1 稳定度高于施密特方式的振荡电路 ············· 41

3.2.2 CMOS 反相器振荡电路的振荡原因 ············· 43

3.2.3 限流电阻的选用 ············· 45

3.2.4 1kHz 振荡频率的设计实例 ············· 46

3.2.5 定时电容的选用 ············· 47

3.2.6 很高振荡频率时工作状态 ············· 47

3.3 使用运算放大器的方波振荡电路 ············· 48

3.3.1 振幅的任意设定 ············· 48

3.3.2 振荡工作原理 ············· 49

3.3.3 振荡频率的计算 ············· 51

3.3.4 输出限幅的设计方法 ············· 52

3.3.5 *RC* 时间常数的设定 ············· 53

3.3.6 频率连续可变的振荡电路 ············· 53

3.3.7 提高振荡频率的方法 ············· 54

3.4 使用专用 IC 555 的振荡电路 ············· 57

3.4.1 原始定时器/振荡专用 IC ············· 57

3.4.2 555 的工作机理 ············· 59

3.4.3 定时常数的决定 ············· 61

3.4.4 555 外围电路元器件的选用 ············· 62

3.4.5 最高振荡频率设定为 100kHz 左右的理由 ············· 63

3.5 使用数字电路的定时整形 ············· 64

3.5.1 带有触发功能的振荡电路 ············· 64

　　3.5.2　占空比为1∶1的二相时钟发生器 ……………… 65

第4章　*RC*正弦波振荡电路设计 ……………… 67

4.1　维恩电桥振荡电路的工作原理 ……………… 67

　　4.1.1　放大电路中正反馈 ……………… 67

　　4.1.2　电源接通到振荡开始的波形 ……………… 68

　　4.1.3　振荡条件 ……………… 68

　　4.1.4　*RC*串并联电路网络的特性实验 ……………… 71

4.2　限幅型维恩电桥振荡电路 ……………… 72

　　4.2.1　基本电路 ……………… 72

　　4.2.2　采用LED限幅的振幅稳定化电路 ……………… 73

　　4.2.3　1kHz振荡频率时常数与元器件的选择 ……………… 75

　　4.2.4　高低振荡频率时注意事项 ……………… 76

4.3　AGC型维恩电桥振荡电路 ……………… 78

　　4.3.1　振幅稳定化AGC中使用FET的电路 ……………… 78

　　4.3.2　FET的可变电阻特性 ……………… 79

　　4.3.3　自动增益控制(AGC)的工作原理 ……………… 82

　　4.3.4　振荡电路的参数与元器件的选择 ……………… 83

　　4.3.5　振幅稳定化和实际AGC电路 ……………… 84

　　4.3.6　100kHz振荡频率时实验波形 ……………… 85

　　4.3.7　振荡频率可变方法 ……………… 86

4.4　状态变量型低失真正弦波振荡电路 ……………… 87

　　4.4.1　振荡频率选择中使用的有源滤波器 ……………… 87

　　4.4.2　状态变量型有源滤波器 ……………… 88

　　4.4.3　带通滤波器的频率与相位特性 ……………… 91

　　4.4.4　10kHz振荡电路的构成 ……………… 92

　　4.4.5　较大失真的确认 ……………… 94

　　4.4.6　改变振荡频率时注意事项 ……………… 95

4.5　状态变量型超低频二相振荡电路 ……………… 96

　　4.5.1　产生超低频正弦波的关键 ……………… 96

　　4.5.2　使用稳压管的限幅电路 ……………… 97

　　4.5.3　0.1Hz振荡电路的常数 ……………… 99

　　4.5.4　二相振荡即正弦/余弦输出 ……………… 99

　　4.5.5　振荡频率可变方法 ……………… 100

第 5 章　高频 *LC* 振荡电路设计 ……………………… 102

5.1 *LC* 振荡电路的工作原理 …………………… 102

5.1.1 *LC* 振荡的原理 ………………… 102

5.1.2 传统的晶体管电路 ……………… 105

5.2 发射极调谐式 *LC* 振荡电路 ……………… 107

5.2.1 反耦合发射极调谐式振荡电路 ……… 107

5.2.2 1MHz 频率振荡电路 ……………… 107

5.2.3 失真小的正弦波形 ……………… 108

5.2.4 输出正弦波的理由 ……………… 110

5.3 改进型科耳皮兹 *LC* 振荡电路 …………… 112

5.3.1 科耳皮兹基本振荡电路 …………… 112

5.3.2 VHF 频段振荡电路方案 …………… 113

5.3.3 100MHz 调谐电路的设计 ………… 114

5.3.4 直流偏置的设计 ………………… 115

5.3.5 100MHz 振荡频率的实验 ………… 115

5.4 基极调谐式 *LC* 振荡电路 ………………… 117

5.4.1 基极调谐式基本振荡电路 ………… 117

5.4.2 近接开关用的振荡电路 …………… 118

5.4.3 最佳振荡的实验 ………………… 119

5.4.4 近接开关 ……………………… 121

第 6 章　陶瓷与晶体振荡电路设计 ……………… 122

6.1 陶瓷与晶体振荡电路的结构 ……………… 122

6.1.1 陶瓷与晶体振子的使用方式 ……… 122

6.1.2 陶瓷与晶体振子的等效电路及振荡频率 … 123

6.1.3 电感性(*L*)范围的应用 …………… 125

6.1.4 陶瓷振子的寄生特性 …………… 126

6.2 CMOS 反相器陶瓷振荡电路 ……………… 127

6.2.1 CMOS 反相器的模拟特性 ………… 127

6.2.2 接有陶瓷振子时的频率特性 ……… 129

6.2.3 抑制寄生振荡的阻尼电阻 ………… 130

6.2.4 74HCU04 与 74HC04 的微妙差别 … 132

6.2.5 4069B 以 3.58MHz 产生振荡 …… 133

6.2.6 振荡频率的微调方法 …………… 134

6.3　晶体管陶瓷振荡电路 …………………………… 135

　　6.3.1　基本的科耳皮兹振荡电路 ……………………… 135

　　6.3.2　455kHz 频率振荡时电路常数 …………………… 136

　　6.3.3　CSB455E 陶瓷振子的特性 ……………………… 136

　　6.3.4　1.5V 电源电压时电路的工作情况 ……………… 137

6.4　调谐式晶体管晶体振荡电路 …………………… 138

　　6.4.1　LC 科耳皮兹振荡电路的工作情况 …………… 138

　　6.4.2　晶体管电路工作点的决定 ……………………… 139

　　6.4.3　输出调谐电路的设计 …………………………… 140

　　6.4.4　振荡工作与波形的确认 ………………………… 141

　　6.4.5　输出带有缓冲器的电路 ………………………… 142

6.5　无电感线圈的晶体管晶体振荡电路 …………… 143

　　6.5.1　无电感线圈的振荡电路 ………………………… 143

　　6.5.2　4.096MHz 振荡电路的设计 …………………… 144

　　6.5.3　波形同 C_1 与 C_2 之比率的关系 …………… 144

6.6　不用调整的晶体管晶体振荡电路 ……………… 146

　　6.6.1　输出正弦波的简单电路 ………………………… 146

　　6.6.2　1MHz 频率振荡时电路常数与元器件的选用 …… 147

　　6.6.3　1.024MHz 时 $C_1 \gg C_2$ 的实验情况 ………… 148

6.7　谐波晶体振荡电路 ……………………………… 150

　　6.7.1　何谓谐波振荡 …………………………………… 150

　　6.7.2　100MHz 的谐波振荡电路 ……………………… 151

　　6.7.3　调谐电路中 L 与 C 的计算 ………………… 151

6.8　利用 LC 滤波器的正弦波振荡电路 …………… 153

　　6.8.1　方波变为正弦波的电路 ………………………… 153

　　6.8.2　占空比为 50％ 的方波 ………………………… 154

　　6.8.3　接 LC 滤波器时输出阻抗降低的情况 ………… 155

　　6.8.4　π 型恒定 K 滤波器的设计 ……………………… 156

　　6.8.5　输出波形的评价 ………………………………… 158

第 7 章　函数发生器设计 …………………………… 160

7.1　简单的单片 V/F 转换器 ………………………… 160

　　7.1.1　何谓 V/F 转换器 ………………………………… 160

　　7.1.2　通用 V/F 转换器 LM331 的工作过程 ………… 161

　　7.1.3　对应 1MHz 输出的 V/F 转换器 AD650 ·········· 163
　7.2　简易函数发生器 ································· 166
　　7.2.1　函数发生器的构成 ·························· 166
　　7.2.2　运算放大器构成的极性切换电路 ·········· 167
　　7.2.3　积分电路中改善线性的方法 ················ 169
　　7.2.4　0～20kHz 输出的函数发生器 ············· 169
　7.3　宽带函数发生器 ······························· 171
　　7.3.1　实用的函数发生器 ························· 171
　　7.3.2　定时电容充放电电路 ······················ 173
　　7.3.3　三角波变换为正弦波的折线近似法 ········ 175
　　7.3.4　输出放大器与衰减器的设计 ··············· 176
　　7.3.5　电源的设计 ································· 177
　　7.3.6　频率控制器(VCF)的调整 ·················· 183
　　7.3.7　高速比较器与限幅电路的调整 ············· 183
　　7.3.8　正弦变换器与输出放大器的调整 ·········· 183
　　7.3.9　各部分工作波形 ··························· 184

第8章　电压控制振荡电路设计 ················· 187
　8.1　概　述 ··· 187
　　8.1.1　FM 与 PLL 中的应用 ······················ 187
　　8.1.2　控制 RC 定时振荡的阈值电压方式 ········· 188
　　8.1.3　电压控制电容方式 ························· 190
　8.2　施密特反相器构成的简单 VCO ··············· 191
　　8.2.1　使用变容二极管的电路 ···················· 191
　　8.2.2　变容二极管的电容可变范围 ··············· 192
　　8.2.3　50～100kHz 的 VCO 电路 ·················· 193
　　8.2.4　利用 CdS 改变反馈电阻的方法 ············ 196
　8.3　高频科耳皮兹 VCO 电路 ····················· 198
　　8.3.1　扩大频率可变范围的措施 ·················· 198
　　8.3.2　VCO 的科耳皮兹振荡电路的工作原理 ····· 198
　　8.3.3　60～70MHz 的 VCO 电路 ·················· 200
　　8.3.4　电路的调整与实际特性 ···················· 203
　　8.3.5　电感线圈 ··································· 205
　8.4　晶体管多谐振荡器构成的宽带 VCO 电路 ········ 205

8.4.1　宽带特性与电流模发射极耦合的 VCO 电路 ……　205

8.4.2　振荡频率的计算方法 ……………………　206

8.4.3　晶体管外围电路的常数 ……………　208

8.4.4　恒流偏置电路与振荡电路的特性 ……………　208

8.5　使用陶瓷振子的 VCO 电路 …………………………　212

8.5.1　陶瓷振子低 Q 值的利用 …………………　212

8.5.2　陶瓷振子两端子间阻抗的变化情况 …………　213

8.5.3　频率可变范围的扩大 …………………　214

8.5.4　串联谐振频率变化的 VCO 电路 …………　216

8.5.5　CMOS 反相器构成的陶瓷振子 VCO 电路 ……　218

8.6　使用晶体振子的 VCO 电路(VCXO) …………………　220

8.6.1　频率可变范围为 1% 的电路 …………………　220

8.6.2　晶体振子特性之研究 …………………　221

8.6.3　增设线圈时的阻抗特性 …………………　222

8.6.4　晶体管的 VCXO 电路 ………………………　223

8.6.5　使用高速 CMOS 的 VCXO 电路 ……………　225

第 9 章　PLL 频率合成器设计 …………………………　227

9.1　PLL 构成的倍频振荡器 …………………………　227

9.1.1　PLL 构成的倍频器 …………………………　227

9.1.2　通过相位比较进行反馈的 PLL 基本工作方式 ……　228

9.1.3　通用 PLL 4046B 的概况 …………………　228

9.1.4　1～99 倍输入频率的电路 …………………　231

9.1.5　输入耦合电容与 VCO 电路常数 …………………　231

9.1.6　决定响应特性的环滤波器 …………………　232

9.1.7　滤波器频率特性的验证 …………………　234

9.1.8　VCO 特性与相位时钟的验证 …………………　235

9.1.9　缩短响应时间的方法 …………………　237

9.2　4 位 BCD 码设定的频率合成器 …………………　239

9.2.1　分频器一体化的 LSI …………………　239

9.2.2　MC145163 的功能 …………………………　239

9.2.3　步进 1kHz 频率的 400～500kHz 电路 …………　241

9.2.4　与基极调谐式反耦合 VCO 组合的电路 ………　243

9.2.5　设计的 VCO 电路的特性 …………………　244

　　　9.2.6　使用的优质电源 ……………………………………… 246

第10章　数字频率合成器设计 ……………………………… 248

　10.1　数字式波形发生电路 ……………………………………… 248

　　　10.1.1　数字方式的概念 …………………………………… 248

　　　10.1.2　高频振荡的问题 …………………………………… 249

　　　10.1.3　0～25kHz 的波形发生电路 ……………………… 250

　　　10.1.4　振幅进行 8 位分割的情况 ……………………… 253

　　　10.1.5　EPROM 存取时间的影响 ……………………… 253

　　　10.1.6　验证波形的定时 …………………………………… 254

　　　10.1.7　D 锁存器的定时效果 ……………………………… 255

　　　10.1.8　数字频率合成器的效果 …………………………… 256

　10.2　直接数字频率合成器 ……………………………………… 257

　　　10.2.1　直接数字频率合成器的概念 …………………… 257

　　　10.2.2　步进频率的确定 …………………………………… 258

　　　10.2.3　500Hz～1.024MHz 的 DDS 电路 ……………… 260

　　　10.2.4　16 位高速加法器 SM5833AF …………………… 261

　　　10.2.5　高速 PROM 与高速 D/A 转换器 ……………… 263

　　　10.2.6　DDS 的工作情况 ………………………………… 264

　10.3　单片 DDS 的应用 ………………………………………… 267

　　　10.3.1　TC170C030HS 的概况 …………………………… 267

　　　10.3.2　并行方式的使用 …………………………………… 269

　　　10.3.3　D/A 转换器的位数 ………………………………… 270

　　　10.3.4　DDS 的最高振荡频率 $f_{o\max}$ …………………… 271

　　　10.3.5　低通滤波器的必要性 ……………………………… 272

　　　10.3.6　频率数据不是 2^N 时产生的寄生振荡 ………… 273

　　　10.3.7　低频用 DDS-LSI 输出电路 ……………………… 274

　　　10.3.8　高频用途的 DDS 输出电路 ……………………… 275

　　　10.3.9　梯形电阻网络构成的 DAC 电路 ……………… 277

　　　10.3.10　串行输入的使用方式 …………………………… 278

参考文献 …………………………………………………………… 280
电抗计算图 ………………………………………………………… 281

第 1 章 概 论

振荡电路也称为信号发生电路,这是很多电子电路中经常使用的电路。例如,为数字电路提供时钟的就是这种电路,将无线电波等各种信号传送到远方的载波信号也是由振荡电路产生的。

电路硬件技术人员在进行电路实验时,使用的信号发生器、频率发生器等也都是这种电路。

1.1 振荡电路的波形

设计振荡电路时,其输出波形是需要考虑的非常重要的因素,原因是电路方式由振荡波形决定。在学习振荡电路之前,首先需要很好理解振荡波形的本身。振荡电路输出的基本波形是正弦波和方波。

1.1.1 正弦波(sin 波)

电子设备中使用的振荡波形有很多是正弦波,照片 1.1 是频率为 10kHz 的正弦波实例,一个周期的时间等于 $1/10 \text{ kHz} = 100\mu s$。另外,电压的变化形式为

$$E \cdot \sin\omega t$$

式中,$\omega = 2\pi f$。

由于变化是正弦(sin)函数的形式,因此,称为正弦波。另外,也有采用余弦(cos)函数的变化波形,它与正弦波相位差 $90°$。在正弦波振荡电路中,也有输出正弦波和余弦波的二相振荡器电路。

正弦波的重要特性是波形失真,纯正弦波应是无失真的波形,但实际上必定存在失真。有失真就意味着波形中含有多种高次谐波。

照片 1.2 是照片 1.1 的失真成分的频谱分析实例。观察到的虽是非常好的正弦波,也可以理解为除 10kHz 的基波外,波形中还含有 2 次(20kHz)、3 次(30kHz)、4 次(40kHz)等多种谐波成分。

这些高次谐波成分越小越接近正弦波。其优良程度常用百分数(%)或分贝(dB)来表示。

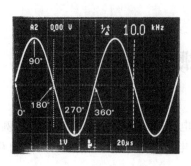

照片 **1.1**   正弦波($f=10\text{kHz}$)

（这是观察到的正弦波。用示波器观察到的波形几乎
无失真）

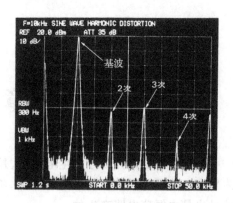

照片 **1.2**   正弦波的高次谐波分析实例

（这是照片 1 中正弦波的频谱分析实例。纯正弦波可
看作只有基波，但实际上还含有 2 次、3 次、4 次等谐
波。照片中箭头所指的数字表示谐波的次数）

1.1.2   方波与脉冲波

照片 1.3 是零交叉的方波波形，也称为矩形波，本书称为方波。如照片中所
示，波形变化$-3\sim+3\text{V}$，而 $6\text{V}_{\text{p-p}}$ 称为振幅，振幅变化需要的时间越短，波形越好。

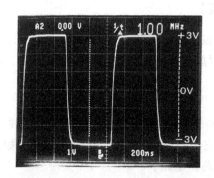

照片 **1.3**   方波($f=1\text{MHz}$)

（方波的振幅是$-3\text{V}/+3\text{V}$，频率为 1MHz。若是纯正方波，波形的上升与下降时间
为零，速度非常快，但实际上需要一定时间。数字电路中经常采用0V/5V的方波作
为数字信号）

照片 1.3 的实例中，振幅变化时间为数十纳秒，而理想的方波其变化时间为
零。图 1.1 示出理想的方波，波形振幅的变化时间为零，用示波器和眼睛都观察不
到这种变化时间。

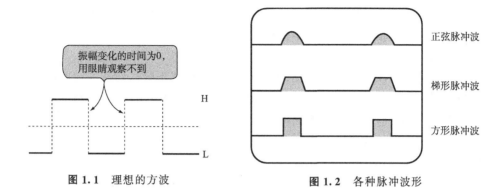

图 1.1 理想的方波   图 1.2 各种脉冲波形

方波是这种急剧变化的波形,因此,波形中含有多种谐波成分,为此,可作为宽带放大器等的测试信号。另外,数字电路中使用的时钟信号大都是方波。

照片 1.3 中的波形几乎是不常见的,但理想的是无过冲及无振铃的波形。

另外,脉冲波是一种类似方波的波形,如图 1.2 所示,它包含正弦脉冲波与梯形脉冲波等,都称为脉冲波。照片 1.4 是观察到的脉冲发生器的输出波形,脉冲幅度与重复周期非常重要。对于高速脉冲发生器波形的上升时间尤其重要,若最大振幅为 100%,则波形从 10% 振幅变化到 90% 振幅需要的时间称为上升时间(照片 1.4 中该时间为 3.56ns)。良好的脉冲波形其上升时间非常快,即是无过冲、下冲及无振铃的波形。

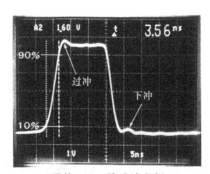

照片 1.4 脉冲波实例

(这与频率本身相比,更关注的是波形的脉冲宽度以及重复周期等,这种波形称为脉冲波。对于脉冲信号发生器上升/下降时间等也可以单独设定)

1.1.3 三角波与斜波

三角波如照片 1.5 所示,它是电压与时间成比例的线性变化的重复波形,若关注正或负的周期,恰好为三角形,因此,称为三角波。

三角波不大单独使用,可用作模拟电路中的测试信号,或者在为测量仪器等提供时间函数的扫描用信号源等中使用。另外,也有利用三角波本身性质的脉宽调制电路(模拟调制方式中一种)。

斜波是三角波的特例,它是从零电压开始上升(或下降),到达一定电压后迅速返回到零。照片 1.6 示出振幅为 5V、周期为 25μs 的斜波实例,用作扫描振荡器的信号源等。测量时间就可知道电压振幅的变化情况。

与斜波同样的波形中有称为锯齿波的波形,它的下降时间不为零,而以一定时间下降。

良好的斜波波形也包括三角波,即为线性非常好的电压变化波形。

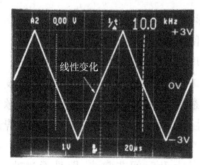 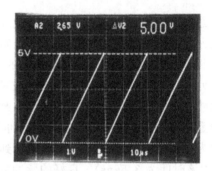

照片 1.5 三角波($f=10$kHz)　　　　　　照片 1.6 斜波($T=25$μs)

(上升/下降都是线性变化的波形称为三角波。若上升/下降的时间按一定比例变化,就可构成脉宽调制电路。上升/下降的时间各自变化就变成锯齿波)

(这是三角波的一半波形,下降时间为零,在 0～25μs 时间内,波形从 0～5V 随时间按比例变化。大多用作模拟的时间信号)

1.1.4 脉冲串与扫频波

正弦波或方波等间歇振荡的波形称为脉冲串,burst 即为猝发的意思。照片 1.7 示出其实例,它是 3 个正弦波、重复周期为 500μs(2kHz)的波形,即函数发生器的波形。

对于正弦脉冲串其振荡启动与停止的相位角非常重要,一般设计为 0°启动、360°停止。

这里为了与振荡波形相区别引入一种时间与振荡周期同时变化的波形,称为扫描波形。使振荡频率变化的是频率调制(FM:Frequency Modulation)波,但扫描波是在非常宽范围内使频率变化。

照片 1.8 示出用斜波对正弦波振荡器进行扫频的实例,为了拍摄方便有意将扫频范围变窄,但对于这个正弦波振荡器的实例,扫频范围有可能到 1000 倍。例如,测量音响设备的频率特性时,一气扫完数十赫到数十千赫时使用这种方式。

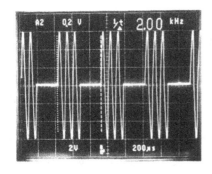

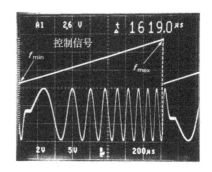

照片 1.7　正弦脉冲串
（这是正弦波构成的脉冲串实例，除此例之外，还有很多将间歇振荡的波形也称为脉冲串）

照片 1.8　扫频波
（这是将照片 1.6 所示的斜波加到带有扫频功能的正弦波振荡器的扫频输入端时，振荡器的输出波形。由此可见，这是用控制信号使输出频率发生变化）

扫频方式有线性扫频与对数扫频（宽范围的扫频），对于直接观察频率特性的装置多采用对数扫频方式。

1.2　振荡电路的基础

本书从第 2 章开始介绍各种振荡电路的设计，这里将在设计前对一些常识性的基本知识进行介绍。

1.2.1　数字电路中的时钟发生器

作为振荡频率经常为恒定用途的振荡电路，称为数字电路或微机系统等的时钟发生器。一般输出是方波，重要的是振荡周期不变（照片 1.9）。

数字电路的时钟发生器用于使整个系统的定时保持一致，但频率的精度与稳定度不那么重要。

进行时间测量（准确的定时）或用于计时的场合，需要数十 ppm(pert per million，百万分之一)以下稳定度的良好时钟发生器。其中，经常使用的必定是晶体振荡器。

晶体振荡器是高精度振荡器的代名词。例如，电子手表就使用晶体振荡器，其中使用振荡频率为 32.768kHz（即周期为 $1/2^{15}$ s）的

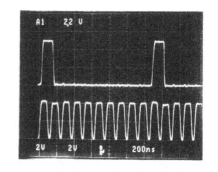

照片 1.9　数字电路中时钟波形实例
（这是 MOS 逻辑电路的波形。对于数字电路形成"1"或"0"即可，很少关注波形本身。然而，需要注意振铃或过冲的问题）

晶体。

1.2.2　电视机与收音机等中使用的振荡电路

收音机、电视机、无线电收发两用机等无线通信设备中要使用频率可变的振荡器,无线或电视广播的发射机经常需要用恒定频率发射信号,因此,也要使用晶体振荡器。

图 1.3 示出无线广播等接收机中使用的本机振荡器,简称本振。它是在将接收到的无线信号变换为容易处理的频段的信号时使用。例如,将 10.7MHz 的 FM 中频信号变换为 455kHz 频率信号时,需要使用 $10.7-0.455=10.245(MHz)$ 的固定振荡器。这种固定振荡器也有的使用称为晶体振荡器的低成本类型陶瓷振荡器。

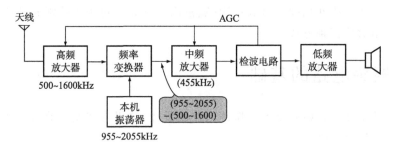

图 1.3　无线接收机等中使用的本振实例

相当普及的电视机、VTR(磁带录像机)、音频设备等的无线遥控器中也采用振荡电路。通常使用 38kHz(455kHz 的 12 分频)作为红外线的载波频率,这主要也是使用陶瓷振子构成的振荡电路。

频闪较少的高频点灯方式的荧光灯也使用数十千赫的振荡器。由于要求电路简单和低功率化,使用称为 LC 间歇方式的振荡电路。当然,频率稳定度要求不高。

一般家庭中普及的加湿器用数百千赫至数兆赫的超声波能量将水雾化,但振荡频率要根据超声波振子及负载的状态做相应的变化(自动跟踪)。

此外,还有很多不注意的地方也要使用振荡器,但要求的电气性能随目的与用途不同而异。

1.2.3　高稳定度振荡的晶体与陶瓷

振荡电路设计时非常重要的部分是振荡频率(或范围)及其频率精度(包括稳

定度)。

　　振荡频率根据需要确定(确定的场合很多),但电路方式的确定要兼顾到频率精度,因此,不能简单确定。

　　各种振荡电路中频率精度最高的首先是晶体振荡电路。晶体振荡电路中有内含温度补偿电路、稳定度为数 ppm 的高稳定型电路,以及微机等数字电路基板上使用的数十 ppm 数量级的晶体时钟模块,它们的输出波形一般为方波。

　　高频电路中需要高稳定度的正弦波时,多采用晶体振子及外围电路构成的振荡电路。这种晶体振荡电路与晶体时钟模块使用的频率为 500kHz～100MHz。

　　实际中也有精度要求不像晶体振荡器那样高的用途,这些用途希望价格较低,因此,多采用陶瓷振子构成的振荡电路。作为振荡电路大体上与晶体振子同样处理,但 Q 值(表示容易振荡的值)低,振荡频率容易随振子的负载电容发生变化,这是它的缺点。

　　陶瓷振子的振荡频率精度与稳定度为 100～50ppm/℃。村田制作所的 CSA 型 4MHz 陶瓷振子,实测的频率精度与稳定度约为＋40ppm/℃。

1.2.4　精度要求不高的 *RC* 与 *LC* 振荡器

　　制作电路时,很多情况下频率的精度与稳定度未必要求很高,即使出现百分之几至百分之十几的误差,能够产生振荡就是一种良好的状态。这时,经常使用 *RC* 或 *LC* 振荡电路,*RC* 振荡电路的振荡周期/定时由电容 *C* 与电阻 *R* 决定,而 *LC* 振荡电路由电感 *L* 与电容 *C* 决定。

　　RC 和 *LC* 振荡电路有多种方式,但在频率设定时利用 *R* 与 *C* 的时间常数 *RC*,以及 *L* 与 *C* 构成的谐振电路这点上,这些方案都是相同的。振荡频率精度与稳定度超出使用的 *RC* 或 *LC* 的稳定性一般不会太好,详细情况在各章中进行介绍,如图 1.4 所示振荡电路分类实例。

　　若将 *RC* 振荡电路与 *LC* 振荡电路进行比较的话,*L* 的成品较难得到,*LC* 振荡电路设计也比较麻烦。为此,现状是在低频范围内使用设计容易的 *RC* 振荡电路,在高频振荡电路中不得以使用 *LC* 振荡器。

名称与波形	工作方式	框图结构
*RC*定时振荡器 方波　(第3章)	使用施密特电路 门集成电路 运算放大器 比较器 专用集成电路555	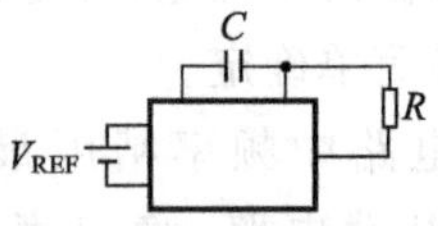
*RC*振荡器 正弦波　(第4章)	维恩电桥振荡器 状态变量型振荡器	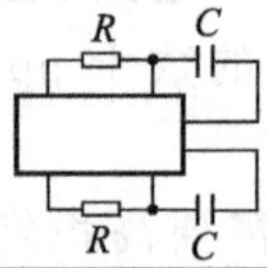
*LC*振荡器 正弦波　(第5章)	科耳皮兹振荡器 哈脱莱振荡器 克拉普振荡器 调谐式振荡器	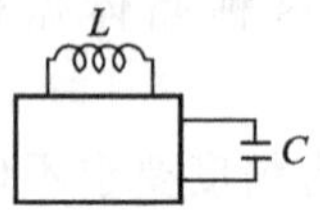
晶体/陶瓷振荡器 方波 正弦波　(第6章)	科耳皮兹振荡器	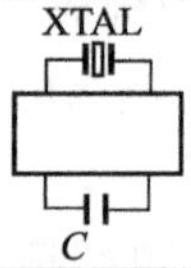

图 1.4　振荡电路分类实例

1.2.5　振荡频率可变技术

　　频率可变振荡器主要用于计测与通信等一些特殊设备中。为了使振荡频率可变,主要采用图 1.5 所示的三种方法。

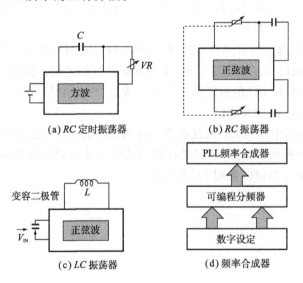

(a) *RC* 定时振荡器　　　　　　(b) *RC* 振荡器

(c) *LC* 振荡器　　　　　　(d) 频率合成器

图 1.5　频率可变方法

第一种是最简单的方法,它是用机械方式改变图 1.4 所示的 RC 振荡电路,或 LC 振荡电路各自的振荡常数。对于 RC 振荡电路,采用可调电阻 R 就可以简单地改变振荡频率。

对于 LC 振荡电路,可根据各自的不同用途,通过改变 L 或改变 C 来改变振荡频率。通信设备中通过调谐电感,调谐电容改变振荡频率。LC 振荡电路不能像 RC 振荡电路那样用可调电阻简单地改变 C 或 L 来改变振荡频率,实际上调整起来较困难。

不太容易直接改变 C 或 L 的值,若通过电压与电流,就能使用可调电阻简单改变 C 或 L 的值。这里,可以通过电容 C 的值随所加的电压而改变的压控电容来达到此目的,这称为变容二极管,它基本上是一种二极管。

利用变容二极管就较容易实现压控振荡器(VCO:Voltage Controlled Osillator),用电压控制来改变振荡频率这是第二种方法。然而,第二种方法的频率可变范围不太宽,为此,需要采用后面介绍的与锁相环(PLL:Phase Locked Loop)电路的组合方式。

第三种方法也是 PLL 技术的一种发展,采用晶体振子等的原始精确的振荡频率,然后通过纯正的数字处理生成新的频率信号的技术。作为这些新技术关注的是数字频率合成器。原理早已经弄明白,但由于最近的超大规模集成电路技术以及高速运算技术的发展,才使其实用化。

1.2.6 方波与正弦波的不同处理方式

数字电路中使用的方波振荡一般较简单。例如市售的晶振模块,接上电源就能工作,可获得非常高的频率输出。

晶体振荡电路的输出频率通常大多是数兆赫数量级,需要更低频率时可将分频 IC(计数器 IC)进行级联,这样,可得到超低频率的方波。

另外,占空比即方波的高低电平的时间宽度之比改变较难时,以 2 倍原始振荡频率进行振荡,再通过二进制计数器将其进行二分频,就可得到占空比为 1∶1 (50％)的方波。

数字电路振荡难以处理之处在于:产生数十兆赫的高频时钟信号时,需要采用抑制波形过冲与振铃技术,确保上升(下降)时间等技术,即处理高速脉冲技术。今后对于更加高速化的 CPU 时钟,也需要掌握有关模拟脉冲技术方面的知识。另一方面,正弦波的振荡本来应该要求波形失真(高次谐波失真)较小,因此,需要着手设计极低失真的振荡电路。

正弦波振荡与输出方波的晶振模块不同,进行正弦波振荡采用晶体、陶瓷振子构成的振荡电路,有众多的模拟要素需要处理,即电路常数的确定、工作点的设定、负载阻抗选用等。

　　对于 *LC* 振荡电路,为了求得振荡的可靠性,波形会变坏,要想得到失真少的波形,则当电源电压降低或环境温度下降时电路有时会停止振荡。

　　对于 *RC* 构成的正弦波振荡电路,若使用自动增益控制(AGC：Automatic Gain Control)电路,进行最佳失真调整与设定控制范围,则可得到纯度非常高的振荡波形。

　　直接产生正弦波的数字频率合成器也较容易制作,但振幅轴与时间轴的分辨率(位数)决定着波形的失真,若要得到纯度更高的波形,则受到存储器的容量与最高振荡频率的限制。

　　总之,振荡电路如何与现实中的电路相对应的经验有助于电路的设计,同时也成为掌握模拟技术教材的最佳内容。本书各章都配有实验照片,并对照片进行了说明,请务必有效地利用这些条件学会振荡电路的有关知识。

第 2 章 基本振荡电路

自己设计制作振荡电路是一件非常愉快的事情,但对于初学者来说,有几个比较难以制作的部分。想要制作能正常工作的振荡电路,使用市售的振荡模块也是一种方法。

2.1 用于数字电路的晶振模块

2.1.1 性能良好的振荡模块

CPU 主板上都有典型的时钟电路板(照片 2.1),其上安装有照片 2.2 所示的晶振模块。这是一种类似于振荡电路内有晶体振子的集成电路部件,工作电源电压为 5V,一般可简单得到 TTL 或 CMOS 电平的输出波形。

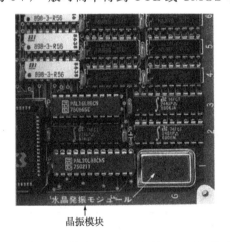

晶振模块

照片 2.1 数字基板上一般使用的晶振模块

照片 2.2 晶振模块的外形

振荡电路是所谓的模拟电路,但用模块设计振荡电路时,没有必要每次都要研究晶体振子及其外围电路,任何人都能简单使用模块很方便地构成振荡电路。

封装形式如照片 2.2 所示,一般采用金属壳,而且是完全密封方式,因此,泄漏到空中的信号应该非常少。晶振模块的引脚采用标准化的配置,其配置方式与普通的

DIL 双列直插式 14 脚(14 脚为 V_{CC}, 7 脚为地, 8 脚为输出)的集成电路相同, 因此, 在印制电路板上的原图设计非常方便。但需要注意其外形尺寸比普通的集成电路大。

　　虽然, 笔者对于接通电源就产生振荡的部件不感兴趣, 但因为其必须作为振荡器(不是电路)来处理, 因此, 有必要对此进行说明。

2.1.2 晶振模块的规格

　　有很多晶体振子生产厂家制造晶振模块, 这里, 作为典型实例的是东洋通信机的 TCO707 系列模块, 其规格如图 2.1 所示。

名　　　　称		TCO707F	TCO744A, TCO745A	TCO711A, TCO715A
输出频率		0.25~60MHz	0.25~60MHz	0.25~100MHz
工作温度		−10~70℃	0~70°	
保存温度		−55~125℃		
输入电压		5.0V$_{DC}$ ±10%		
输入电流(电源电流)		50mA$_{max}$(0.25~3.5MHz) 30mA$_{max}$(3.5~23MHz) 50mA$_{max}$(23~60MHz)		70mA$_{max}$(60~80MHz) 90mA$_{max}$(80~100MHz)
稳定度	常温偏差	±40ppm	TCO744A; ±25ppm TCO745A; ±50ppm	TCO711A; ±100ppm TCO715A;±1000ppm
	温度特性	±40ppm		
	老化	±5ppm/年		
输出	扇出系数	TTL门1~10(0.25~60MHz), TTL门1~5(60~100MHz)		
	波形对称性	40%~60%(1.4V电平)		
	上升时间t_r 与 下降时间t_f	15ns$_{max}$(0.25~9MHz, 0.4~2.4V$_{DC}$) 10ns$_{max}$(9~32MHz, 0.4~2.4V$_{DC}$) 5ns$_{max}$(32~100MHz, 0.4~2.4V$_{DC}$)		

(a) 电气特性

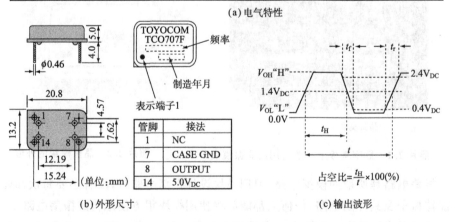

(b) 外形尺寸　　　　　　　　　　　　　　　(c) 输出波形

图 2.1　TCO707 系列的规格(晶振模块实例)

这里特别对 TCO707F 模块进行说明。根据产品目录,这种模块的振荡频率范围为 0.25～6MHz,可完全覆盖普通数字电路用途的范围。然而,若每次都要定做设计所需要频率的晶振模块,则需要等待一段时间。普通的模块是标准频率,一般大多使用这种频率模块,可在短期内进行供货,因此,只要不是特殊的要求,大都使用这些标准频率的晶振模块。经常使用的晶振模块 TCO707F 的标准频率如表 2.1 所示。

表 2.1　经常使用的晶振模块 TCO707F 的标准频率(单位:MHz)

1.000	4.000	6.144	12.000	16.384	24.000
1.843 2	4.096	7.372 8	12.288	17.000	25.000
2.000	4.194 304	8.000	14.000	18.000	26.000
2.457 6	4.915 2	8.192	14.318 18	18.432	26.666
3.000	5.000	9.830 4	14.745 6	19.660 8	32.000
3.072	5.068 8	10.000	15.000	20.000	40.000
3.579 545	5.760	10.137 6	16.000	21.477 27	48.000
3.686 4	6.000	11.000	16.257	22.118 4	60.000

振荡模块的工作温度是 −10～70℃,因此,除特殊环境外,在一般电子设备允许的温度范围内。若考虑采用单个部件构成的振荡电路在低温情况下能产生振荡,则可放心使用这个部件。

TCO707F 的电源输入电压为 5V±10%,但电压降到 3V 还能产生振荡(电气性能不能得到保证)。一般用大约 5V 逻辑电源作为振荡模块的工作电压,当然不会出现问题。

最近的话题是 3V 电源工作的逻辑电路。因此,若约 2V 的电压也能产生振荡,则这是非常好的模块。这样对任何公司的模块都要进行测试,后面介绍的朝日电波制造的 4MHz 模块其工作电压为 1V 也能产生振荡(负载开路)。但实际使用时需要得到厂家的确认。

这种振荡模块的电源输入电流大都与振荡频率有关。TCO707F 的电源输入电流在 $f=60$MHz 时为 50mA_{max}。在目前要求低消耗功率的年代,这种电流值稍大一些。对于这一点 CMOS 反相器构成的振荡模块在 $V_{DD}=5$V,$f=4$MHz 时电流可以控制在 2.5mA 左右。

振荡模块的振荡频率稳定度如产品目录中所示,常温偏差(初始精度)为 ±40ppm,温度特性为 ±40ppm,老化 1 年为 ±5ppm。

有关振荡模块输出的规定中,扇出系数表示能够驱动几个 TTL 门电路,一般能驱动 1～10 个。高速 CMOS 74HC 系列的逻辑集成电路作为振荡模块的负载时,若使用 TTL 输出型的集成电路,振荡振幅与 74HC 的电平不一致,因此,要接入如图 2.2 所示的上拉电阻(470Ω)。

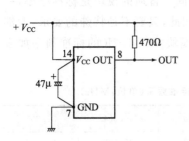

图 2.2　晶振模块的基本使用方式

用 TTL 的 1.4V 阈值电压规定波形的对称性(高与低电平的时间之比),占空比在 40%～60%以内。波形占空比不是 50%时,多是产生 2 次、4 次、6 次等高次谐波的频谱。若是普通数字电路用的振荡模块,不用太注意这个问题。

振荡波形当然是方波,但上升与下降时间与一般脉冲波形的规定不同。需要注意这是用 TTL 的高、低电平即 2.4V 与 0.4V 之间的时间规定上升与下降时间。

2.1.3　晶振模块的测试

图 2.3 是晶振模块测试电路的原理图,电路中规定了电源的旁路电容、上拉/下拉电阻(470Ω)、负载电容(多个累积为 50pF),各自用开关进行切换(参看照片 2.3)。

印制电路板上图案的频率达到数十兆赫,因此,为了扩大接地面积,采用铜箔带使其图案优良化。

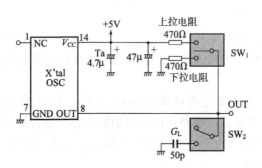

图 2.3　晶振模块测试电路的原理图

1. TCO707F(2.4567MHz)的实验

照片 2.4 是模块输出端开路时振荡输出波形,3V 左右时有波形,到 5V 时波形消失。因此,TTL 电平满足 $V_{OH} \geqslant 2.4V$。

一般的晶振模块大多是这样的波形(上升不尖锐),用作时钟脉冲完全没有问题。

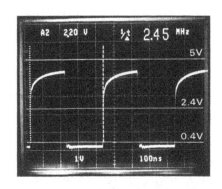

照片 2.3　晶振模块测试电路的实装图　　　照片 2.4　2.4576MHz 时 TCO707F 输出波形

2. TCO707F(33.33MHz)的实验

照片 2.5 是模块输出端开路时振荡输出波形,频率比 2.4576MHz 更高,但波形没有特别的问题。测量时若示波器的地线较长,则波形产生振铃现象。要想在 30MHz 以上也能观察到较干净的波形,那就必须掌握好测量技术才行。

照片 2.6 是照片 2.5 的基波波形(当然含有多种高次谐波)的噪声谱,边带噪声非常小,这是晶振电路的特征。其他的振荡电路,如 LC 及 RC 振荡电路的边带噪声较大。

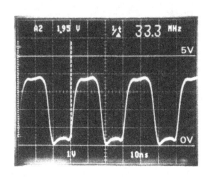

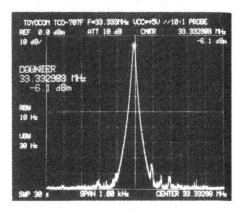

照片 2.5　33.33MHz 时 TCO707F 输出波形　　　照片 2.6　33.33MHz 时噪声谱

3. 朝日电波 2.00MHz 模块的实验

这种晶振模块的高电平波形非常好,是真正的方波。若仔细地观察一下照片

2.7,发现上升时间也非常短。

照片 2.8 同样是 2.00MHz 模块的波形,仅在输出端接有 470Ω 的上拉电阻。这样,波形上升有些迟缓,但波形振幅最大能摆到电源电压,与 CMOS 电平的波形相等。

照片 2.9 是型号不明的同一公司的 4.00MHz 模块的 CMOS 电平输出波形。输出电阻与 TTL 输出电阻相比不一样大,接入 470Ω 上拉电阻时输出波形如照片2.10 所示。其电平比 5V 约低 1.66V。

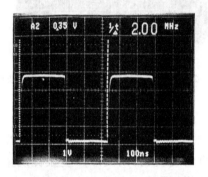
照片 2.7　朝日电波 2.00MHz 时输出波形

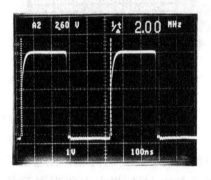
照片 2.8　接有 470Ω 上拉电阻时输出波形

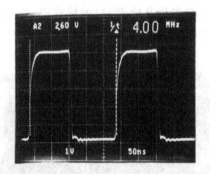
照片 2.9　朝日电波 4.00MHz 时输出波形

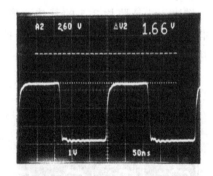
照片 2.10　接有 470Ω 上拉电阻时输出波形

对于这种振荡模块,若输出接有上拉电阻,则高电平升高,低电平也同时升高,但书中没有提供这时的照片。

照片 2.11 是接有 50pF 电容负载时输出波形,波形上升相当缓慢,而下降时还产生振铃现象。

照片 2.12 是电源电压为 1.0V 时振荡输出波形。这类似 4000B 系列 CMOS IC 构成的振荡电路的波形,波性非常漂亮。除此之外,对一些模块进行了测试,但没有见到 1V 电压也能振荡的晶振模块。

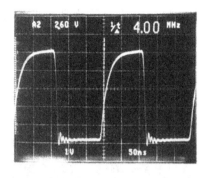
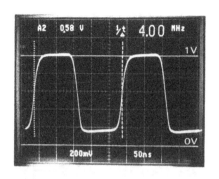

照片 **2.11**　接有 50pF 电容负载时输出波形　　照片 **2.12**　电源电压为 1.0V 时振荡输出波形

2.1.4　高频波形测试的探头

　　观察数十兆赫以上方波波形时,需要考虑测试示波器的探头。若是能驱动 50Ω 负载的振荡模块,对于 50Ω 终端可用 50Ω 探头进行测试,但对于普通的 TTL 输出型模块一般使用高阻抗探头进行测试。

　　若使用照片 2.13 所示那样长地线的探头进行测试,则地线的电感成分较大,因此容易发生谐振,观察到的波形会有很多振铃现象。如照片 2.13 中的下方所示,若在探头中接入一个接地引脚,这样可使测试端的长度变得非常短。

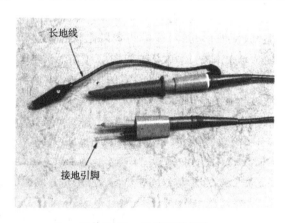

照片 **2.13**　示波器的探头

　　照片 2.14 是用普通示波器的高阻抗探头(引线较长)测试 24MHz 晶振模块的实例。由波形可知,高低电平都产生振铃现象。仅是确认波形当然可以,但要正确测试时,一定要采用地线非常短的探头。这就是说也要考虑印制板内振荡输出的配线。

　　照片 2.15 是 75MHz 晶振模块的输出波形,当然,这是使用没有地线的探头的测试结果。若是用普通的地线，波形的振幅变大，观察到的是非常漂亮的正弦波波形。

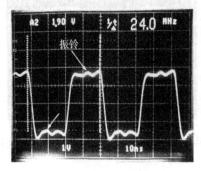

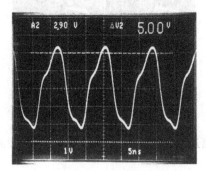

照片 2.14　用高阻抗探头测试 24MHz 晶振模块的实例

照片 2.15　75MHz 晶振模块的输出波形

这里使用带宽为 300MHz 的示波器，但用 100MHz 带宽的示波器观察为正弦波。

2.1.5　高频时钟波形的改善方法

若观察一下数字电路基板上的时钟波形，频率越高波形越容易产生振铃与过冲，这样就会产生高频寄生振荡、辐射以及噪声等。

为了减小寄生振荡，使波形变钝，这样的效果比较好，这样，在规定以上处波形上升与下降变慢。使方波变钝的简单方法如图 2.4 所示，它是在信号线上套上一个铁氧体磁环（FB101 等），必要时用最小限度的电容接地（也有不必要的场合），这样就构成一种低通滤波器。

照片 2.16 是这时的波形实例，这与照片 2.5（33.33MHz）的波形相比可知，波形变得相当圆滑。

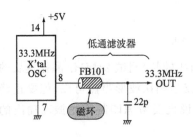

图 2.4　改善高频时钟波形的方法

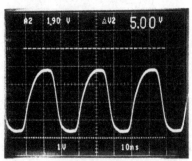

照片 2.16　用铁氧体磁环使波形变圆滑的实例

频率再高时,只在输出端串联一个电阻效果也很好,如图 2.5 所示。对于高速 CMOS 逻辑电路,最佳电阻值为 12～180Ω,称为阻尼电阻。

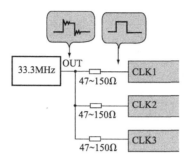

图 2.5　串联电阻的效果

2.1.6　内有分频器的振荡模块

需要正确的时钟信号,而且是低频信号(例如,时钟用 1Hz 信号)时,采用分频 IC(触发器串联的 IC,也称为计数器 IC)将晶振输出信号进行分频,可以分频得到所预定的频率,这样就得到所需要的时钟信号。

晶振输出频率一般为数兆赫,因此,需要的时钟频率较低时,可采用多级分频器。另外,若要得到各种频率输出,可方便使用内有可编程分频器的振荡器。

图 2.6 是精工爱普生时标 IC,内由晶振(SPG8650B/8651B 为 100kHz)和可编程分频器这两级构成。可编程分频器是根据引脚的接法设定分频比,即设定输出频率的 IC,采用 DIP16 脚封装结构。

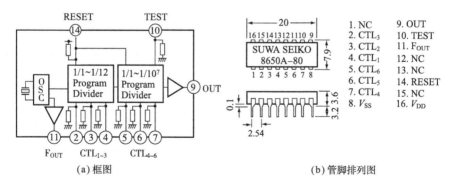

图 2.6　时标 IC SPG8650B(精工爱普生(株))

振荡频率的控制如表 2.2 所示,也包括 $CTL_1 \sim CTL_3$ 中没有给出的 33.3kHz,16.6kHz,8.3kHz 频率的设定。$CTL_4 \sim CTL_6$ 是按 10 设定分频级数,可以设定到 $10^0 \sim 10^7$(幂次对应数据 0～7),其组合形式如表 2.3 所示,可以设定相当多种输出频率。

表 2.2　振荡频率的控制

CTL_1	CTL_2	CTL_3	分频比	CTL_4	CTL_5	CTL_6	分频比
0	0	0	1/1	0	0	0	1/1
0	0	1	1/10	0	0	1	1/10
0	1	0	1/2	0	1	0	$1/10^2$
0	1	1	1/3	0	1	1	$1/10^3$
1	0	0	1/4	1	0	0	$1/10^4$
1	0	1	1/5	1	0	1	$1/10^5$
1	1	0	1/6	1	1	0	$1/10^6$
1	1	1	1/12	1	1	1	$1/10^7$

表 2.3　$CTL_{1\sim3}$ 与 $CTL_{4\sim6}$ 组合设定频率

设定端子		CTL_4	0	0	0	0	1	1	1	1
		CTL_5	0	0	1	1	0	0	1	1
CTL_1	CTL_2	CTL_6 CTL_3	0	1	0	1	0	1	0	1
0	0	0	100k	10k	1k	100	10	1	1/10	1/100
0	0	1	10k	1k	100	10	1	1/10	1/100	1/1000
0	1	0	50k	5k	500	50	5	1/2	1/20	1/200
0	1	1	$33.\dot{3}$k*1	$3.\dot{3}$k	$333.\dot{3}$	$33.\dot{3}$	$3.3\dot{3}$	1/3	1/30	1/300
1	0	0	25k	2.5k	250	25	2.5	1/4	1/40	1/400
1	0	1	20k*2	2k	200	20	2	1/5	1/50	1/500
1	1	0	$16.\dot{6}$k	$1.\dot{6}$k	$166.\dot{6}$	$16.\dot{6}$	$1.\dot{6}$	1/6	1/60	1/600
1	1	1	$8.\dot{3}$k	$833.\dot{3}$	$83.\dot{3}$	$8.\dot{3}$	$0.8\dot{3}$	1/12	1/120	1/1200

（*1 占空比为 1/3，*2 占空比为 2/5）

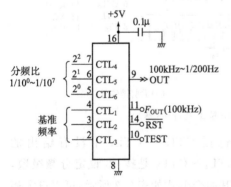

图 2.7　SPG8650B/8651B 的基本使用方法

电源电压为 5V，消耗电流为 0.5mA，这是一种节电的设计方案。

图 2.7 示出 SPG8650B/8651B 的基本使用方法。频率设定引脚 $CTL_1 \sim CTL_6$ 片内都有下拉电阻，因此，为正逻辑输入。基准分频比的设定使用 $CTL_1 \sim CTL_3$ 的 3 位，有 8 种形式，将其进行 10^n 分频的端子是 $CTL_4 \sim CTL_6$，输出频率变为 $1/10^n$。

分频电路的复位端是负逻辑输入，从高电平→低电平进行复位，低电平→高电平开始分频,因此,即使设定长周期(低频率),最初的时钟周期也是正确的。

F_{OUT}不通过分频器而输出原来的振荡频率(100kHz)信号,该信号也可以用于其他目的。

照片 2.17 是设定频率为 10kHz 时输出波形(照片的上方)和 F_{OUT}(100kHz)的输出波形(照片的下方),这是 CMOS 电平非常好的波形。由于是分频器输出,因此,占空比正好为 1/2(50%),但 33.3kHz(占空比为 1/3)和 20kHz(占空比为 2/5)时占空比不是 1/2,因此,输出频率不适用于复杂的用途,要注意这一点。

照片 2.18 是设定频率为 33.3kHz 时输出波形。最初的 1 个周期为高电平,2、3 时钟期间为低电平(占空比为 1/3)。

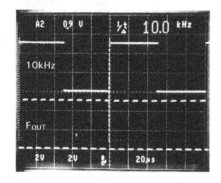

照片2.17　设定频率为10kHz时输出波形
(照片的上方)和 原 振 荡 频 率(F_{OUT},
照片下方)的输出波形

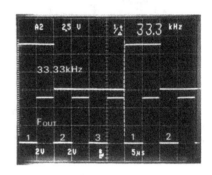

照片 2.18　1/3 分频比时占空比为 1/3

2.2　用于模拟电路的正弦波振荡模块

2.2.1　模拟电路模块

模拟电路在不同意义上有很复杂的概念。说到电路,需要基于一定法则计算晶体管与运算放大器等周围的电阻/电容的参数,从而选用元器件。

话虽如此,若完善地进行电路的标准化,则电路挪用就变为可能。这样,极大地提高了设计效率。

进行电路挪用的是电路模块。现能做到不只是电路模块,还有电路的集成化或大规模集成化,但对于振荡电路等,兼顾到使用数量,使用混合集成电路或电路模块这种结构。

混合集成电路有数千个量级的元件即所谓合理数量的元件,元件数目在其以下的可制成带有电路模块的小型印制板。如照片 2.19 所示,最近有容易买到的将晶体管、运算放大器组合并进行 SO 封装的组件，电阻与电容也使用片元件，这样，就可以实现与混合集成电路一样小型化。

照片 2.20 示出市售的模拟电路用正弦波振荡模块实例。表 2.4 示出这些模块的参数。

照片 2.19　SO 封装等小型化的振荡
电路模块基板实例

照片 2.20　市售模拟电路用振荡模块实例

表 2.4　正弦波振荡模块((株)日本电路设计)(电话:03－3931－6421)

型号	振荡频率范围/Hz	频率设定方法	设定分辨率/Hz	频率精度/%	波形失真/%/dB	开路输出振幅/V_{P-P}	尺寸/mm	特长
OSC-05X	100～40k	外部 R	—	—	0.3%	20	50×30×15	可进行超低频振荡,二相
OSC-202A	20～100k	外部 CR	—	—	0.015%	20	SIPD 14 引脚	低失真,二相
OSC-201AL	10～1.59k	8 比特 TTL	10	±2	0.3%	20	SIPD 20 引脚	高速切换,二相
OSC-201AH	100～15.9k	8 比特 TTL	100	±2	0.3%	20	SIPD 20 引脚	高速切换,二相
OSC-08B	1k～255k	8 比特 TTL	1k	0.01	0.3%	4.4	73×58×10	PLL 方式,二相
OSC-14DS	3k～1.2M	BCD3·1/2	1k	0.01	−40dB	4.4	73×58×10	PLL 方式,二相
OSC-14D	3k～1.999M	BCD3·1/2	1k	0.01	−40dB	4.4	73×58×10	PLL 方式,二相
OSC-16B	1～65.536k	16 比特 BIN	1	0.01	−50dB	10	73×58×10	DDS 方式,正弦输出
OSC-16BH	10～655.35k	16 比特 BIN	10	0.01	−50dB	10	73×58×10	DDS 方式,正弦输出
OSC-16D	1～15.999k	BCD 4 位	1	0.01	−50dB	10	73×58×10	DDS 方式,正弦输出
OSC-16DH	10～159.99k	BCD 4 位	10	0.01	−50dB	10	73×58×10	DDS 方式,正弦输出
OSC-24B	0.5～8.388M	24 比特 BIN	0.5	0.01	−60dB	1	73×58×20	DDS 高频,正弦输出
DDS-16B	1～65.535k	16 比特 BIN	1	0.01	−50dB	10	40×40×18	DDS 方式小型正弦输出

低频范围对频率精度要求不高时,采用 RC 振荡方式(典型值为±1%)完全能胜任,若是低失真用途,适宜选用 OSC-202A。

用数字数据改变振荡频率时最适宜采用 OSC-201A,对精度与稳定度有一定要求的用途最适宜选用直接数字频率合成方式的 DDS-16B。

这些振荡模块都可以用于传感器电路的激励或自动计测的信号源等。

下面介绍典型振荡模块的使用方式与工作波形。这些模块电路的工作原理在第 4 章以后将详细介绍。

2.2.2　电阻调谐式二相振荡器 OSC-05X

图 2.8 示出电阻调谐式二相振荡器 OSC-05X 的内部结构图。它是在状态变量电路中施加正反馈的振荡方式,振荡频率由二级反相积分电路决定,但内有1000pF 电容,因此,振荡频率 f_{osc} 为:

$$f_{osc} = 1/(2\pi \times 1000 \times 10^{-12} \times R)$$

式中,R 实际上为模块的①-②,③-④端子的外接电阻。

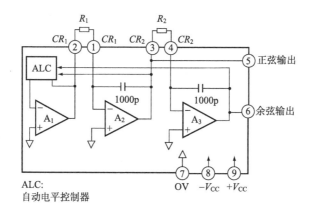

图 2.8　OSC-05X 的内部构成图

为了使振荡输出振幅稳定化,OSC-05X 采用无时间常数的限幅方式,若外接电容,可以在超低频率时产生振荡。这时在①-⑤和④-⑥端子间接入电容 C_{EX}。振荡频率为

$$f_{osc} = 1/2\pi R(C_{EX} + 1000 \times 10^{-12})$$

反之,最高振荡频率受到模块内电容(1000pF)的限制,频率为 40~50kHz。

OSC-05X 使用方式非常简单,工作电源为 ±15V。若接入一个用于设定频率的电阻(4kΩ),则得到振荡输出振幅为 $20V_{p-p}$,频率为 39.3kHz 的二相输出(各自相位差 90°),如照片 2.21 所示。

这时的波形失真如照片 2.22 所示,3 次谐波对于 40kHz 的基波失真为 −54dB(0.2%)。该数值决不是最佳值,但除计测失真用途以外,其值很实用。失真是二相输出中测量余弦输出的数值,但正弦输出稍差一些。原因是二级积分输出,即余弦输出具有 −6dB/oct 的高频衰减能力。

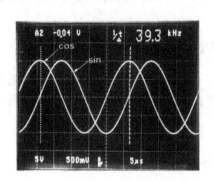

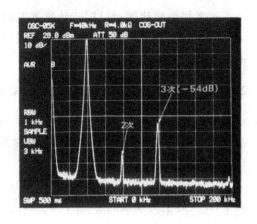

照片 **2.21** OSC-05X 的二相输出波形   照片 **2.22** OSC-05X 的余弦输出失真波形

2.2.3 低失真率二相振荡器 OSC-202A

OSC-202A 是一种低失真率的振荡模块,由外接电阻和电容可在音频范围(可听频率)的任意频率上产生振荡。

图 2.9 是 OSC-202A 内部构成图,它采用在低频经常使用的状态变量电路中施加正反馈,用电压控制电阻(VCR)电路使输出振幅稳定的方式。因此缺点是电源接通及用开关切换 RC 元件时,振荡输出的振幅中出现冲击波。

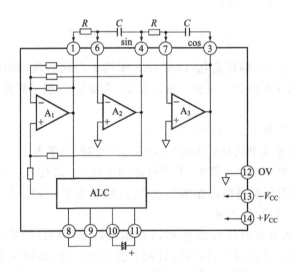

图 2.9 OSC-202A 内部构成图

振荡频率范围为 20Hz～100kHz,外接元件各自需要两个电阻与电容,振荡频

率由 RC 决定,即为

$$f_{osc} = 1/2\pi RC$$

$$R = 1/2\pi f_{osc} \cdot C$$

先确定较容易得到的电容 C,然后计算外接电阻 R 的阻值,要选用各参数相对误差(±2％左右)小的元件。

在采用电压控制电阻使振幅稳定的电路中,振幅检测电路中平滑滤波器的电容值与波形失真有关。因此,对于数十赫的低频率,需要更低失真的波形时,要在 OSC-202A 的⑩～⑪脚间接入数十微法的电容(但要注意,响应时间会变慢)。

例如,$f_{osc} = 10\text{kHz}$ 时,各自接入 2 个电容和电阻,$C = 1000\text{pF}$,$R = 15.92\text{k}\Omega$(实际使用 $16\text{k}\Omega$),工作电源为 ±15V。这时的二相输出波形如照片 2.23 所示,振荡输出频率为 9.86kHz,输出振幅约为 9.5V_{p-p}。

振荡频率与限定的设计值一致时,外接的任何一个电阻都可以改变约 ±5％,例如,$R = 16\text{k}\Omega$,可采用 $15\text{k}\Omega$ 的固定电阻与 $2\text{k}\Omega$ 半固定电阻进行串联。余弦输出波形失真非常小,约为 -80dB(0.01％)以下,如照片 2.24 所示。在 100Hz～30kHz 频率范围失真约为 0.015％。

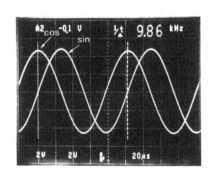

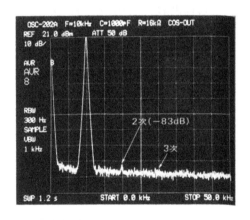

照片 2.23　OSC-202A 的二相输出波形　　照片 2.24　OSC-202A 的余弦输出
　　　　　　　　　　　　　　　　　　　　　　　　　波形的失真情况

2.2.4　可编程低频二相振荡器 OSC-201A

在自动测试系统等中经常使用可编程振荡模块,其振荡频率由数字数据进行设定。OSC-201A 就是一种用 8 位数据(高位字节用 16 进制设定)设定频率的振荡模块,但实际的商品有 L 型和 H 型,其中,L 型的步进频率为 10Hz,频率可变范围为 10～1590Hz;H 型的步进频率为 100Hz,频率可变范围为 100Hz～15.9kHz。

图 2.10 是 OSC-201A 的内部构成图。这种模块基本上是状态变量电路中施

加正反馈产生振荡,切换梯形电阻网络的合成电阻值对频率进行控制。

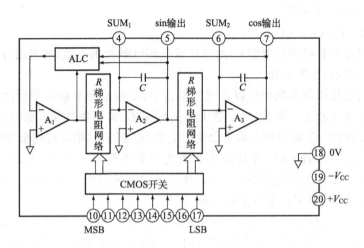

图 2.10　OSC-201A 的内部构成图

　　OSC-201A 是一种适用于超低频振荡的功能模块,模块内有温度系数低的电容,L 型的电容为 $0.018\mu F$,H 型为 $0.0018\mu F$。另外,也可以在④-⑤以及⑥-⑦脚间外接电容。

　　OSC-201A 为使振幅稳定不采用自动增益控制(AGC)方式,而采用限幅方式。为此,振荡频率与振幅能瞬时(用于切换梯形电阻网络的模拟开关需要的响应时间)稳定。

　　用 CMOS 模拟开关切换积分电阻即梯形电阻网络进行振荡频率的转换,电阻值的可变范围为 $884\sim5.56k\Omega$(16 进制代码即 01～F9)。

　　OSC-201A 的特征:振荡频率改变时,输出波形不会出现不连续性,这时的情况如照片 2.25 所示。最初以 200Hz(02)进行振荡,当 MSB 由 H→L 时设定数据(82),进行由 200Hz→8.2kHz 的切换,频率变化非常好。

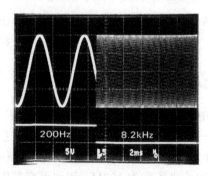

照片 2.25　频率由 200Hz→8.2kHz 进行切换时 OSC-201A 输出波形的变化情况

照片 2.26 是二相振荡输出波形。设定数据为 10kHz（AO）时，电路以 9.98kHz 的频率（误差为－0.2%）进行振荡。

由于采用限幅方式，波形失真较大，但 3 次谐波的失真为－54dB（0.2%），如照片 2.27 所示。

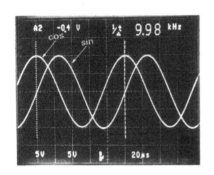

照片 **2.26**　OSC-20AH 的二相振荡输出波形

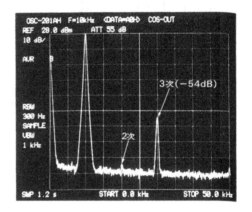

照片 **2.27**　OSC-201AH 的 cos 输出波形的失真情况

2.2.5　直接数字频率合成器 OSC－16B

OSC-16B 是一种直接数字频率合成（DDS）方式的振荡模块。由于采用 DDS 方式，因此振荡频率精度及稳定度都非常高，而输出 D/A 转换器又采用 12 位精度的器件，这样，波形失真小，输出电压稳定度高。

振荡频率范围为 1Hz～65.535kHz（直读 16 位二进制数据），设定分辨率为 1Hz。除输出正弦波外还能输出三角波、斜波、反对数波形。

图 2.11 是 OSC-16B 内部构成图，它由 16 位加法器、锁存器、波形数据 ROM 以及 12 位 D/A 转换器构成。另外，有外部时钟输入端，因此，在 CLKOUT 与 CLKIN 之间接入分频器，这样，在 1Hz 以下的超低频也能进行振荡。

对于数字频率合成方式，其振荡频率的控制性非常好，用计算机等可高速改变（数字触发方式）设定数据，若不能同时设定 16 位数据，则振荡频率就不连续，需要注意这一点。

照片 2.28 是数据设定为"2710$_\mathrm{H}$"（10kHz）时的输出波形。频率为 10.0005kHz，输出振幅正好为 10V$_\mathrm{p-p}$。10kHz 时输出波形失真（DDS 随频率不同而异）如照片 2.29 所示，2 次谐波时失真为－73dB，3 次以上谐波时为－80dB，最恶劣条件下（设定数据为 2^n±数个 LSB 时）也为－60dB 以下。

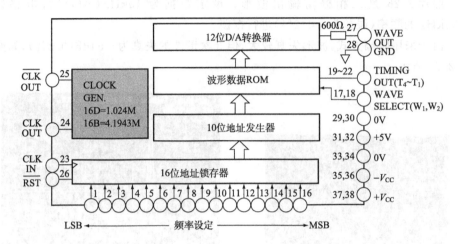

图 2.11 OSC-16B 内部构成图

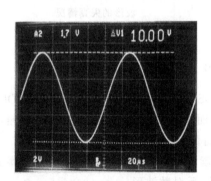

照片 **2.28** $f=10\mathrm{kHz}$ 时 OSC-16B 的输出波形

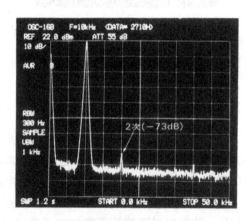

照片 **2.29** OSC-16B 的输出波形失真情况

第 **3** 章 *RC* 方波振荡电路设计

原理上最容易理解的振荡电路是简单的 *RC* 方波振荡电路。电路工作方式有多种,但基本上是利用 *RC* 充放电的电路。*RC* 方波振荡电路在波形质量与精度要求不高的场合广泛应用。

3.1 施密特 IC 构成的振荡电路

3.1.1 使用元器件最少的振荡电路

使用元器件最少的振荡电路是利用具有施密特触发功能的 CMOS 集成反相器构成的振荡电路,用于频率稳定度要求不高的场合。

这种电路的振荡波形为方波,用作超低频率到数兆赫频率的时钟信号与定时信号。

施密特输入型集成电路除 CMOS 逻辑电路外还有 TTL 型 74LS 系列逻辑电路,但 74LS 系列的输入电流为数百微安数量级,受到使用的定时电阻上限值的限制,不适用于低频振荡的场合。这里,介绍典型 CMOS 型 4000B 系列与高速 CMOS 型 74HC 系列集成电路构成的振荡电路的实验与工作情况。

3.1.2 施密特反相器的工作原理

施密特反相器本来是逻辑电路中使用的集成电路,其输入阈值电压在高电平与低电平时是不同的(普通逻辑集成电路为同一个值),如图 3.1 所示。这两个阈值电压的差称为滞后电压,用于普通混有噪声等逻辑信号的波形整形,以及输入信号上升迟缓时的波形整形。图 3.2 是典型施密特反相器 74HC14 与 4584B 的构成与特性。

照片 3.1 是 74HC14 的输入输出波形。为了便于理解施密特触发器的工作原理,将阈值电压附近的波形进行放大。实例中,脉冲信号发生器波形的上升时间较迟缓,输入是上升时间与下降时都非常迟缓的梯形波和方波。从 0V 上升的输入

信号升到电压 V_P 时才识别为高电平,输出从高电平变到低电平。电源电压 V_{DD} 为 5V 时,V_P 约 3V,它与电源电压有关。

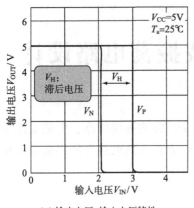

(a) 输出电压-输入电压特性

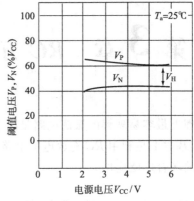

(b) 阈值电压 V_P,V_N 的电源电压变动特性

图 3.1　施密特触发器的输入阈值电压特性

(这是 6 个反相器构成的施密特反相器 74HC14 的数据。输出高电平时阈值电压为 V_P,输出低电平时阈值电压为 V_N。也就是说,输出反转需要的阈值电压比一般的逻辑集成电路的大,由此可知,这是抗噪声能力强的集成电路。一般用于容易混入噪声的接口电路)

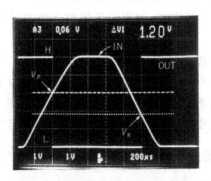

照片 3.1　施密特触发器的工作情况

(74HC14 的输入为上升时间 600μs,下降时间 600μs 的梯形波。由照片可见,上升时约 3V(V_P),下降时约 18V(V_N)输出反转。这样,具有 2 个阈值电压的电路称为施密特触发器,V_P 与 V_N 之差称为滞后电压)

另一方面,输入波形下降时 V_P 不是阈值电平,下降到比它低的电压 V_N 时才识别为低电平。输入信号低于 V_N 时输出变为高电平。$V_P - V_N$ 称为滞后电压,实例中约为 1.2V。

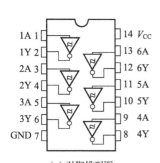

(a) 引脚排列图
(74HC14P和4548BP的引脚配置相同)

1A 1　　14 V_{CC}
1Y 2　　13 6A
2A 3　　12 6Y
2Y 4　　11 5A
3A 5　　10 5Y
3Y 6　　9 4A
GND 7　　8 4Y

项　目	单位 (V)	$T_a=25℃$			
		V_{CC}	min.	typ.	max.
高电平阈值电压	V_P	2.0	0.8	1.25	1.7
		4.5	1.8	2.7	3.42
		6.0	2.4	3.6	4.56
低电平阈值电压	V_N	2.0	0.3	0.75	1.2
		4.5	1.08	1.9	2.7
		6.0	1.44	2.6	3.6
滞后电压	V_H	2.0	0.20	0.5	1.0
		4.5	0.36	0.8	1.44
		6.0	0.48	1.0	1.92

(b) 74HC14 的直流电气特性

项　目	单位 (ns)	$T_a=25℃$			
		V_{CC}	min.	typ.	max.
输出上升时间	t_{TLH}	2.0	—	30	75
输出下降时间	t_{THL}	4.5	—	8	15
		6.0	—	7	13
传输延迟时间	t_{pLH}	2.0	—	62	140
	t_{pHL}	4.5	—	19	28
		6.0	—	16	24
输入电容	C_{IN}	pF	—	5	10
内部等效电容	C_{PD}	pF	—	31	—

(c) 74HC14 的交流电气特性
($C_L=50pF$，输入 $t_r=t_f=6ns$)

项　目	单位 (V)	$T_a=25℃$			
		V_{CC}	min.	typ.	max.
高电平阈值电压	V_P	5	2.15	3.0	3.75
		10	4.9	6.4	7.6
		15	7.9	9.9	11.6
低电平阈值电压	V_N	5	1.25	2.3	2.85
		10	2.4	3.8	5.1
		15	3.4	5.2	7.1
滞后电压	V_H	5	0.25	0.65	1.25
		10	1.9	2.6	3.5
		15	3.8	4.7	5.6

(d) 4584BP 的直流电气特性

项　目	符号 (ns)	$T_a=25℃$		
		V_{DD}/V	typ.	max.
输出上升时间	t_{TLH}	5	80	200
输出下降时间	t_{THL}	10	50	100
		15	40	80
传输延迟时间	t_{pLH}	5	170	340
	t_{pHL}	10	80	160
		15	60	120
输入电容	C_{IN}	pF	5	7.5

(e) 4584BP 的交流电气特性（$C_L=50pF$）

图 3.2　施密特反相器 74HC14 与 4584BP 的构成与特性

(74HC14 和 4584BP 引脚正好兼容。若需要高噪声承受能力时，使用 4584BP，电源电压 10V 或 15V。一般大都使用 74HC 系列，电源电压几乎都为 5V。4584BP 和 74HC 系列的不同除电源电压外，还有 74HC 系列速度较快)

3.1.3　振荡工作原理

图 3.3 是施密特反相器 IC 构成的非常简单的方波振荡电路,实际中施密特反相器 IC 中有 6 个反相器的集成电路,即 1 个封装中有 6 个完全相同的反相器,本电路只用其中 1 个反相器构成振荡电路。

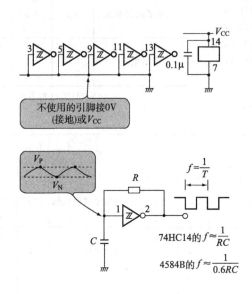

图 3.3　最简单的振荡电路

(这是最简单的确实能产生振荡的电路。但波形为方波。74HC14 或 4584B 是 6 个
反相器集成电路,即 1 个封装里有 6 个相同的反相器,这里选用其中 1 个反相器构
成振荡电路,而反相器中 ZZ 符号表示该反相器为施密特型。施密特电路不仅用于波
形的整形,也用于振荡电路。该简单的电路中,不使用的引脚接 0V(地)或 V_{CC})

需要的元器件除了 4000B 系列 CMOS IC 4584B 以及高速 CMOS 型 74HC14 反相器以外,还有电阻 R 和电容 C 各 1 只。

若在 74HC14 或 4584B 的电源端上加电压,则电容 C 上电压从 0V 开始上升(因为是反相器工作状态,输入电压低于 V_P 时输出变为高电平)。由于 CMOS IC 有输入阻抗非常高(几乎无输入电流流通)的特征,因此,可以这样简单地进行分析。

这时,电容 C 上的电压不是线性变化,而是按 RC 充放电的指数形式变化,但超过阈值电压 V_P,就判定输入为高电平,于是反相器的输出变为低电平。

当负载电流较小情况下,CMOS IC 的输出电压在高电平时等于 V_{DD},低电平时等于 V_{SS},这是作为电压源对 RC 进行充放电的情况。

输出为低电平时,电容 C 中充电电荷通过电阻 R 放电。当 C 上电压降到阈值电压 V_N 以下时,判定输入为低电平,反相器输出反转,变为高电平。

因此,振荡周期等于充放电需要的时间之和,如图 3.4 所示,其倒数为振荡频率。

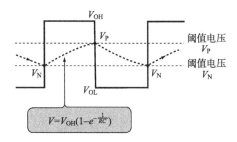

图 3.4　振荡频率的计算方法

(对于施密特型振荡电路,施密特反相器的输入电平按 RC 充放电的时间常数在 V_N ～V_P 之间变化,从而决定振荡频率。V_N 和 V_P 是反相器输出反转时的电压,称为阈值电压。输出电平为 V_{OL} 和 V_{OH})

3.1.4　振荡频率的计算方法

图 3.3 中 RC 电路充电需要的时间 T_1 为:

$$T_1 = RC \ln\left(\frac{V_{OH} - V_N}{V_{OH} - V_P}\right)$$

RC 电路放电需要的时间 T_2 为:

$$T_2 = RC \ln\left(\frac{V_{OL} - V_P}{V_{OL} - V_N}\right)$$

式中,若 $V_{OH} - V_P = V_{OL} + V_N$,则可计算

$$T_1 + T_a = 2RC \ln\left(\frac{V_{OH} - V_N}{V_{OH} - V_P}\right)$$

这样,决定振荡频率的要素是 RC 时间常数、逻辑输出电平 V_{OH} 与滞后电压($V_H = V_P - V_N$),但这些要素都与使用的 CMOS 集成电路特性(分散性)以及供给电源电压 V_{DD} 有关。因此,该振荡电路很简单,但它在稳定性方面不能有太高的要求,常用于数字电路中。

实际设计时,需要有简易的计算式。这里,若振荡周期 $T = T_1 + T_2$,则推导出的基本简易计算式为

$$T = 2RC \ln\left(\frac{V_{DD} - V_N}{V_{DD} - V_P}\right)$$

假设初始条件已经确定了。

例如,电源电压 $V_{DD}=5V$,V_P 和 V_N 由使用的集成电路确定,对于 74HC14,根据照片 3.2 所示波形,$V_P=3.08V$,$V_N=1.82V$,因此,

$$T=2RC\ln\left(\frac{5-1.82}{5-3.08}\right)=2RC\ln 1.656=1.0088RC\approx RC$$

参考此例,计算 $V_{DD}=7V$ 时周期 T 为:

$$T=2RC\ln\left(\frac{7-2.6}{7-4.26}\right)=0.947RC$$

对于 4000B 系列的 4584B 集成电路,根据图 3.2 所示特性,$V_{DD}=5V$ 时,V_P 和 V_N 的典型值分别为 $V_P=3V$,$V_N=2.3V$,因此,计算出周期 T 为:

$$T=2RC\ln\left(\frac{5-2.3}{5-3.0}\right)=0.6RC$$

用以上的计算式就能计算出大致的振荡频率,但由于阈值电压 V_P 和 V_N 不是恒定的,为要进行准确的振荡,需要对 RC 时间常数作一些调整。

照片 3.2 是 $C=0.01\mu F$,$R=10k\Omega$ 时使用 74HC14 的振荡波形,由照片可知,电容 C 上的电压波形在 V_P 与 V_N 之间来回变化。振荡频率为 10.04kHz,这与计算值($f=1/RC=10kHz$)基本一致。

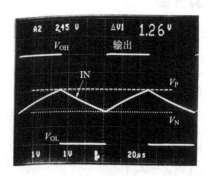

照片 3.2　74HC14 振荡电路的振荡波形

(这是图 3.3 电路中 $C=0.01\mu F$,$R=10k\Omega$ 时振荡波形。观察 74HC14 反相器的输入波形可见,信号在 $V_N\sim V_P$ 之间来回变化。RC 常数越大,来回变化的时间越长,振荡频率变低。另外,根据 V_N,V_P 电压的变化还可以预测频率的变化情况,这时振荡频率约为 10kHz)

照片 3.3 是使用滞后电压(V_P-V_N)比 74HC 系列低的 4584B 时的振荡波形,其余条件与照片 3.2 相同,振荡频率为 16.05kHz,而计算值 $f=1/0.6RC=16.6kHz$,其误差约为 3.7%。

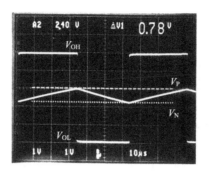

照片 3.3 TC4584B 振荡电路的振荡波形

（电路参数与照片 3.2 的实验电路相同,仅集成电路由 74HC14 改为 4584B,振荡频率由约 10kHz 变为约 16.6kHz,原因是施密特电路的滞后电压 $V_H = V_P - V_N$ 由 1.26V 变为 0.78V。V_N 的变化直接影响了频率的变化,这是这种方式的缺点）

RC 充放电电路

电阻与电容构成的 *RC* 电路是最基本的电子电路之一。

从频率特性方面看,可认为图 A 是一种称为低通滤波器的电路。在这样的电路中,传输增益 -3dB 时频率 f_C（称为截止频率）为:

$$f_C = 1/2\pi RC$$

然而,在利用 *RC* 电路的定时振荡电路中,由于信号是阶跃状,因此,也可以考虑为充放电电路。

对应阶跃输入的响应时间可按以下方式进行计算。由图 A 可知,输出电压 V_O 随时间 t 变化的规律可表示为:

$$V_O = V_I(1 - e^{-t/RC})$$

上式可改写为

$$\frac{V_O}{V_I} = 1 - e^{-t/RC}$$

因此,充电到 V_O 电压的时间 t 为:

$$t = -RC \ln(1 - V_O/V_I)$$

例如,CMOS 逻辑集成电路的阈值电压约为 $1/2V_{DD}$,因此,V_O 充电到 $V_I/2$ 的时间 t 为:

$$t = -RC \ln 0.5 = 0.693RC$$

同理,可计算出放电需要的时间,输出端充电到 V_I 电压,再通过 R 放电,因此,这时输出电压 V_O 为:

$$V_O = V_I e^{-t/RC}$$

$$V_O/V_I = e^{-t/RC}$$

$$t = -RC \ln V_O/V_I$$

由此可计算出 V_O 放电到 $V_I/2$ 时的时间 t 为：

$$t = -RC \ln 0.5 = 0.693RC$$

即充电时间与放电时间相等。

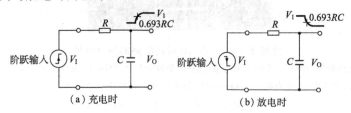

图 A　RC 充放电回路的分析

(定时电路中多采用电阻与电容组合的 RC 回路。这时,对于阶跃输入的响应时间 τ 可使用 $0.693RC \approx 0.7RC$,这是在瞬时过渡现象中经常见到的计算式)

3.1.5　电路常数的限制

如上所述,确定振荡频率的时间常数的是一个电阻和一个电容。尽管 C 的容量和 R 的阻值有一定的自由空间,但是参数的设定既简单又复杂。

例如,高频振荡时,如图 3.5 所示,R 电阻值与 C 电容量很小,但实际上使用的逻辑 IC 的输入电容 C_i(一般为数皮法)与此并联,因此,振荡频率一定比计算值低。另外,还有接线中数皮法的杂散电容,考虑到这些因素的影响,C 选用 100pF 的电容比较可靠。

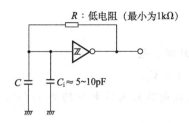

图 3.5　定时电容 C 容量较小时的情况

(若振荡频率变高,则定时电容 C 减小。实际上,集成电路内部有 $C_i = 5 \sim 10pF$ 的输入电容,C_i 的影响是不可避免的。为使电路稳定振荡,需要 $C_i \ll C$。C 的最小容量为 100pF 左右)

这种考虑方式也与其他振荡电路一样,容易出现问题,因此要充分理解其作为取长补短的作用。

电阻 R 的阻值受到逻辑 IC 输出电流特性的限制,其值不能太小。流经的电流是输出电压与电阻之比,因此,要选用数千欧以上阻值的电阻。

电容 C 经电阻 R 进行充放电,假定这时的峰值电流约为 1mA,因此,电阻值按下式计算即可。

$$R \geqslant (V_{DD} - V_N)/1 \times 10^{-3}$$

对于 74HC14 构成的振荡电路,若 $V_{DD} = 5V$,$V_N = 1.9V$,则 R 阻值大致为

$$R \geqslant (5 - 1.9)/10^{-3} = 3.1(k\Omega)$$

3.1.6 超低频振荡的关键问题

超低频即数十赫以下频率振荡时,图 3.6 中 C 要选用容量尽量大的电容。然而,这里使用普通铝电解质电容时,电容本身的绝缘电阻 R_I 不能忽略,理想时其绝缘电阻为无限大,但实际上铝电解质电容的绝缘电阻只有数兆欧。

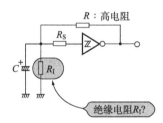

图 3.6 定时电容 C 的容量较大时的情况

(振荡频率越低,定时电容 C 的容量越大。这样,不能用薄膜电容而要使用电解电容。然而,普通使用的铝电解电容的绝缘电阻 R_I 的阻值较低,为数兆欧以下,因此,使用时要注意这一点。实际中要使用钽电解电容而不要使用铝电解电容)

也就是说,定时电阻 R 的阻值若接近绝缘电阻 R_I 的阻值,则电容就不能充电到阈值电压 V_P。其绝缘电阻 R_I 与环境温度有关,分散性较大。若考虑到最恶劣的环境,定时设定不使用铝电解电容等。

图 3.6 中电阻 R_S 为限流电阻,限制 CMOS IC 的最大输入电流。这是当定时电容 C 的两端电压超过电源电压 V_{DD} 时(例如,电源断开等),由于 IC 内部输入保护二极管导通而流经较大电流,因此,有必要对此电流进行限制。74HC 系列集成电路允许输入最大电流为 20mA,因此,电源电压 $V_{DD} = 5V$ 时,需要选用 250Ω 以上限流电阻 R_S($R_S \geqslant V_{DD}/20 \times 10^{-3} = 250(\Omega)$)。实际上选用更高电阻值(1~10kΩ),这样限制输入电流更可靠。电容量为数千皮法以上时,需要这样的保护电阻。

现计算振荡频率 f 为 1Hz ± 10% 时电路参数,集成电路使用 74HC14 或

4584B均可,这里以4584B为例,电源电压$V_{DD}=5V$的情况下分析其工作情况。

首先从比较简单的电容值开始确定电路参数,一般根据表3.1提供的标准E6系列值开始确定。若定时电容C的偏差为$\pm10\%$,则需要可调电阻R的偏差为$\pm10\%$以上。

表 3.1   经常使用的电阻和电容标准数值系列

(E24系列的允许误差为$\pm5\%$,E12系列为$\pm10\%$,E6系列为$\pm20\%$。E24的计算式为$\sqrt[24]{10^n}$,E12为$\sqrt[12]{10^n}$,E6为$\sqrt[6]{10^n}$。模拟电路中一般使用E12或E24系列电阻,数字电路中使用E6系列电阻。电容多使用E6系列。要注意在标准系列中没有2.0与5.0等)

E24	1.0	1.1	1.2	1.3	1.5	1.6	1.8	2.0	2.2	2.4	2.7	3.0	3.3	3.6	3.9	4.3	4.7	5.1	5.6	6.2	6.8	7.5	8.2	9.1
E12	1.0		1.2		1.5		1.8		2.2		2.7		3.3		3.9		4.7		5.6		6.8		8.2	
E6	1.0				1.5				2.2				3.3				4.7				6.8			

若电阻R可以为高阻值,假设$R=1M\Omega$,则

$$C=1/0.6fR=1/0.6\times10^6=1.66(\mu F)$$

设$C=1\mu F$时反过来可以计算电阻R,即

$$R_{min}=(1/0.6Cf)\times0.9=1.5M\Omega$$

$$R_{max}=(1/0.6Cf)\times1.1=1.83M\Omega$$

由此可知,需要使用1.5MΩ的固定电阻与$(R_{max}-R_{min})$以上的可调电阻(330kΩ以上)。电路中为了留有一定余量,选用500kΩ可调电阻。

对于这样超低频振荡,需要选用绝缘电阻值高的大容量电容,若选用$1\sim100\mu F$等级的电容,则要使用钽电解电容而不能使用铝电解电容。另外,振荡频率为数十赫至数千赫范围内选用聚酯薄膜电容,振荡频率在其以上选用聚苯乙烯薄膜电容。

3.1.7   最高振荡频率的界限

振荡电路由于采用高输入阻抗CMOS逻辑IC,因此,定时元件的电阻要使用高阻值的电阻,即使在超低频范围也能产生振荡。然而,振荡频率高到数兆赫时,要注意IC自身的传输延迟时间t_{pd}。

例如,在图3.2所示的数据表中,当$V_{DD}=5V$时,查得4584B的t_{pLH}/t_{PHL}约为100ns,假定时间常数为0,则

$$f_{max}\leqslant1/2t_{pd}=5MHz$$

在其以上频率不能产生振荡。

若4584B的输入电容C_i为10pF,定时电容C为0pF,定时电阻R为1kΩ,则最高振荡频率f_{max}为:

$$f_{max}=1/(0.6C_iR+2t_{pd})=4.85(MHz)$$

实测的波形如照片3.4所示,f_{max}约4.4MHz。

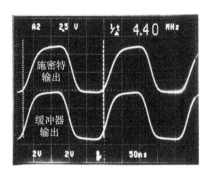

照片 3.4 $C=0, R=1\text{k}\Omega$ 时 4584B 的振荡波形

(这是 $C=0$ 即不接电容时的振荡波形,这样也能进行振荡,原因是 IC 自身的输入电容 C_i 变为定时电容。C_i 值约 10pF,若外接电 C 与 C_i 相比不足够大,则 C_i 的变动对振荡电路的稳定性影响会非常大。考虑到 $C=0$ 时电路能振荡到最高振荡频率即可,但波形如观察到那样非常不好)

另一方面,74HC14 的传输速度较快,其传输延迟时间约 10ns,最高振荡频率 $f_{\max}$ 为:

$$f_{\max}=1/(C_iR+2t_{\text{pd}})=33.3(\text{MHz})$$

可实现高频化振荡。然而,这时仅是电路杂散电容与器件输入电容参与振荡,稳定度不高。温度与电源电压的影响使振荡频率容易发生变化。

另外,对于这种振荡电路,由于 IC 的输入电容也接近 10pF,因此,实际中使用的定时电容最小值约 100pF。在这样的条件下计算出最高振荡频率 $f_{\max}$ 为 7.69MHz,而实测值如照片 3.5 所示,约为 6.2MHz。由此可见,这与忽略 t_{pd} 的计算式($f=1/RC$)相比误差较大。

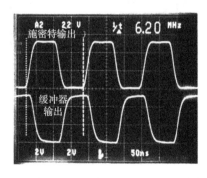

照片 3.5 $C=100\text{pF}, R=1\text{k}\Omega$ 时 74HC14 的振荡波形

(74HC14 计算的最高振荡频率约为 33MHz。然而,实际中要外接约 100pF 的电容 C,这样,就要如照片那样考虑对约 6MHz 振荡频率进行限幅。这与照片 3.4 相比,74HC 系列不愧为高速 CMOS,振荡波形非常好)

3.1.8 电源电压与振荡频率的变化

使用施密特 IC 构成的振荡电路,由于其滞后电压的影响使振荡频率发生变化。但要注意振荡频率也容易受其电源电压变化的影响。这里记录了电源电压变化时频率的变化情况,图 3.7 是其测试方法与测试结果。

图 3.7(b)示出电源电压变化时频率变化情况。这是对外接 $C=0.01\mu F$, $R=10k\Omega$ 时 74HC14 振荡电路,$V_{DD}=5V$ 作为基准频率时用百分数表示的频率偏差 Δf。线性部分的变化是每 1V 电源电压约 2.5% 的变化,由此可知,如预想的那样电源变化对频率变化的影响也不大。对于频率稳定度有一定要求的用途,一定要选用稳定度足够高的电源,这样,在这种电路中,一定能得到所期望的频率稳定性。

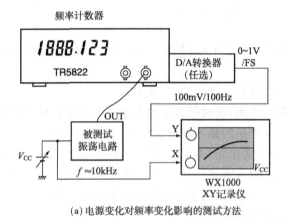

(a) 电源变化对频率变化影响的测试方法

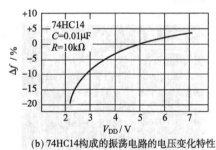

(b) 74HC14 构成的振荡电路的电压变化特性

图 3.7 振荡电路的电压变化特性的测试方法与测试结果

(测试振荡频率一般使用频率计数器。然而,测试电压变化特性时,先人工改变电压,并用频率计数器测量频率,然后在座标纸上描绘出测试数据的曲线,这种方法效率非常低。通用的方法如图(a)所示,它是用 D/A 转换器将频率输出变换为电压,用 X - Y 记录仪进行测量,并立即绘制出电压变化特性)

3.1.9 TTL 施密特触发器构成的振荡电路

施密特触发器 IC 不仅有 CMOS 逻辑电路,还有通用逻辑典型的 TTL 系列电路,TTL 施密特触发器的使用方式与 CMOS 一样。

照片 3.6 是使用 74 系列 TTL 施密特触发器 IC(74LS14)时的振荡波形,定时电阻 R 不使用像 CMOS IC 那样高的阻值(由于输入电流为数微安,因此,$R=10\text{k}\Omega$ 不能产生振荡),因此,观察到的仅是 $R=1\text{k}\Omega$ 以下时振荡波形。

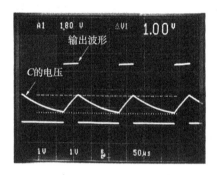

照片 3.6 使用 74LS14 的振荡波形
(振荡波形与照片 3.3 的 CMOS 时的比较一下有很大的差别,表现出器件的不同)

由照片可知,电容 C 两端电压差别非常大,原因是 TTL 施密特电路的阈值电压比 CMOS 的低。还要注意充放电时间的很大不同。这是由于 TTL 逻辑 IC 的输入阻抗低,输入端流出的电流也较大,因此,限制了最大定时电阻值的缘故。

这就是说,不得以的情况下采用 TTL 施密特触发器构成振荡器,这种电路不太提倡使用。

3.2 CMOS 反相器构成的振荡电路

3.2.1 稳定度高于施密特方式的振荡电路

本节介绍使用 CMOS 逻辑 IC 的 4000B 系列或 74HC 系列反相器接成 2 级或 3 级的振荡电路,这种电路用于频率稳定度要求不高的场合。图 3.8 示出反相器 IC 的典型实例 4069B 与 74HC04。

跟以上介绍的使用 CMOS 施密特电路一样,决定定时时间常数的电阻值选得很高时(输入阻抗高达数吉欧),适用于超低频振荡的情况。若使用 74HC 系列高速 CMOS 型,振荡频率上限可到 20MHz 左右。

那么,问题是这与前面介绍的施密特电路有何不同呢?这就是频率变化相对于电源电压的变化其稳定性较施密特方式高。例如,对于施密特方式由图3.7可知,V_{DD}由5V变到4V时振荡频率变化约-7.2%,而对于反相器方式,由图3.9可知在同样条件下,振荡频率变化得到了改善,约为-4.0%。因此,重视频率稳定度时要采用反相器方式。

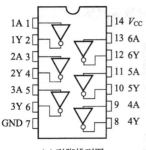

(a)引脚排列图
(74HC04和4069B的引脚配置相同)

项　目	单位 (V)	$T_a=25℃$			
		V_{CC}	最小值	典型值	最大值
高电平输入电压	V_{IH}	2.0	1.5	—	—
		4.5	3.15	—	—
		6.0	4.2	—	—
低电平输入电压	V_{IL}	2.0	—	—	0.5
		4.5	—	—	1.35
		6.0	—	—	1.8

(b)74HC04 的直流电气特性

项　目	单位 (ns)	$T_a=25℃$			
		V_{CC}	最小值	典型值	最大值
输出上升时间	t_{TLH}	2.0		30	75
输出下降时间	t_{THL}	4.5		8	15
		6.0		7	13
传输延迟时间	t_{pLH}	2.0		34	90
	t_{pHL}	4.5		10	18
		6.0		9	16
输入电容	C_{IN}	pF		5	10
内部等效电容	C_{PD}	pF		23	

(c)74HC04 的交流电气特性
($C_L=50$pF,输入(ns)$t_r=t_f=6$ns)

项　目	单位 (ns)	$T_a=25℃$		
		V_{DD}/V	典型值	最大值
输出上升时间	t_{TLH}	5	130	400
		10	65	200
		15	50	160
输出下降时间	t_{THL}	5	100	200
		10	50	100
		15	40	80
高电平传输延迟时间	t_{pLH}	5	100	180
		10	60	120
		15	50	100
低电平传输延迟时间	t_{pHL}	5	75	150
		10	40	100
		15	35	80
输入电容	C_{IN}	pF	7.5	15

(d)4069B 的交流电气特性($C_L=50$pF)

图3.8 反相器74HC04P,4069BP 的结构与特性

(74HC04 与 4069B 引脚兼容,前面介绍的施密特反相器 74HC14 和 4584BP 的引脚也兼容。反相器是逻辑电路中经常使用的集成电路,可用片中 3 个反相器构成振荡电路。当然也可以用与非门(NAND)以及或非门(NOR)构成振荡电路,工作原理请读者自行分析)

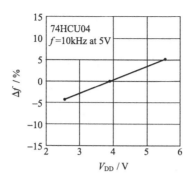

图 3.9 74HCU04 振荡电路的电压变化特性

(测试方法与图 3.7(a)所示的方法相同,由图可知电压变化特性比使用施密特电路的好。74HCU04 中 HC 后面的 U 为 Unbuffer 即缓冲器的意思,振荡电路使用时若接入缓冲器,则振荡波形的稳定度高)

3.2.2 CMOS 反相器振荡电路的振荡原因

现在介绍的 CMOS 逻辑 IC 中反相器的输入与输出电平相反,即输入高电平,输出低电平;反之,输入低电平,输出高电平。但可以用作模拟放大器,根据其电路图形符号也可以想到这一点。

CMOS 逻辑电路的阈值电压 V_{TH} 约为 $1/2V_{DD}$,如图 3.10 所示,即工作电源电压的近一半作为识别高、低电平的界限。例如,电源电压为 5V 时,阈值电压 V_{TH} 约为 2.5V(但要注意,如同 74HCT04 那样 HC 字母后为 T 的集成电路,阈值电压与 TTL 逻辑电路相同,即 $V_{TH}=2.0V$)。

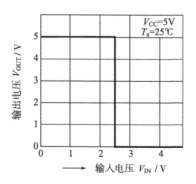

图 3.10 反相器 74HC04 的输入输出特性

(这种特性不限于 74HC04。通常的 CMOS 逻辑 IC 的特征是阈值电压约为 $1/2V_{DD}$,即电源电压为 5V 时,阈值电压约为 2.5V。另外,由特性曲线可知,输入电压在 2.5V 附近时输出电压反转,因此,将仅这部分放大,即为放大器那样的工作状态)

图 3.11 是 3 个 CMOS 反相器串联构成的方波振荡器,它使用 6 个反相器 IC 中的 3 个反相器。该振荡电路的频率与电容 C 和电阻 R 的时间常数有关。注意, RC 回路为微分电路,而在施密特电路中它为积分电路。

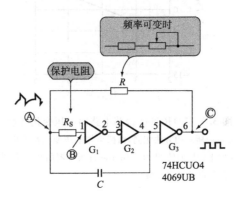

图 3.11　CMOS 反相器的振荡电路

(使用的反相器为 74HCU04 或 4069UB 均可,但不用引脚的处理非常重要,应如图 3.3 所示那样处理。决定振荡频率的定时元件为 R 和 C,R_S 是保护电阻,用于抑制 电容较大时的放电电流。据经验知,C 为 0.1μF 以下时不接 R_S 也可)

电阻 R_S 用于限制 CMOS 输入端的电流,但电容 C 的值较小时(0.1μF 以下) 可不用该电阻。

图 3.12 是振荡定时图。在图 3.11 中,Ⓐ点的波形是 RC 微分回路的充放电 波形,由后述可知,它的最大振幅为电源电压 V_{DD} 的 2 倍。当输入信号横穿第 1 级 反相器的阈值电压 V_{TH} 时,其输出反相,持续进行振荡。

振荡周期 T 是输入信号横穿 V_{TH} 时的时间 T_1 与 T_2 之和,可根据 RC 时间常 数进行计算。Ⓑ点波形是对Ⓐ点电压箝位的波形,其箝位电压等于 V_{DD} 加上 CMOS 逻辑电路的输入保护二极管的正向电压降 V_F。

在图 3.13 示出的 RC 微分电路中,电阻 R 两端电压 V_R 一般可表示为:

$$V_R = V_R e^{-T_1/RC}$$

经过时间常数 RC 秒后变为 $v^{(1/2.718)} = 0.368V$,因此,可根据 $V_{TH} = (V_{DD} + V_{TH})e^{-T_1/RC}$ 计算周期 T_1 为:

$$T_1 = -CR \ln\left(\frac{V_{TH}}{V_{DD} + V_{TH}}\right)$$

同样可计算周期 T_2 为:

$$T_2 = -RC \ln\left(\frac{V_{DD} - V_{TH}}{2V_{DD} - V_{TH}}\right)$$

这里,CMOS 逻辑 IC 的阈值电压 V_{TH} 约为 $V_{DD}/2$(即使等于 $V_{DD}/2$,其误差也较

小),因此,有

$$T = T_1 + T_2 = -RC\left(\ln\frac{0.5}{1+0.5} + \ln\frac{1-0.5}{2-0.5}\right)$$

$$= -RC(-1.098 - 1.098) = 2.196RC$$

常用的多是 $T \approx 2.2RC$ 这样的计算式。

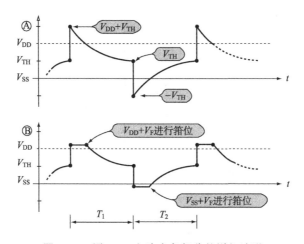

图 3.12 图 3.11 电路中各部分的详细波形

(由图 3.11 可知,G_2 输出端接的电容 C 与 G_3 输出端接的电阻 R 构成微分电路,因此,R 与 C 交点Ⓐ的波形是过渡现象中常见的典型微分波形。集成电路本身的阈值电压 V_{TH} 作为电压变化的界限,但该电压瞬间超过 $V_{SS} \sim V_{DD}$ 的电压范围。为了保护集成电路需要接入 R_S)

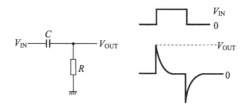

图 3.13 RC 微分电路

(波形变化后,返回到原来状态的时间由 RC 值决定)

3.2.3 限流电阻的选用

构成振荡电路时,根据最高振荡频率选用 4000B 系列或 74HC 系列集成电路。但用 74HC 系列时若接入限流电阻 R_S,由于它与集成电路的输入电容 C_i 组成的时间常数的影响,输入端波形不能快速上升。输入信号横穿阈值电压 V_{TH} 时有时产生振铃现象。

如图 3.14 所示,当电容 C 中电荷放电时,为了避免集成电路内部输入保护二极管流经较大电流,因此接入电阻 R_S 进行限流。$C=0.1\mu F$ 以下时据经验 R_S 可省略。集成电路输入端的最大电流限制为 $I_{Imax}\leqslant 20mA$,因此,电阻 R_s 的阻值应为

$$R_S\geqslant(V_{DD}-V_F)/I_{Imax}=(5-0.6)/20\times10^{-3}=220(\Omega)$$

但实际上为了使最大放电电流抑制得小一些,使用数千欧量级的 R_S 电阻。

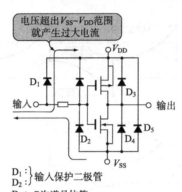

D_1 : }　输入保护二极管
D_2 :

D_3 : P沟道晶体管
　　　漏极形成的寄生二极管
D_4 : N沟道晶体管
　　　漏极形成的寄生二极管
D_5 : P陷阱形成的寄生二极管

图 3.14　CMOS IC 的输入回路与保护二极管的工作状态

(该图是反相器内部的等效电路,CMOS IC 的输入回路就是这样的结构。其中 D_1 和 D_2 是防止元件过电压的保护二极管。过电压能量较小时用此二极管就能对元件进行保护,但较大时需要外接保护电阻,使振荡电路的电流绝对不能超过 20mA 以上)

3.2.4　1 kHz 振荡频率的设计实例

现考察一下振荡频率实际为 $1kHz\pm10\%$ 可变时的 RC 时间常数。首先,从表 3.1 容易得到的 E6 系列值选用电容 C。由于使用 CMOS 集成电路,电阻 R 的阻值在数千欧至数兆欧范围内选择。假设选 $R=100k\Omega$,则 C 为:

$$C=1/2.2fR=1/2.2\times10^3\times100\times10^3=4545(pF)$$

实际选择 $C=4700pF$。

为了补偿总偏差,与电阻 R 串联一个半固定电阻。频率提高 10% 时总电阻值 R_{min} 为:

$$R_{min}=1/2.2\times4700\times10^{-12}\times1.1\times10^3=88(k\Omega)$$

同样,频率降低 10% 时总电阻值 R_{max} 为:

$$R_{max}=1/2.2\times4700\times10^{-12}\times0.9\times10^3=107.5(k\Omega)$$

因此,可变电阻(半固定电阻)的阻值大于 $(R_{max}-R_{min})$,即选为 20kΩ。

然而,对于上述的 88kΩ 或 107.5kΩ 的电阻,只要不特别关注,就不容易得到。R_{min} 的计算值为以下值,即最接近 E12 系列中电阻值为 82kΩ。另外,R_{max} 为 107.5kΩ,因此,82+20(kΩ)的半固定电阻为 102kΩ,可变范围不够。所以,改为采用 25～30kΩ 的可调电阻。R 要使用允许误差为 ±1% 以内的金属膜电阻。

3.2.5 定时电容的选用

定时电阻值设计的可变范围为 ±10%,与此组合的电容宜选用误差为 ±5% 的聚苯乙烯薄膜电容。若使用误差为 ±10% 的聚酯薄膜电容,请与上述一样,再计算一下 ±20% 左右的可变范围。

照片 3.7 是采用 4000B 系列 CMOS 型 LC4069UB(三洋电机的产品),3 个反相器构成振荡电路的振荡波形。设定参数 $C=0.01\mu F$,$R=10k\Omega$。计算振荡频率 f 为:

$$f = 1/2.2RC = 4.545(kHz)$$

而实测频率为 4.58kHz,由此可知,对于计算值的误差比前述的施密特型小。

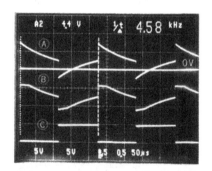

照片 3.7 4069UB 中 3 个反相器构成振荡电路的振荡波形

(这是图 3.11 电路中,$C=0.01\mu F$,$R=10k\Omega$,$R_S=10k\Omega$ 时的振荡波形。使用的集成电路为 4069UB,是接近计算值时的振荡波形。Ⓐ是 R 与 C 的连接点,Ⓑ是通过保护电阻 R_S 后的波形,Ⓒ为输出波形,Ⓐ的波形变为微分脉冲的形式,这是该电路的特征)

3.2.6 很高振荡频率时工作状态

最高振荡频率时电阻 R 和电容 C 值都非常小,使用 74HC04 集成电路即可,图 3.11 电路中限流电阻 R_S 的阻值较大时,有时会产生频率跳动及摆动。

照片 3.8 是 $R_S=10k\Omega$,$C=0.01\mu F$,$R=1k\Omega$,频率约 43kHz 时振荡波形的实例,由照片可知,上升时间产生 10.5ns 的跳动。

为此,降低 R_S 的阻值,或与 R_S 并联一个 10pF 左右的加速电容,从而改善这种状况。

照片 3.9 是使用 74HC04 集成电路,$R_S=10k\Omega$,与 R_S 并联一个 10pF 电容,$C=0.01\mu F$,$R=10k\Omega$ 时的振荡波形。这与照片 3.7 所示 4069UB 时振荡波形大

致相同,但振荡频率有些提高,为 4.66kHz。

　　使用 74HC04 时,若 $C=100$pF,$R=1$kΩ 的时间常数较小时,可忽略集成电路本身的传输延迟时间,计算频率 $f=4.54$MHz,但实测频率为 3MHz 左右。这种偏差是由于集成电路本身的传输延迟时间的影响所引起的。

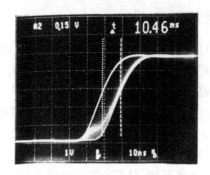

照片 3.8　振荡频率很高时振荡波形的跳动情况

(这是反相器使用 74HC04,$R_S=10$kΩ,$C=0.01\mu$F,$R=1$kΩ 时观察到的波形。有人认为能见到如照片 3.7 那样良好的波形,但波形不停地跳动。这就是频率跳动或摆动,为此,与 R_S 并联一个 10pF 电容就可防止这种现象的发生)

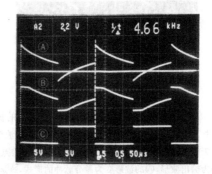

照片 3.9　使用 74HC04 中 3 个反相器构成的振荡电路的波形

(这是图 3.11 的电路中,$R_S=10$kΩ,$C=0.01\mu$F,$R=10$kΩ,并与 R_S 并联一个 10pF 电容时的波形。这与照片 3.7 进行比较可知,振荡频率有些提高,但波形几乎不变)

3.3　使用运算放大器的方波振荡电路

3.3.1　振幅的任意设定

　　到目前为止介绍的逻辑 IC 构成的振荡电路不管输出何种波形,其构成都较简单。然而这些电路,由于电源电压的变化,导致 IC 本身的阈值电压发生变化,这也影响了振荡频率。因此,不宜用在电源电压不稳定的场合。

本节介绍使用通用运算放大器的振荡电路原理上与前面介绍的利用施密特触发器的振荡电路非常类似。图 3.15 是使用运算放大器的方波振荡电路。电路中,在运算放大器的输出端接有稳压二极管构成的限幅电路,使其输出振幅稳定,可任意设定输出电压的振幅,与此同时,也不会受到电源电压变化的影响,这是这种电路的最大特征。

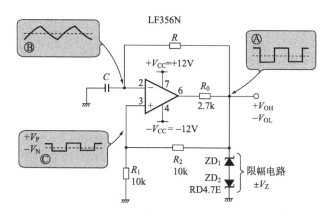

图 3.15 使用运算放大器的方波振荡电路

(运算放大器在这里用作电压比较器,即将同相输入端(+)与反相输入端(−)之间的电压进行比较。同相输入端(+)的电压ⓒ为 ±2.5V($+V_P/V_S$),这是用稳压二极管将运算放大器的输出进行 ±5V 限幅,再通过 R_1 和 R_2 分压获得的电压。反相输入端(−)的电压Ⓑ是按 RC 时间常数在 ±V_P 间摆动的电压,即振荡电压)

另外,为了正负振幅的稳定,使用相同稳压值的稳压二极管,这样可得到正负大致对称的输出方波波形,因此,可用于简易的测试信号发生等场合。

使用通用运算放大器,由于输出振幅对运算放大器本身转换速率、信号电压的急剧变化的跟踪速度的限制,故这种电路不适用于高频振荡。运算放大器振荡电路的振荡频率比逻辑 IC 方式的低,适用于低频振荡电路。

相反,定时电阻可以选用高阻值的电阻,若使用 BiFET 输入型运算放大器,作为超低频振荡电路更有利。

这与 CMOS 逻辑 IC 方式相比较,电源变化对频率变化的影响小,振荡频率的稳定度几乎都由使用电路的 RC 之积决定。

3.3.2 振荡工作原理

图 3.15 是使用通用运算放大器 LF356 的方波输出振荡电路。图 3.16 示出

LF356 的构成与电气特性。

振荡电路中,电阻 R_1 和 R_2 分压电路分得的电压对 RC 充放电回路加正反馈。充放电的定时如图 3.17 所示,这与施密特振荡电路的工作状态非常类似。施密特触发器 IC 在运算放大器的这种情况下也应该用作电压比较器。

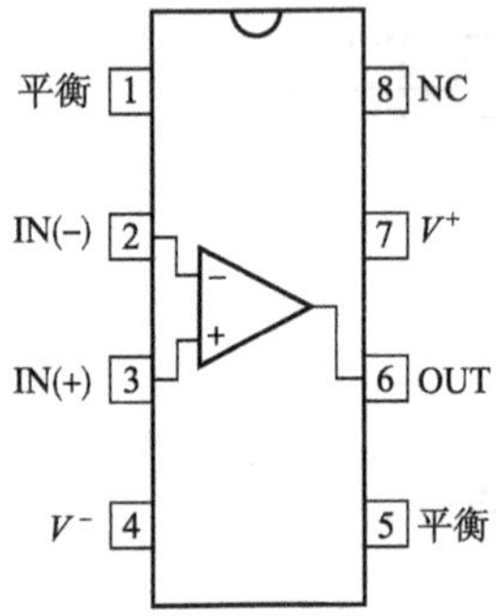

项　目	参　数	LF356			单　位
		最小值	典型值	最大值	
V_{OS}	输入失调电压		3	10	mV
$\Delta V_{OS}/\Delta T$	失调电压漂移		5		$\mu V/{}^\circ\!C$
$\Delta TC/\Delta V_{OS}$	失调电压漂移随着 V_{OS} 的调制而变化		0.5		$\mu V/{}^\circ\!C$
I_{OS}	输入失调电流		3	50	pA
I_B	输入偏置电流		30	200	pA
R_{IN}	输入电阻		10^{12}		Ω
A_{VOL}	大信号电压增益	25	200		V/mV
V_O	输出电压振幅	±12	±13		V
SR	转换速率		12		V/μs
GBW	增益带宽积		5		MHz
t_s	建立时间		1.5		μs
C_{IN}	输入电容		3		pF

(a) 引脚连接图
(N 封装)

(b) 电气特性

图 3.16　通用运算放大器 LF356 的特性

(LF356 是一种典型的通用运算放大器,这是 FET 输入级运算放大器,转换速率为 12V/μs,比一般的运算放大器高一个数量级。这里采用的通用运算放大器是 LF356F,在其他场合不一定使用这种运算放大器,采用普通的通用运算放大器即可,但要注意引脚的接法)

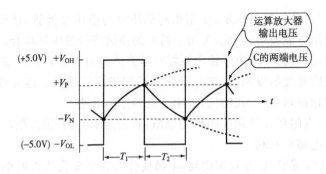

图 3.17　充放电定时与振荡频率的计算

(运算放大器的真正输出电压比电源电压 $\pm V_{CC}$ 低 1～2V,也就是说,若电源电压 V_{CC} 为 ±12V,运算放大器输出 (6 脚) 约为 ±10V 电压,但这里用稳压二极管通过 R_0 使该电压稳定。该电压为 $+V_{OH}$ 与 $-V_{OL}$,即约为 ±5V。再有,可用电阻将该电压分为 $+V_P$ 与 $-V_N$,由此可知,根据这个分压比也可能改变振荡频率)

电路中,当运算放大器的反相输入端(一)电位横穿同相输入端(+)电位时,输出电平发生变化。

例如,输出电压达到饱和状态,即正的最大输出电压$+V_{OH}$,电容C的端电压正向充电,其电位达到同相输入端电平即$+V_{OH}\times[R_1/(R_1+R_2)]$时,运算放大器输出电位反转,即变为$-V_{OL}$。

于是电容C端电压这时负向充电,即放电状态,这与上述的动作相反,以后不断地重复这种动作。

3.3.3 振荡频率的计算

振荡周期$T=T_1+T_2$如图3.17所示,它是根据定时时间常数在$+V_P\sim-V_P$之间往复的时间之和,因此,电容C的端电压v_C为:

$$v_C=+V_{OH}-(V_{OH}-V_N)e^{-\frac{t_1}{RC}}$$

由此,可计算周期T_1为:

$$T_1=RC\ln\left(\frac{V_{OH}-V_N}{V_{OH}-V_F}\right)$$

另外,在这个电路中,输出限幅使用相同稳定电压的稳压二极管,因此,$+V_{OH}$和$-V_{OL}$的绝对值相等,大致为$V_P=|-V_N|$,$V_{OH}=|-V_{OL}|$,则周期T_1和T_2大致相同,即

$$T_2=-RC\ln\left(\frac{V_{OL}-V_P}{V_{OL}-V_N}\right)=T_1$$

若$R_1=R_2$,V_{OH}/V_{OL}与V_P/V_N的分压比为$1/2$,则有

$$T_1=T_2=-RC\left[\ln\left(\frac{1+0.5}{1-0.5}\right)+\ln\left(\frac{-1-0.5}{-1+0.5}\right)\right]$$
$$=RC(\ln3+\ln3)=2.197RC\approx2.2RC$$

这是常见的计算公式。

对于运算放大器振荡电路,决定振荡频率的因素除RC时间常数外,正反馈量(R_1与R_2的分压比)也很重要。考虑到分压比时振荡周期为

$$T=2RC\ln\left(1+\frac{2R_1}{R_3}\right)$$

这时$R_1=R_2$,可用$\ln3=1.0986$表示。

调整频率时也可以考虑采用改变分压比的方法。例如,使用$f=1/RC$这样简单明了的计算式时,振荡频率为

$$f=\frac{1}{2RC\ln(1+2R_1/R_2)}$$

因此,$\ln(1+2R_1/R_2)=0.5$即可,由$e^{0.5}=1.6487$,可计算出

$1+2R_1/R_2=1.6487$

若常数设定为 $R_2=3.083R_1$,则 $f=1/RC$。

照片 3.10 是 $C=0.01\mu\mathrm{F}$,$R=10\mathrm{k}\Omega$ 时振荡波形。照片的上方是输出电压约 5V,中间是电容 C 两端电压,约 $\pm2.5\mathrm{V}(5\mathrm{V_{p\text{-}p}})$,下方是同相输入端的正反馈电压波形,由于 $R_1=R_2=10\mathrm{k}\Omega$,该电压为 $5\mathrm{V_{p\text{-}p}}$。

振荡频率的计算值为 4.54kHz,而实测值为 4.34kHz,其误差为 -4.4%。

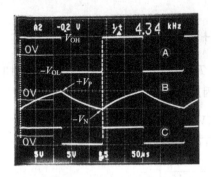

照片 3.10　图 15 的各部分波形

(Ⓐ为输出波形,电压为 $\pm5\mathrm{V}$,占空比约为 50%。Ⓒ是Ⓐ经电阻分压的波形,其振幅约为Ⓐ的 1/2。Ⓑ是以 RC 时间常数对Ⓐ进行积分的波形。运算放大器将Ⓑ与Ⓒ的波形进行比较,输出Ⓐ的波形)

3.3.4　输出限幅的设计方法

决定振荡频率的 RC 值在前面已经介绍过,进行实际振荡电路设计时,首先要决定周围电路的参数。

使用运算放大器时,对于所期望的振荡频率,使输出波形的上升与下降的时间不出现问题,要求运算放大器具有足够快的转换速率。例如,对于 10kHz 振荡频率即 $100\mu\mathrm{s}$ 波形,要求波形在 $1\mu\mathrm{s}$ 以内有 10V 的振幅变化,即 $10\mathrm{V}/\mu\mathrm{s}$ 的转换速率就足够了。

另外,需要很高的定时电阻 R(决定振荡频率的时间常数)的阻值时,适宜选用 BiFET 输入型等运算放大器,这里选用 LF356N。

输出振幅由稳压二极管限幅电路中稳压二极管的稳定电压决定,这里,若电源电压 $\pm V_{\mathrm{CC}}=\pm12\sim15\mathrm{V}$,输出电压等于电源电压 $-(1\sim2\mathrm{V})$。要使 $V_{\mathrm{OH}}/V_{\mathrm{OL}}$ 为 $\pm5\mathrm{V}$ 左右,要采用稳定电压各自为 $(5\mathrm{V}-V_{\mathrm{F}})$ 的 2 个稳压二极管反向串联,这里, V_{F} 为稳压管正向电压降,约为 0.6V。电路中使用 4.7V 稳压管 RD4.7E。

稳压二极管偏置导通时电流为数毫安数量级,它由接在运算放大器输出端的电阻 R_0 决定。

运算放大器的饱和输出电压为 $V_{O\,max}$，偏置电流包括流经 R 的电流为 I_Z，则电阻 R_0 为：

$$R_0 = \frac{V_{omax} - (V_Z + V_F)}{I_Z}$$

若 $V_{O\,max} = 13\text{V}$，$I_Z = 3\text{mA}$，则 R_0 为：

$$R_0 = (13 - 5)/3 \times 10^{-3} = 2.67\text{k}\Omega$$

反馈电阻值很高，这样，流经反馈电阻 R_1，R_2 的电流与稳压管电流 I_Z 相比足够小，当 $R_1 = R_2$ 时电流为 $250\mu\text{A}$。

反馈电阻值为 $1\text{M}\Omega$ 数量级时，要注意运算放大器输入电容 C_i（数皮法）以及接线的杂散电容 C_S（数皮法）的影响，因此，要选用数百千欧以下、$10\text{k}\Omega$ 以上阻值的电阻。

3.3.5 RC 时间常数的设定

振荡时间常数设定用 RC 的上下限值与使用的元件有关，而电阻 R 阻值为 $10\text{k}\Omega$ 以上 $10\text{M}\Omega$ 以下。

电容 C 在超低频应用时需要大容量的电容，但绝缘电阻不太大的铝电解质电容其稳定性不太好，要使用钽电解质电容，最大容量限定为 $47 \sim 100\mu\text{F}$。

假定 $C = 100\mu\text{F}$，$R = 10\text{M}\Omega$，根据 $T = 2.2RC$，计算出振荡周期约为 2000s，即 33 分钟。

这种电路一般采用 $1\text{Hz} \sim 100\text{kHz}$ 的振荡频率（上限受到运算放大器转换速率的限制），实际中选用稳定度高的聚酯薄膜电容或聚苯乙烯薄膜电容。

3.3.6 频率连续可变的振荡电路

现考察一下振荡频率 f 在 $1 \sim 10\text{kHz}$ 范围内连续可变电路参数的计算方法。这种电路振荡频率可变方法有如图 3.18 所示的几种。其中，图 3.18(a) 的方法适于频率微调用途，宽范围频率可变采用图 3.18(b) 所示改变定时电阻的方法更方便。

先决定电容 C 的值，考虑到元件容易买到，假定选 $f = 10\text{kHz}$，$R = 10\text{k}\Omega$。

$$C = 1/(2.2fR) = 4.54 \times 10^{-9}$$

选用最接近标准 E6 系列的参数为 $0.0047\mu\text{F}$。

若计算 $f = 10\text{kHz}$ 及 $f = 1\text{kHz}$ 时电阻值，则有

$$R_{10k} = 1/(2.2 \times 10 \times 10^3 \times 0.0047 \times 10^{-6}) = 9.67\,(\text{k}\Omega)$$

$$R_{1k} = 1/(2.2 \times 10^3 \times 0.0047 \times 10^{-6}) = 96.7\,(\text{k}\Omega)$$

为了在 $R = 9.67 \sim 96.7\text{k}\Omega$ 的范围内可变，需要使用

$$R_{1k} - R_{10k} = 96.7 - 9.67 = 87\,(\text{k}\Omega)$$

的可变电阻,从容易买到这一点来说选用 $100\mathrm{k}\Omega$ 电阻。

　　电位器的可变范围一定要比计算值宽,否则就不能补偿电容 C 的误差($\pm5\%$ 左右),电阻也选用 $9.67\mathrm{k}\Omega$ 以下的 $9.1\mathrm{k}\Omega$。

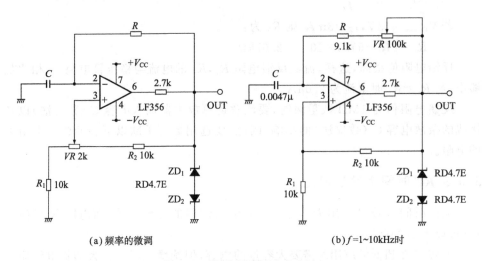

(a) 频率的微调　　　　　　　　　　(b) f=1~10kHz时

图 3.18　振荡频率可变的方法

(振荡电路中可采用两种频率调整方法,其中,图(a)是改变作为运算放大器比较基本的基准电压 $+V_P$ 和 $-V_N$ 的方法,可调电阻的阻值比 R_1 和 R_2 阻值小,用于频率微调整的场合。图(b)是改变积分回路时间常数的方法,若使用转角或电阻变化等电位器,则频率也平滑的改变)

3.3.7　提高振荡频率的方法

　　运算放大器振荡电路用于超低频到数十千赫以下的场合,这是前提条件,现研究一下提高振荡频率上限的方法。

　　提高振荡频率的方法基本上是减小 RC 时间常数、加快运算放大器的转换速率、减小正反馈量即增大 R_1/R_2 之比等方法,任何方法都有一定的限度。

　　首先,电容 C 的容量为最小,但运算放大器本身有 $5\mathrm{pF}$ 的输入电容 C_i,因此,外接的最小电容为 $50\sim100\mathrm{pF}$(输入电容 C_i 变化较大,为了不受其影响,需要 $C_i\ll C$)。

　　由于运算放大器转换速率 SR 的影响传输延迟时间如图 3.19 所示,在 1 个周期为 $2t_d$(t_d 为延迟时间),决定振荡周期的界限。因此,最高振荡频率 $f_{\max}$ 为:

$$f_{\max}\leqslant\frac{1}{2.2(C+C_i)R+2(V_{OH}-V_{OL})/SR}$$

这里,假定 $C+C_i=100\mathrm{pF}$,$SR=10\mathrm{V}/\mu\mathrm{s}$,则有

$$f_{\max}=1/[(2.2\times100\times10^{-12}\times10\times10^3)+2\times10^{-6}]$$

$=1/4.2\times10^{-6}=238\text{kHz}$

这就是最高振荡频率。

照片 3.11 是 $C=100\text{pF}$，$R=10\text{k}\Omega$ 时图 3.18 电路的振荡波形。由于示波器探头（$C_{\text{os}}=10\text{pF}$）接到电容 C 上，因此，频率由 $f=190\text{kHz}$ 降到 180kHz，但不是方波波形。

为了提高最高振荡频率 f_{max}，目的是减小运算放大器转换速率的影响，因此，要选用转换速率高的运算放大器。图 3.20 是常用的高转换速率运算放大器实例，即高速运算放大器。

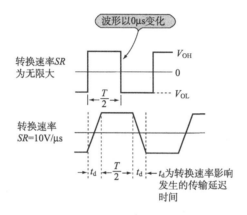

图 3.19 运算放大器的转换速率与传输延迟时间

（理想的方波是波形上升和下降时间都为 $0\mu s$，但实际上是有限的时间，尤其是使用运算放大器时，波形的上升和下降时间受到其转换速率的限制。使用 $10\text{V}/\mu s$ 转换速率的运算放大器时，波形从 -5V 变化到 $+5\text{V}$ 需要 $1\mu s$ 时间，对于运算放大器振荡电路，转换速率决定最高振荡频率）

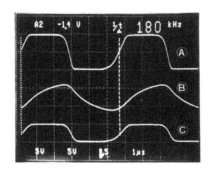

照片 3.11 LF356N 振荡电路在 180kHz 时的振荡波形

（Ⓐ为运算放大器输出波形（不是真实的输出波形），但 10V 上升需要约 $1\mu s$ 时间，下降时需要 $0.5\mu s$ 时间。振荡频率为 180kHz，但波形不是方波。若接近该频率振荡，则 LF356 的负载过重）

	LF356	TL080	LM318N	LM6361N
输入失调电压	10mV (max)	20mV (max)	15mV (max)	20mV (max)
输入偏置电流	30pA	30pA	750nA (max)	5μA (max)
大信号电压增益	25V/mV (min)	15V/mV (min)	20V/mV (min)	400V/V (min)
转换速率	12V/μs	13V/μs	70V/μs	300V/μs
增益带宽积	5MHz	3MHz (f_T)	15MHz	50MHz
管脚的接法	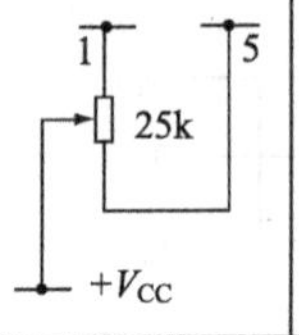 1 ⌐ 5 / 25k / $+V_{CC}$		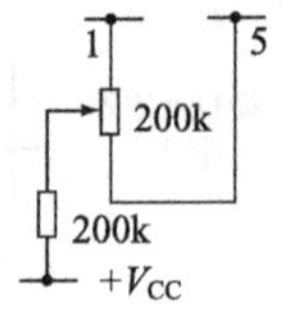 1 ⌐ 5 / 200k / 200k / $+V_{CC}$	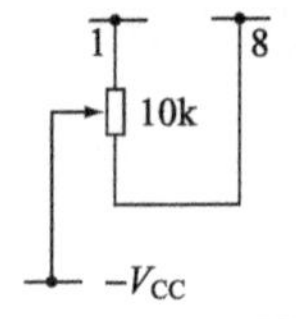 1 ⌐ 8 / 10k / $-V_{CC}$
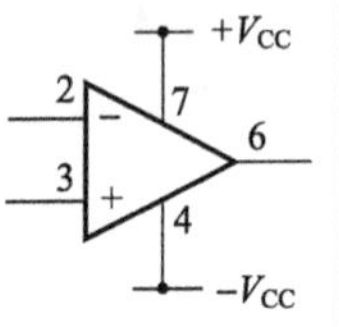	失调调整		失调调整	失调调整

（管脚接法图：运算放大器符号，$+V_{CC}$ 接脚 7，2 为 −，3 为 +，6 为输出，4 接 $-V_{CC}$）

图 3.20　通用高速运算放大器实例

（表中示出典型的高速运算放大器实例，尤其 LM318N 和 LM6361N 是众所周知的通用高速运算放大器，由表可见转换速率相差很远，同时价格也高，使用时要注意。LM318N 和 LM6361N 不是 BiFET 型，而是双极型运算放大器，因此，输入偏置电流也较大）

　　这里，运算放大器用作电压比较器，因此，若选用不需要进行相位补偿类型运算放大器，就能得到很高的转换速率。

　　现考察一下使用高速运算放大器的实验情况，实验波形如照片 3.12 所示。例如，若使用 TI 公司最初的 TL 系列运算放大器中无内部相位补偿的 TL080，与 LF356N 相比输出波形得到改善（参见照片 3.12(a)），振荡频率也提高到 220kHz。

　　通用 BiFET 输入型运算放大器的转换速率 SR 约为 $15V/\mu s$，若使用高速型 LM318N（$SR=75V/\mu s$）运算放大器，输出波形可进一步得到改善（参见照片 3.12(b)）。

　　使用转换速率较高的 LM6361N（$SR=300V/\mu s$）时波形相当好，但由于运算放大器输出电流限制电阻 R_0 与稳压二极管内部电容的影响，在一定程度以上上升时间就不能再快了。

　　照片 3.12(c)是使用 LM6361N 时各部分波形。与照片 3.12(b)进行比较可见，波形几乎没有得到改善，若将电流限制电阻 R_0 的值降到数百欧，则上升时间将变快，振荡频率也接近计算值（$C=100pF$，$R=10k\Omega$ 时振荡频率约 360kHz）。

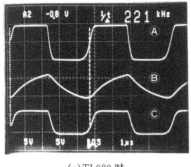
(a)TL080 时

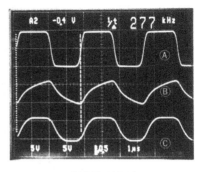
(b)LM318N 时

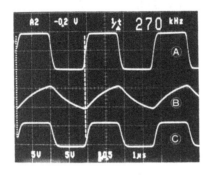
(c)LM6361N 时

照片 3.12 使用高速运算放大器时振荡波形($C=100\text{pF},R=10\text{k}\Omega$)

(对于图 3.15 所示电路,$C=100\text{pF},R=10\text{k}\Omega$ 时计算的振荡频率约为 450kHz。然而,实际实验时发现振荡频率偏离计算值,原因除了运算放大器的转换速率外,还有运算放大器本身输入电容的影响。观察波形可知,LM6361N 波形仍然是最好的。然而,振荡频率偏离计算值。用运算放大器构成高频振荡器比较难)

3.4 使用专用 IC 555 的振荡电路

3.4.1 原始定时器/振荡专用 IC

内有定时电路即振荡电路必需功能的 555 是一种历史悠久的单片集成电路,现在仍在广泛使用。这种集成电路在触发信号作用下构成输出一定脉宽的单稳态多谐振荡器(定时器),此外,还用作自激多谐振荡器、振荡电路等。

本节介绍使用 555 作为时钟振荡电路,用于需要数微秒到数百秒定时周期的场合。555 的特征是输出电流较大,为 200mA(15V 电源时输出电压低到 12.5V),用于不要求像晶振那样高频率稳定度的时钟信号源、超低频至低频点亮 LED 电路等,可直接驱动小型继电器。555 原本就是一种定时集成电路,因此,多用作单稳态多谐振荡器,用于 $10\mu s\sim1000s$ 的定时器。

　　图 3.21 是 NE555 的第二生产供应商日本电气的 μPC1555C 的构成与电气特性。电源电压为 $5\sim15V$,这里采用 5V 电源进行测试。

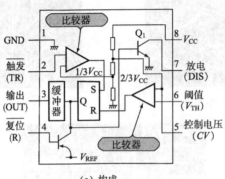

(a) 构成

项　　目	条　　件	最小值	典型值	最大值	单位
电源电压 V_{CC}		4.5		16	V
电路电流 I_{CC}	$V_{CC}=5V,R_{L}=\infty,V_{O}=$"L"		3	6	mA
	$V_{CC}=15V,R_{L}=\infty,V_{O}=$"L"		10	15	mA
阈值电压 V_{th}			$\frac{2}{3}V_{CC}$		V
触发电压	$V_{CC}=15V$		5		V
	$V_{CC}=5V$		1.67		V
复位电压		0.4	0.7	1.0	V
控制电压	$V_{CC}=15V$	9.0	10	11	V
	$V_{CC}=5V$	2.6	3.33	4	V
输出饱和电压"L""V_{OL}"	$V_{CC}=15V,I_{SINK}=10mA$		0.1	0.25	V
	$V_{CC}=15V,I_{SINK}=200mA$		2.5		V
输出饱和电压"H""V_{OH}"	$V_{CC}=15V,I_{SOURCE}=200mA$		12.5		V
	$V_{CC}=5V,I_{SOURCE}=100mA$	2.75	3.3		V
传输延迟时间(L→H)t_{PLH}			100		ns
传输延迟时间(H→L)t_{PHL}			100		ns
定时误差 初始精度	无稳态多谐振荡器		1		%
温度漂移	R_{A}, $R_{B}=1\sim100k\Omega$		50		ppm/℃
电压漂移	$C=0.1\mu F$		0.01		%/V

(b) 电气特性($T_{a}=25℃$, $V_{CC}=5\sim15V$)

图 3.21　555(μPC1555C)的构成与电气特性

(555 是历史悠久的集成电路,用逻辑电路与运算放大器也能实现同等功能,555 多
用作定时电路。不必考虑各种使用方案,关键是可简单构成振荡电路与定时电路。
也要充分利用输出电流为 200mA 这个条件)

$V_{\mathrm{CC}}=5\mathrm{V}$ 时电源电流的典型值为 $3\mathrm{mA}$,$V_{\mathrm{CC}}=15\mathrm{V}$ 时为 $10\mathrm{mA}$,属于功耗较小类型的集成电路,但需要低功耗用途时也有 CMOS 结构的 555。

555 内部有电压比较器,该比较器的阈值电压与触发电压分别为 $(2/3)V_{\mathrm{CC}}$ 和 $(1/3)V_{\mathrm{CC}}$,因此,电路设计时大概都要参考该值(标准中没有规定)。

555 构成振荡器时如图 3.22 所示,将阈值 V_{TH} 端与触发端 TR 连接在一起,但由于该端流经偏置电流,因此,与此连接的定时电容的绝缘电阻与定时电阻值的上限受到限制。

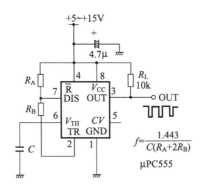

图 3.22 555 构成的基本振荡电路

(555 构成振荡电路时,电容 C 通过电阻 R_{A} 和 R_{B} 充电,当接在 R_{B} 和 R_{A} 连接点(7 脚)的片内晶体管 Q_1 导通时,电容 C 通过它放电。因此,充放电时间不等,波形占空比不是 50%)

3.4.2 555 的工作机理

由图 3.21 的 555 内部等效电路可知,它由片内触发与阈值两个比较器、比较器用基准电压设定电阻构成的片内电阻分压电路、RS 触发器等构成,还有用于电容 C 充电电荷的放电开关晶体管 Q_1。

触发用比较器的基准电压设定为 $(1/3)V_{\mathrm{CC}}$,在此电压以下,RS 触发器置位,输出为高电平,这时晶体管 Q_1 为截止状态。

电容 C 的充电电压上升到 $(2/3)V_{\mathrm{CC}}$ 时,阈值检测比较器动作,RS 触发器复位,输出变为低电平。因此,若触发端 TR 与阈值端 V_{TH} 短接时,自动加触发信号,以自激多谐振荡器方式进行振荡。

图 3.22 是 555 构成振荡电路的基本连接方式,电容 C 经由电阻 R_{A} 和 R_{B} 充电,电阻 R_{B} 接地(7 脚内接晶体管 Q_1 导通)时放电,电压按 $R_{\mathrm{B}}C$ 时间常数下降。

为了便于理解 555 的工作原理请参照图 3.23,使用该图说明充放电的定时时间。

当接通电源时,电容 C 的两端电压为 0,触发用比较器立即导通,触发器置位,

$\overline{Q}$ 输出驱动晶体管 Q_1,因此,Q_1 为截止状态。

电容按 $(R_A+R_B)C$ 的时间常数充电,充电电压升到 $(2/3)V_{CC}$ 时,通过阈值用比较器使触发器复位,晶体管 Q_1 导通,于是放电电流 i 经电阻 R_B 流通,电容上电压按 R_BC 时间常数下降,降到 $(1/3)V_{CC}$ 时,触发用比较器动作,再次反回到充电状态。

振荡周期 T_1 是电容从 $(1/3)V_{CC}$ 到 $(2/3)V_{CC}$ 的充电时间,即 T_1 为:

$$T_1=C(R_A+R_B)\ln[(V_{TH}-V_{CC})/(V_{TR}-V_{CC})]=C(R_A+R_B)\ln2$$
$$=0.693C(R_A+R_B)$$

同理,周期 T_2 是电容从 $(2/3)V_{CC}$ 到 $(1/3)V_{CC}$ 的放电时间,即 T_2 为:

$$T_2=0.693CR_B$$

振荡周期 $T=T_1+T_2$,即

$$T=0.693C(R_A+2R_B)$$

振荡频率 f 为:

$$f=1/T=1.443/C(R_A+2R_B)$$

原理上说,$T_1\neq T_2$($R_A=0$ 时,才能 $T_1=T_2$,而 R_A 为 0 是不可能的),因此,占空比不能为 1∶1,实际的占空比 d 可表示为

$$d=\frac{T_2}{T_1}=\frac{R_B}{R_A+R_B}$$

若 $R_A\ll R_B$,占空比可接近 1∶1,这种情况如照片 3.13 所示。

照片 3.14 示出 $C=0.01\mu F,R_A=R_B=10k\Omega$ 时输出波形与电容 C 两端电压波形。

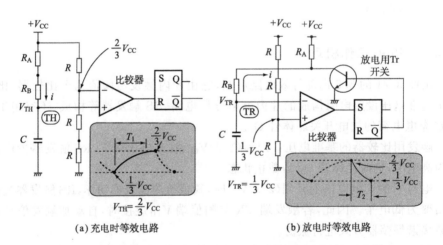

(a) 充电时等效电路　　　　　　(b) 放电时等效电路

图 3.23　555 充放电工作的定时时间

(这是表示 555 内部电路动作的模型。表示充电时接在阈值端(6 脚)的比较器动作,放电时接在触发端(2 脚)的比较器动作。比较器输出控制 RS 触发器以及放电用 Tr 开关)

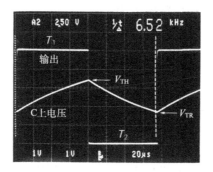

照片 3.13 $R_A=1k\Omega, R_B=10k\Omega, C=0.01\mu F$ 时振荡波形

(原理上说,555 振荡电路的波形占空比不能为 50%。要使占空比接近 50%,需要 R_B 与 (R_A+R_B) 电阻值之比为 1∶1,这就是 $R_B \gg R_A$。这里示出这种情况的实验波形实例)

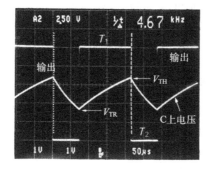

照片 3.14 $R_A=R_B=10k\Omega, C=0.01\mu F$ 时振荡波形

(如照片 3.13 所示那样,虽尽量使波形占空比接近 50%,但结果不太理想。原因是要在 $R_A=R_B$ 时产生振荡,只有考虑元件是标准的,才能输出占空比真正为 50% 波形。为此,可采用图 3.26 所示其他的电路方案,可得到占空比真正为 50% 波形)

3.4.3 定时常数的决定

555 振荡电路的振荡频率范围非常宽,可由外接 R 和 C 任意设定,频率上限为 $50\sim100kHz$。

这里,考察一下为使占空比为 1∶1,定时电阻 $R_A \ll R_B$ 的实例(参见图 3.22 的电路)。

首先,考虑电阻 R_A 很小时情况,但阻值不能过小。由于放电晶体管的集电极电流增大,为此,这里将其电流控制在 5mA 左右($V_{CC}=5V$),电阻 R_A 选用 $1k\Omega$。由电阻 R_B 决定实际的振荡频率,其阻值范围为 $10R_A\sim1000R_A$。

例如,若 $R_A \ll R_B$ 时,振荡频率 f 为:

$$f = \frac{1.443}{C(R_A + 2R_B)} = \frac{1.443}{2CR_B} = \frac{0.722}{CR_B}$$

这里,电容 C 从比较容易买到的 E6 系列中选取(R_B 阻值为数十千欧至 $1M\Omega$),再反过来计算 R_B 的阻值。

例如,$f = 10kHz$,$C = 1000pF$ 时,R_B 为:

$$R_B = 0.722/1000 \times 10^{-12} \times 10 \times 10^3 = 72.2 \times 10^3$$

准确的话需要从该阻值中减去 $R_A = 1k\Omega$,若考虑总误差,R_A 阻值可以忽略。为了使振荡频率正好为 10kHz,要接入一个与 R_B 串联的半固定电阻器 VR。为了使频率有 $\pm 10\%$ 的可变范围,$VR \geqslant R_B \times 0.2 = 14.4k\Omega$,若 VR 选 $20k\Omega$,则电阻 R_B 为:

$$R_B = 72.2 - (VR/2) = 62.2(k\Omega)$$

电阻 R_L 与 555 的工作没有直接的关系,但为了使输出电压摆动到电源电压 V_{CC} 而接入 R_L。$V_{CC} = 5V$ 时可与 TTL 逻辑电路直接连接,但要与 CMOS 电路连接时,为了确保高电平,要接入上拉电阻。

接在电源端的 $4.7\mu F$ 电容为电源旁路电容,电容量通常为 $1\mu F$ 即可。

3.4.4　555外围电路元器件的选用

555 振荡电路的振荡频率随其生产厂家不同有些差别。现将六家公司产品用于相同电路参数($C = 0.01\mu F$,$R_A = R_B = 10k\Omega$)情况下对其频率进行测试,测试结果表明有 $4.68 \sim 5.05kHz$ 范围的偏差,但同一厂家产品其偏差非常小(TI 公司的 10 个样品),最大偏差为 0.6%。

电阻和电容的选用没有那么严格,原因是本来 555 振荡电路就用于振荡频率稳定要求不高的场合。

单个 555 振荡频率的温度漂移,即振荡频率随环境温度变化为 50ppm/℃,实际上与使用的 R 和 C 的温度系数有关。因此,要选用尽量小的温度系数的电容(苯乙烯类电容的温度系数约为 $-150ppm/℃$),一般用途选用聚酯薄膜电容即可。

R_A 和 R_B 可以用碳膜电阻,但用金属膜电阻更好。

振荡频率可变方法如图 3.24 所示,即在 R_A 和 R_B 之间串联一个可调电阻 VR。图 3.24(a)只是改变 T_1 时间的方法,也可以考虑去掉 R_A,都使用 VR 调整的方法,但这样放电时有较大电流流通的危险性。

图 3.24(b)是改变 T_2 即放电时间的方法,若 $R_B + VR \gg R_A$,振荡频率改变而占空比不会大幅度改变。

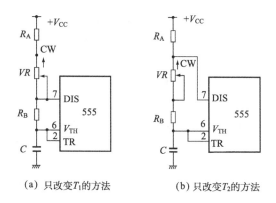

（a）只改变T_1的方法　　　　　　（b）只改变T_2的方法

图 3.24 振荡频率可变方法

（为了调整 555 振荡电路的振荡频率，各自改变 RC 充放电回路的充电时间和放电时间。不能说那种方法好，但图(b)方法的特征是，振荡频率改变而占空比变化不大）

3.4.5 最高振荡频率设定为 100kHz 左右的理由

根据数据表可知 555 振荡频率的上限为 500kHz，但考虑到特性，最高振荡频率为 100kHz 比较可靠。照片 3.15 是 $C=1000$pF，$R_A=R_B=1$kΩ，振荡频率约 250kHz 时振荡波形，但电容 C 上电压波形有些异常。

555 的触发电压 V_{TR} 应为 $(1/3)V_{CC}$，低到约 1.2V(555 内部基准为 1.66V)，阈值电压 V_{TH} 超过 $(2/3)V_{CC}$，约为 4V(555 内部基准为 3.33V)。

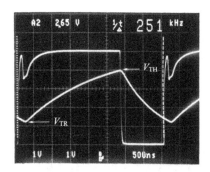

照片 3.15　555 高频振荡时($C=1000$pF，$R_A=R_B=1$kΩ)波形

（按计算值应约 480kHz 产生振荡，但实际上在 250kHz 时产生振荡。观察到 V_{TH} 处电容 C 的电压波形有些异常，发现 555 的振荡频率难以达到商品目录中规定的 500kHz）

原因是 555 内部比较器动作到充放电(传输延迟时间)有时间延迟(尤其是触

发定时的延迟）。因此,计算值约为 480kHz,但这是忽略了延迟时间的缘故。实际中若考虑低到约 250kHz,很明显出现较大误差。但可以进行振荡工作。

3.5　使用数字电路的定时整形

本章介绍的振荡电路限于适用于精度要求不高的方波、时钟振荡电路的场合。尽管如此,只用基本电路定时都是很短,实际上要与数字电路组合对定时进行整形。

这里只限于常识性的知识,示出几个经常使用的电路实例,详细的学习内容请参照有关数字电路的书籍。

3.5.1　带有触发功能的振荡电路

这是 3.2 节介绍的 CMOS 反相器振荡电路的变形电路。

为了使连续振荡停止变为间歇振荡,用触发电路也可以使连续振荡输出停止,但电路比较复杂。

图 3.25 是用与非门构成的振荡电路,可以对振荡简单进行通/断控制。触发输入为低电平,与非门输出必定为高电平,因此,这为反相器工作状态（3 脚为高电平,6 脚为低电平）。若触发输入为高电平,3 脚输出突变为低电平,同时 6 脚变为高电平,电容 C 开始放电。若输入端达到阈值电压,则 6 脚变为低电平,电容进行充电。

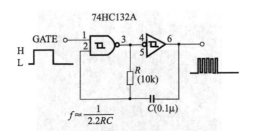

图 3.25　与非门施密特触发器构成的触发振荡电路
（当然,不用施密特触发器也能产生振荡,变成图 3.11 的电路）

照片 3.16 示出触发端的波形与振荡输出波形。触发输入变为低电平时振荡停止,因此,注意到最后的脉冲宽度是不定的。

与非门的 2 脚没有接入保护电阻,这样考虑的原因是不要使开始时的第 1 个脉冲宽度变宽。

振荡周期根据 3.2 节给出的计算式 $T \approx 2.2RC(V_{DD}=5V)$ 进行大概的计算。在 $R=10k\Omega,C=0.1\mu F$ 的实验中,振荡频率 f_{osc} 为 436Hz。

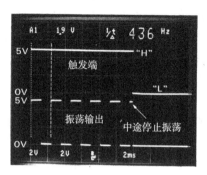

照片 **3.16** 触发振荡电路的工作情况

3.5.2 占空比为 1∶1 的二相时钟发生器

对于逻辑集成电路构成的振荡电路,阈值电压为准确的 $(1/2)V_{DD}$,而施密特输入集成电路的阈值电压 V_P 和 V_N 对于 $(1/2)V_{DD}$ 不是对称的,因此,占空比不是准确的 1∶1。

对于要求准确 1∶1 占空比的用途,使用图 3.26 所示触发器就能得到准确的 50% 占空比的波形。但这时,输出频率是原频率的 1/2,因此,设定振荡频率时有需要加上这个因素。

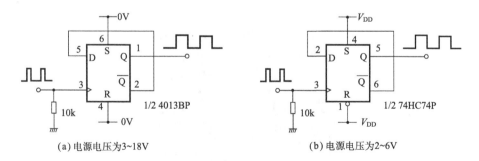

(a)电源电压为3~18V   (b)电源电压为2~6V

图 3.26 波形占空比为 50% 的电路

(需要准确的 50% 占空比波形时,最好的方法是采用逻辑电路、触发电路构成的触发计数器,即使这样的波形也不是优良的 50% 占空比波形。但不要忘记输出波形的频率必定是输入频率的一半,根据电源电压的不同可以分别使用 4000B 系列或 74HC 系列)

若使用 2 路输入触发器集成电路,则可构成图 3.27 所示的相位差 90°的二相时钟电路,是否就是以需要频率的 4 倍时钟信号进行振荡呢?

现从 FF$_1$ 和 FF$_2$ 清零状态开始说明这种电路的工作原理。首先,FF$_2$ 的 $\overline{Q}$ 端为高电平,当然 FF$_1$ 的数据输入端为高电平。若输入时钟信号,如照片 3.17 所示,FF$_1$ 的 Q 输出变为高电平,在第 2 个脉冲的上升沿时,FF$_2$ 的 D 的状态(这时为高电平)呈现在 FF$_2$ 的 Q 端。

FF$_2$ 的 $\overline{Q}$ 反馈到 FF$_1$ 的 D 是这个电路的关键,到第 3 个时钟来到之前维持低电平,第 3 个脉冲来到时 FF$_1$ 的 $\overline{Q}$ 输出变为低电平。同样,第 4 个脉冲输入时,FF$_2$ 的 Q 输出变为低电平,对于 FF$_1$ 和 FF$_2$ 的关系,定时变化经常是延迟 1 个时钟。

这样,输出频率变成了 4 倍,可以得到二相输出,可用作任何控制情况时的良好时钟信号。

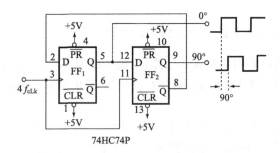

图 3.27 二相时钟发生器

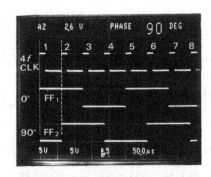

照片 3.17 二相时钟发生器的工作波形

(这是图 3.27 电路的工作波形。使用 2 级触发器,可以得到输出为 90°相位移的波形)

第 **4** 章 **RC** 正弦波振荡电路设计

数赫至数百千赫的正弦波振荡电路广泛利用反馈型振荡电路,这种电路就是在放大器的反馈环路中使用 *RC* 网络的频率选择元件。本章介绍其中用得最多的维恩电桥方式和状态变量型滤波器的方式。

正弦波振荡电路除此以外还有使用电感和电容的 *LC* 振荡电路,低频振荡时由于 *L* 的体积较大,不采用这种方式。高频振荡时多采用 *LC* 振荡电路。有关 *LC* 振荡电路的内容请参看第 5 章。

4.1 维恩电桥振荡电路的工作原理

4.1.1 放大电路中正反馈

维恩电桥反馈型振荡电路如图 4.1 所示,它由放大器即运算放大器与具有频率选择性的反馈网络构成,施加正反馈电路就产生振荡。运算放大器施加负反馈就为放大电路的工作方式,施加正反馈就为振荡电路的工作方式。

具体地说,放大电路的输出信号 e_o 经由反馈系数为 β 的网络返回到放大电路的输入端。这时,若运算放大器的输入电压为 e_i,则有如下关系式:

$$e_i = \beta e_o$$

$$e_o = A e_i$$

式中,A 为放大器的开环增益。

若放大器产生的相移为 θ_1,反馈网络产生的相位差为 θ_2,则绕这种回路的反馈环一周时的相移 θ 为 :

$$\theta = \theta_1 + \theta_2$$

这时回路特性 θ 是 0° 或 360°($n \times 360°$,$n = 1, 2, 3...$),环增益 $A\beta$ 为 1 以上时电路开始振荡。

这个电路无输入信号时得到什么样的输出电压(振荡波形)呢? 不知是否有这样的疑问。实际上,运算放大器的电源一接通,不管何种原因元器件会产生输出噪声,因此,噪声经反馈网络作为电路的输入信号。由于加的是正反馈,因此,振幅逐渐增大。

　　然而,输出振幅按照现在这样增大,不久就会增大到接近电源电压,并产生波形失真,输出振幅变为饱和状态。为此,在实际的振荡电路中,需要振幅稳定化的电路,成为支配振荡电路特性的重要电路。这有称为限幅方式的电路与称为反馈型振幅稳定化 AGC(AGC,自动增益控制)方式的电路。

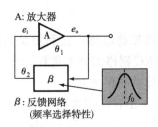

图 4.1　反馈型振荡电路的工作原理

(若在放大电路的反馈环路中接入频率选择电路,则电路按选择的频率进行振荡。
说到反馈,若是负反馈,只是滤波器,因此,要在正反馈环路中接入频率选择电路。
但是,需要采取措施,施加正反馈也不会使输出达到饱和状态)

4.1.2　电源接通到振荡开始的波形

　　图 4.2 是电源接通时实验电路的振荡波形,其中,图 4.2(a)是图 4.9 采用反馈使振幅稳定化电路的振荡开始波形。在振幅最终稳定之前必定有过冲现象,这是这种电路的特征。

　　图 4.2(b)是图 4.25 采用限幅方式振荡电路的振荡开始波形,电源电压上升到规定值输出振幅还不稳定,到完全稳定需要的时间是振荡周期的 $80\sim100$ 倍。

　　观察振荡电路特性时,尽管如此是观察振荡本身的特性,但也要注意观察上升特性。

4.1.3　振荡条件

　　图 4.3 是维恩电桥振荡电路的基本构成。放大电路的反馈回路网络采用 R 和 C 串并联回路,具有频率选择性(滤波特性),由电阻 R_3 和 R_4 设定放大电路的增益。

　　图 4.3 的电路可以考虑为四端子桥式网络,电路的平衡条件是运算放大器各自输入端的电位相等,即 $e_i = e_i'$。

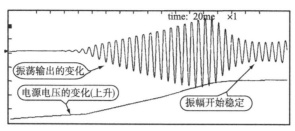

(a) 反馈型振幅稳定化方式

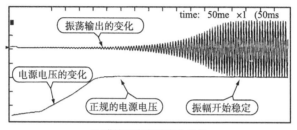

(b) 限幅型振幅稳定化方式

图 4.2 反馈振荡电路的上升特性

(对于正反馈振荡电路,观察如何上升现象对此见到的机会不太多。图 4.2(a)是图 4.9 所示的维恩电桥振荡电路实例,但由于存在 AGC 反馈回路的时间常数,振荡上升发生过冲。图 4.2(b)是图 4.25 具有限幅方式的反馈回路的振荡电路的特性实例,这是反馈回路中没有时间常数,而上升特性非常好的实例。若观察仅是上升特性,则图 4.2(b)的方式好)

图 4.3 中运算放大器的同相输入端电压 e_i 等于 RC 网络构成的分压电路的分压比与输出电压 e_o 相乘的电压,即

$$e_i = \frac{e_o}{\left(1 + \dfrac{R_1}{R_2} + \dfrac{C_2}{C_1}\right) + j\left(\omega\, C_2 R_1 \dfrac{1}{\omega\, C_1 R_2}\right)}$$

反相输入端电压 $e_i{}'$ 为:

$$e_i{}' = e_o\, \frac{R_4}{R_3 + R_4}$$

若运算放大器的放大倍数足够大,则 e_i 和 $e_i{}'$ 相等($e_i = e_i{}'$),因此,仅取实部为

$$1 + \frac{R_1}{R_2} + \frac{C_2}{C_1} = \frac{R_3 + R_4}{R_4} \quad \text{(振幅条件)}$$

若虚部为 0,求出谐振频率 $\omega = 2\pi f$,则有

$$\omega\, C_2 R_1 - (1/\omega\, C_1 R_2) = 0$$

由此得到

$$\omega = \frac{1}{\sqrt{C_1 C_2 R_1 R_2}} \quad (\text{频率条件})$$

这样得到上述的频率条件。

对于一般的文式电桥振荡电路,$C_1 = C_2$,$R_1 = R_2$ 的实例很多,由此得到振幅条件为

$$3 = \frac{R_3 + R_4}{R_4} = 1 + \frac{R_3}{R_4}$$

若 $C_0 = C_1 = C_2$,$R_0 = R_1 = R_2$,则频率条件为

$$\omega = \frac{1}{C_0 R_0}$$

$$f = \frac{1}{2\pi R_0 C_0}$$

这是常见的计算式。

根据以上的计算,振荡开始的振幅条件为 $A \geqslant 3$,即运算放大器的增益为 3 倍以上就能振荡。因此,改变振幅稳定电路的电阻 R_3 或 R_4 中任何一个,若控制 $A \approx 3$,就成为一个振荡电路。

然而,电路的增益仍旧为 3 以上,维持正反馈的状态,因此,输出波形达到饱和,其振幅接近电源电压。

反之,增益 $A = 3$ 以下,反馈电路网络损耗为 1/3,不满足 $A_0 \beta \geqslant 1$(A_0 为运算放大器的开环增益)的条件,永远不能产生振荡。

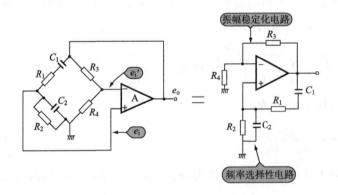

图 4.3　维恩电桥振荡电路的基本构成

(维恩电桥电路的特征是构成非常简单。如图所示,负反馈侧是由$[(R_3 + R_4)/R_4]$
决定的放大器,正反馈侧是具有频率选择性的 R 与 C 串并联电路。但原样振幅也不
能稳定,输出为饱和状态)

4.1.4 *RC* 串并联电路网络的特性实验

由以上计算可知,维恩电桥振荡电路的振荡频率 f_0 由 *RC* 网络的频率特性决定,为了验证这个事实,现实测一下 *RC* 网络的传输特性。

图 4.4 是测量 *RC* 网络传输特性的实例。电路中,电容 C_1 为高通滤波器(只让高频信号通过),C_2 为低通滤波器(只让低频信号通过),因此,可以预测输入输出间为带通特性(只通过高通滤波器与低通滤波器之间的频率)。

照片 4.1(a)是图 4.4 电路中 $C_1=C_2=1000\text{pF}$,$R_1=R_2=16\text{k}\Omega$ 时,对于输出电压 e_0(振荡电路中 e_i,e_0 的关系相反)频率的振幅特性。$f_0=10\text{kHz}$ 时衰减量约为 $10\text{dB}(1/3.16)$,该频率变成低于中心振幅的带通滤波特性,斜率为 -6dB/oct。

对于相位,在使用频段中反馈放大器即运算放大器的相移几乎为零,因此,*RC* 网络的相移量在振荡频率 f_0 处需要为零。

照片 4.1(b)的频率相位特性验证了这一点。频率在 10kHz 以下为超前相位,10kHz 以上为迟后相位,相位差 0 时频率为 9.919kHz。这非常接近计算值,即

$$f_0=1/2\pi C_0 R_0=9.947(\text{kHz})$$

频率不是一个值,这由使用的 R 与 C 的误差决定。

实际上,若 C_1 与 C_2 及 R_1 与 R_2 的偏差变化倾向相同,则振幅条件不会变化,但现实中这些都是不能预测的,放大器增益 $A\approx3$ 时电路不会产生振荡,因此,增益可变范围要设计得很宽。

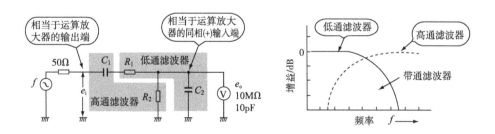

图 4.4 *RC* 串并联回路的振幅/相位特性的测量

(若将维恩电桥电路中的 *RC* 串并联网络改为图 4.4 所示形式,很明显,这就变成低通滤波器与高通滤波器的合成电路即带通滤波器(频率选择电路))

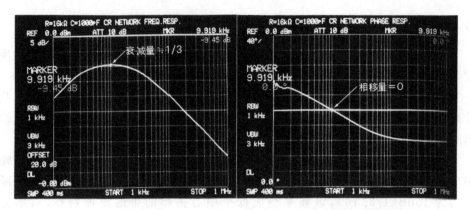

(a) 频率与振幅特性   (b) 频率与相位特性

照片 4.1 RC 串并联网络的实验特性

(这是图 4.4 中 $C_1 = C_2 = 1000 \text{pF}$，$R_1 = R_2 = 16 \text{k}\Omega$ 时特性。通过计算可知，$f_o = 10 \text{kHz}$ 时衰减约为 10dB。另外，相位特性也是 $f_o = 10 \text{kHz}$ 时为 0°。若放大器的相移为 0°，在正反馈环内接入 RC 串并联网络，就以 f_o 频率进行振荡)

4.2 限幅型维恩电桥振荡电路

4.2.1 基本电路

图 4.5 是元器件最少的维恩电桥电路。然而，这种电路的温度特性较差（温度升高输出振幅下降），几乎没有实用价值。

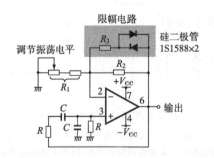

图 4.5 原理上近似维恩电桥振荡电路的构成

(为了使维恩电桥振荡电路能产生振荡，非常重要的正反馈的作用使输出不饱和，为此，在负反馈侧一般接入限幅和自动增益控制电路。最简单的实例就是接入二极管，此外，还有经常见到的用灯泡或热敏电阻等电路)

原因是振幅稳定用二极管为负温度系数(约−2mV/℃),没有振幅稳定用自动增益控制 AGC 环路。为使维恩电桥振荡电路能稳定工作,振幅稳定化电路非常重要。

本节介绍元器件较少,12V 单电源工作,简易型 RC 振荡电路。电路虽是单电源工作,若输出采用电容耦合,也能得到交流(正负振幅)输出。

4.2.2 采用 LED 限幅的振幅稳定化电路

这种电路的基本形式是维恩电桥型振荡电路,其特征是振幅稳定化采用发光二极管 LED,图 4.6 示出其电路构成。

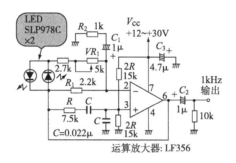

图 4.6 单电源工作的 RC 振荡电路

(这是为使振幅稳定使用发光二极管 LED 的电路。LED 的正向电压比普通二极管高,温度特性也比较好。该电路可得到频率约 1kHz,峰−峰值约 9V_{p-p} 的正弦波形。由于采用单电源工作,因此,运算放大器的输出含有(1/2)V_{CC}的直流。C_2 就是隔断该直流成分的电容)

LED 为发光二极管,但这里不是利用其发光性质,而是利用其正向电压与稳定的温度特性,它的正向电压比通常的硅二极管大,约为 1.5～2V,而且,温度特性比三个串联的二极管要稳定得多。

测量特性如图 4.7 所示,使用 SLP978C 发光二极管,SLP978C 是一种常见的 LED。实际上也可以使用同等的 LED。图 4.7(a) 是 LED 的电压-电流特性,图 4.7(b) 是 LED 的正向温度特性。这两种特性在数据目录中都没有给出,经测量可知,V_F=1.6～1.8V,温度特性为−2mV/℃。

要得到约 1.6V 的电压,需要采用 3 个普通的二极管串联,温度特性为−6mV/℃。当然,用 2 个反向串联稳压二极管也能同样工作,2V 量级稳压的温度特性约−4mV/℃,但从温度特性方面来说也是不利的。

LED 不限于这种用途,它也很方便地用作稳压二极管。

现考察一下采用二极管限幅使其振幅稳定化的效果,照片 4.2 示出经由

4.7kΩ电阻为 LED 提供峰-峰值为 5V$_\text{p-p}$的正弦波时的输入输出波形。

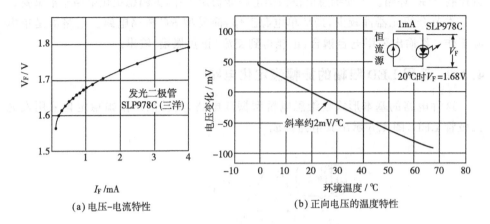

(a) 电压-电流特性   (b) 正向电压的温度特性

图 4.7 发光二极管的正向电压特性

(这里,使用的 LED 是三洋电机的小型发光二极管,由于容易得到的关系使用这种 LED,但普通的发光二极管也有类似这种 LED 的特性,正向电压约为硅二极管的 3 倍,每个硅二极管的温度特性为 −2mV/℃。这也比 1.8V 等级稳压二极管特性好)

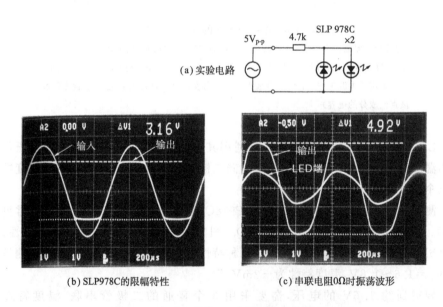

(a) 实验电路

(b) SLP978C的限幅特性   (c) 串联电阻0Ω时振荡波形

照片 4.2 发光二极管 LED 限幅特性的测量实例

(为了观测 LED 限幅特性,对于照片 4.2(a)的电路加上正弦波时其波形如照片 4.2 (b)所示,很明显,限幅约为 ±1.6V。然而,在输出端直接接入限幅电路,觉察到波形不太好,如照片 4.2(c)所示。要得到较好的限幅波形,需要接入串联电阻(阻值可调))

由照片 4.2(b)可知,每一个发光二极管的正向电压为 1.58V,若将它原封不动地接到振荡电路中,则波形如照片 4.2(c)所示,在峰-峰值约 $5V_{p-p}$ 处波形被限制(波形顶部被削去)。在实际的电路中,可以调整串联电阻,使波形圆滑那样进行软限幅,从而决定输出振幅。

在图 4.6 所示电路中,采用单电源供电,作为桥路的一臂的电阻 2R,施加 $V_{cc}/2$ 的偏置电压。为此,运算放大器的反相(一)输入端通过隔直电容 C_1 经电阻 R_2 接地。

4.2.3 1kHz 振荡频率时常数与元器件的选择

试计算一下图 4.6 所示电路中,振荡频率为 1kHz 时电路常数。

首先,由于运算放大器为单电源工作,偏置电阻是使运算放大器同相输入端的电平为 $V_{cc}/2$,其电阻值用于分压,不管为何阻值,这里设为 15kΩ。于是,该值的 $R/2$ 即为 7.5kΩ。7.5 和 15 都是标准 24 系列中的数值。$R=7.5$kΩ 时计算电容 C 的值,即

$$C = 1/2\pi f_o R = 1/6.28 \times 10^3 \times 7.5 \times 10^3 = 0.0212(\mu F)$$

这非常接近标准 E6 系列的值 $0.022\mu F$。

电容值不是一种,这样振荡频率 f_o 就会有些偏移,但频率正好为 1kHz 时,7.5kΩ 电阻 R 采用 6.8kΩ 固定电阻+1kΩ 半固定电阻即可。

对于标准维恩电桥振荡电路,RC 网络损耗达到 1/3,如照片 4.1(a)所示,若运算放大器的增益 A 不是 3 以上,则不能开始振荡。因此,增益设定电阻 R_1 和 R_2 的关系是

$$R_1 \geqslant 2R_2$$

若 $R_2 = 1$kΩ,则 R_1 要为 2kΩ 以上。由标准的 E12 系列可知,最接近值是 $R_1 = 2.2$kΩ。

然而,若按照原样,则振荡输出饱和达到运算放大器的最大输出振幅,因此,用 LED 与电阻进行限幅。

与 LED 串联的电阻也与电阻 R_1 的阻值有关,考虑到 LED 正向电压的分散性,采用可调电阻(2.7kΩ 固定电阻+5kΩ 可调电阻)。用于补偿可变幅度较大的分散性及调整波形的失真。

振荡频率为 f_o 时隔直电容 C_1 的容抗(1/ωC)足够小。这里,$(1/5)f_o$ 以下的频率作为截止频率 f_C。

$$C_1 \geqslant 1/2\pi f_C R_2 = 0.796 \times 10^{-6}$$

取 $C_1 = 1\mu F(1\sim10\mu F$ 即可)。

在图 4.6 的电路中,运算放大器使用通用 LF356N。运算放大器的种类没有

特别的要求,也还有其他的通用运算放大器。LF356N的特性如第3章图3.16所示。

实际上加12V电压时最大输出振幅的峰-峰值为9.15V。不限于LF356N,普通运算放大器的最大输出振幅比电源电压低2～3V。因此,调整振幅限制电路使其与该输出振幅一致。

照片4.3是考虑波形失真设定振幅的实例,振幅峰-峰值为7.82V。这时,工作电源电压在12V以上30V以下(LF356N的最大电源电压决定的值),电压越高波形也越好。

振荡频率的变化与维恩电桥电路中使用RC特性有关,若电阻使用金属膜电阻,其温度系数为数十ppm/℃,这样,实际上与电容特性有关。这里使用小型廉价而温度特性好的西门子公司的叠层薄膜型电容(电容的温度系数为正),因此,环境温度升高时振荡频率降低。

要求温度特性较好的场合,选用聚苯乙烯与云母电容即可。

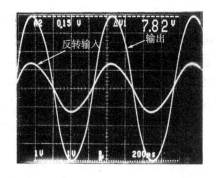

照片4.3　f_o=1.125kHz时振荡波形

(这是图4.6电路的振荡波形。振荡频率计算值约为1kHz,观察到波形其失真也较大。图4.6电路是单电源工作方式,但电源电压要尽量地高,波形变得更好,最低需要12V电压)

4.2.4　高低振荡频率时注意事项

图4.6所示电路的特征是单电源工作方式,此外没有反馈型AGC电路。因此,上升稳定时间很短,这适用于低频振荡。

例如,10kHz正弦波振荡时,电容C为原来的值,电阻R为原来的100倍(频率变为原来的1/100),即为750kΩ。

同样,隔直电容C_1也需要为原来的100倍,即100μF。若运算放大器采用±

双电源工作,隔直电容可省略。图 4.8 就是这种电路构成。低频振荡时,与振荡频率稳定度有关的只是维恩电桥电路中使用的元件。

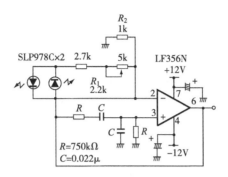

图 4.8 双电源工作的维恩电桥振荡电路($f_{\circ}=10\,\mathrm{Hz}$)

(这是采用±双电源实现图 4.6 工作的电路。若采用双电源工作,可不接使运算放大器同相输入端达到 $1/2V_{CC}$电平的偏置电阻和输出隔直电容。而图 4.6 电路中运算放大器的反相输入端接的隔直电容 C_1 也可以去掉。

运算放大器使用 LF356,若振荡频率到数十千赫左右,也可以使用普通的通用运算放大器 4558 等)

照片 4.4 是图 4.6 的电路常数为 10Hz 时振荡波形,这与 1kHz 振荡波形大体上相同,振荡频率接近 1.125kHz 的 1/100,即为 11.1Hz。

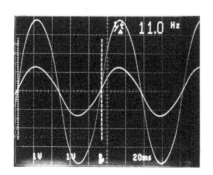

照片 4.4 振荡频率为 10Hz 时图 4.6 电路的波形

(这是 C 为原来数值 $0.022\mu\mathrm{F}$,$R=750\mathrm{k}\Omega$,$2R=1.5\mathrm{M}\Omega$,$C_1=C_2=100\mu\mathrm{F}$ 时图 4.6 的波形,很明显这与照片 4.3 一样,仅频率发生变化。太低振荡频率与需要较大容量的隔直电容是个瓶颈,采用双电源就可以解决这个问题)

另一方面,高频振荡受到运算放大器的频率特性与转换速率的限制。若振幅小,可以到高频率进行振荡,但得到伏特量级振幅的频率界限为 200～300kHz。

若电路常数的电容 C 值小,振荡频率应按比例升高,但要加上运算放大器的几皮法的输入电容 C_i 以及杂散电容 C_S,因此,实际的振荡频率比计算值低。

例如,$R=7.5\text{k}\Omega$,$C=220\text{pF}$,计算振荡频率 $f=100\text{kHz}$,但实际上振荡频率稍低一些。

照片 4.5 是上述电路常数时,计算的振荡频率 $f_0=96.45\text{kHz}$,实际振荡频率为 85.8kHz 的振荡波形。由此可知,在以数十千赫以上的振荡频率进行振荡时,C 值必低于计算值。

若要以更高频率进行振荡,可以采用第 5 章介绍的 LC 振荡电路。

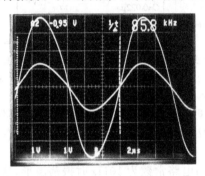

照片 4.5　振荡频率为 100kHz 时图 4.6 电路的波形

(这是 $C=220\text{pF}$,$R=7.5\text{k}\Omega$ 时图 4.6 的波形,与照片 4.3 一样,若振荡频率为 85kHz,也比计算值低。在使用运算放大器的高频电路中也出现这样的问题,这是受到运算放大器本身输入电容影响的结果,决定 C 值时要注意)

4.3 AGC 型维恩电桥振荡电路

4.3.1 振幅稳定化 AGC 中使用 FET 的电路

对于上述的限幅型维恩电桥振荡电路,振幅稳定度和波形失真率都不太好,因此,用途有限。

这里介绍频率稳定度由使用的电容的温度系数决定,而振幅稳定度和波形失真率都得到改善的实用维恩电桥振荡电路。

图 4.9 是数十赫到 100kHz 左右频率范围内使用的维恩电桥振荡电路,它由主振荡电路和振幅稳定电路组成,但用于振幅稳定的元器件不多。

电路中,运算放大器 A_1 工作时增益 $A \approx 3$,但采用可调电阻进行自动增益控制(AGC)。可调电阻以前有使用阻值随本身温度变化而改变的热敏电阻,但最近主要使用结型场效应管 FET 的方式,FET 用作可调电阻。

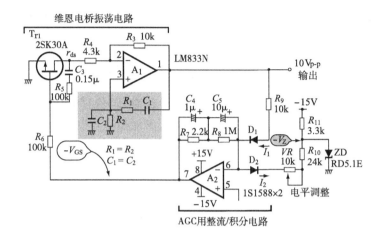

图 4.9 实用的维恩电桥振荡电路

(这里替代限幅作用是对输出正弦波进行整流,使其电平与基准电压 V_z 相等那样进行自动增益控制(AGC)的电路,关键是在决定振荡电路增益部分采用 FET 的压控电阻(VCR)特性)

4.3.2 FET 的可变电阻特性

结型 N 沟道 FET 的可变电阻特性如图 4.10 所示,这是在 FET 的漏-源极间加的电压为数十毫伏的小信号电平时,漏-源极间的电阻 r_{ds} 随栅-源极间电压 V_{GS} 而改变,这个 r_{ds} 可用作可变电阻。

例如,对于 N 沟道 FET,$V_{GS} = 0V$ 时漏-源极间为完全导通的状态,这时 FET 的导通电阻 r_{ds} 的阻值较低,为 $200 \sim 300\Omega$。当 $V_{GS} = -2V$ 左右时(V_{GS} 随 FET 特性不同而异)变为非常高阻抗状态。因此,若使 V_{GS} 在 $0 \sim -2V$ 之间变化,则 FET 相当于普通的可变电阻。

然而,原样使用 FET 作为可调电阻,得不到低失真特性,实际上使用时要从漏极对栅极施加局部负反馈。

现考察一下实际的 FET 用作可变电阻的电路特性,使用时将 r_{ds} 对 V_{GS} 的特性在原样使用 FET 与施加局部反馈的两种情况下进行比较。

测量 FET 的电阻值采用图 4.12 所示的 1kHz 的恒流源电路,边改变直流电压 V_{GS},边测量漏-源极电压。于是,恒定电流 $i = 100\mu A$(设定的电流较大时,高阻抗

时会饱和)时,由式

$$r_{ds} = v_o/i$$

根据测量的电压 v_o 就可求出电阻值。

图 4.13 示出 V_{GS} 在 $0 \sim -3.0V$ 之间改变,电流有效值为 $i = 100\mu A$ 时,漏-源极间电阻 r_{ds} 的变化趋势。同时由观察的电压 v_o 波形可知,不加反馈时 r_{ds} 在 $1k\Omega$ 以上波形出现较大失真。

r_{ds} 在低阻值范围,从漏极到栅极加上反馈也是同样的特性,但若加上反馈则波形失真得到改善,r_{ds} 约为 $3k\Omega$ 以下波形保持为低失真状态。

从波形失真方面考虑,r_{ds} 为尽量低阻值(要注意,阻值过低就不能进行自动控制)工作范围,即加的电压 V_{GS} 要小。反过来说,不能在必要以上的宽范围设计 V_{GS} 的可变范围。

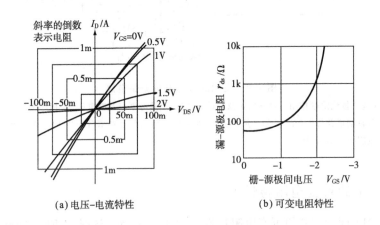

(a)电压-电流特性   (b)可变电阻特性

图 4.10   FET 作为可变电阻的特性
(结型 N 沟道 FET 可由 V_{GS} 的大小控制沟道间流经的电流 I_D。换句话说,可考虑为沟道间电阻随 V_{GS} 大小而变化的特性,即电压控制电阻 VCR 特性。但是,不是很好的线性变化的电阻,使用时要注意这一点)

若将波形失真情况进行比较如照片 4.6 所示,照片中示出 $V_{GS} = -1.5V$(r_{ds} 约 $1.2k\Omega$)时加与没有加局部反馈时波形的差别,由此可见,局部反馈的效果非常好。

这里给出的电路是电压控制电阻值的电路(称为压控电阻 VCR),因此,认为可变电阻值对于控制电压为线性变化,但从测量数据可知为非线性关系。

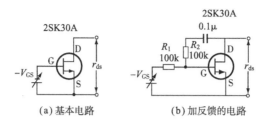

图 4.11 JFET 用作可变电阻

（这是 N 沟道 JFET 的 VCR 特性的实验电路。不限于这种振荡电路，希望实验电路尽量除去多余部分采用最简单的形式，简单到原理上能理解电路的特性即可。但测量动态电阻 r_{ds} 要采取相应措施）

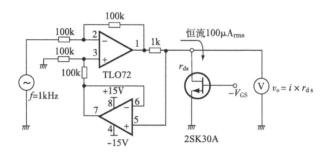

图 4.12 JFET 的 r_{ds} 测量电路

（测量 FET 的动态电阻时，在相当 r_{ds} 部分要流经交流恒定电流，测量 r_{ds} 上的电压降即可。这里，运算放大器构成电压-电流变换电路，即恒流源电路，为 V_{ds} 提供直流电流）

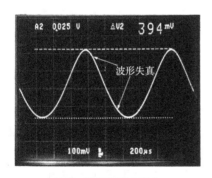

(a) 不加反馈时波形失真大

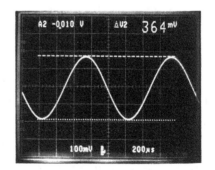

(b) 加反馈时波形失真小

照片 4.6 FET 加局部反馈的效果

（这是对于图 4.12 的实验电路，加与不加局部反馈时对波形失真的比较。由此可知，频率为 1kHz 时，加局部反馈波形失真得到改善。可根据反馈的效果与 r_{ds} 对于 V_{GS} 的范围来推测电路常数）

　　然而,在限定输出振幅那样的 AGC 电路中使用这样的 VCR 时,电阻值本身不能决定输出振幅的绝对值。为要振幅恒定,只要对需要的电阻值进行改变即可(由 *RC* 电路网络的不平衡补偿振幅条件的变化),因此,不必为线性关系。

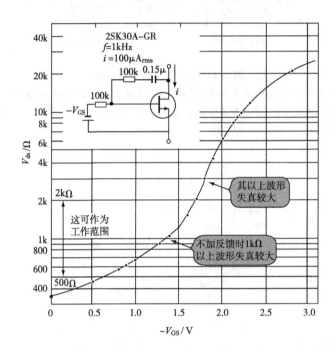

图 4.13　2SK30A 的 VCR 特性

(这是在 0~−3V 范围内细微改变通用 2SK30AGR JFET 的 V_{GS} 时,观察该 FET 的 VCR 特性,由此可知,电阻 r_{ds} 在 300Ω 到 30kΩ 之间变化。这时,若加上局部反馈,则电阻 r_{ds} 的变化范围为 500Ω~2kΩ,正弦波不发生失真,但很明显,不加反馈时 1kΩ 以上的波形就出现失真,作为 VCR 使用时 V_{GS} 可变范围变小)

4.3.3　自动增益控制(AGC)的工作原理

　　图 4.9 的电路中,用于使振荡输出振幅恒定的稳压二极管产生负基准电压 $-V_z$,将此电压与振荡电路输出电压(当然是整流后的直流电压)进行比较,其误差经积分器 A_2 放大,对其进行控制使误差常为零,即基准电压与输出电压的平均值相等。

　　使用二极管 D_1 构成的半波整流电路检测输出振幅的电平,然后,将其平均直流电流 I_1 与基准电压产生的电流 I_2 进行比较。这时,由于 D_1 的温度系数的关系,原样使用时环境温度升高则输出电压下降。

为此,在基准电压侧也增设同样的二极管 D_2 用于温度补偿,这样,就抵消了二极管 D_1 正向电压 V_F 的温度系数(约 $-2mV/℃$)。

对于这样的 AGC 电路结构,输出振幅的调整通过改变 AGC 环路的基准电流 I_2 即可。这里,与电阻 R_{10} 串联一个半固定电阻 VR。若基准电流增大时,取其平衡使振荡振幅变大。

如图 4.9 电路所示那样,若 AGC 环路中使用积分器,则可确保较大环增益,因此,可得到大体上由基准电流 I_2 的精度与稳定度决定的振幅稳定度,即使用的稳压二极管的稳定性决定了振幅的稳定性。

AGC 环的积分常数与振荡频率相比较,需要足够大的时间常数,但太大,速度也会受到影响。用试探法确定。

4.3.4　振荡电路的参数与元器件的选择

本节介绍的振荡电路采用经常用于音频等的通用运算放大器 LM833N。图 4.14 是 LM833N 的大致特性,由功率带宽可知,振荡频率的上限约为 100kHz。

项　　　目	符号	最小值	典型值	最大值	单　位
输入失调电压	V_{OS}		0.3	5	mV
输入失调电流	I_{OS}		10	200	nA
输入偏置电流	I_B		500	1000	nA
电压增益	A_V	90	110		dB
最大输出电压	V_{OM}	±12 ±10	±13.5 ±13.4		V V
总高次谐波失真率	THD	$R_L=2k\Omega, A_V=1,$ $V_{OUT}=3Vrms, f=20\sim20kHz$		0.002	%
功率带宽	PBW	$V_0=27Vp\text{-}p, R_L=2k\Omega,$ $THD \leqslant 1\%$		120	kHz
零交叉频率	f_0		开环	9	MHz

(a) 电气特性 ($T_a=25℃, V_s=±15V$)　　　　　　　　　　　(b) 引脚排列

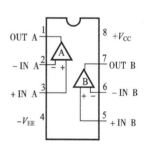

图 4.14　音频通用运算放大器 LM833N 的内部等效电路与电气特性
(这种运算放大器的谐波失真(THD)比一般通用运算放大器小。音频电路中处理交流信号,因此,要特别注意失真率。即使在正弦波电路中,也希望运算放大器的失真小)

这里,振荡频率范围设为 $100Hz\sim100kHz$ 时计算其参数。如前所述,电路的振荡频率 f_o 由下式决定,即

$$f_o=1/2\pi R_0 C_0$$

然而,若 RC 串并联回路阻抗不设计在数千欧以上与数百千欧以下,即 $R_0=5\sim$

500kΩ 的范围,则运算放大器的负载加重,容易受到杂散电容的影响。

运算放大器 A_1 的增益大致为 3 倍,但振荡开始时需要 3 倍以上,因此,若 $R_3 = 10\text{k}\Omega$,则有

$$R_4 + r_{ds} \leqslant R_3/(A-1) = 5(\text{k}\Omega)$$

根据图 4.13,为了使 r_{ds} 工作于 1kΩ 左右,电阻 R_4 取约 4kΩ,但这里选用 4.3kΩ。

R_5 和 R_6 是用于减小失真的反馈电阻,最好是 $R_5 = R_6$,其阻值要足够大于 r_{ds} 即可,这里选用 100kΩ。

频率为最低振荡频率的 1/10 时,容抗为 $R_5 = 100\text{k}\Omega$ 以下即可,则隔直电容 C_3 为:

$$C_3 \geqslant 1/2\pi \times 0.1 \times f_{\min} \times 100 \times 10^3 = 0.15(\mu\text{F})$$

电阻和电容值没有必要那么严格。

4.3.5 振幅稳定化和实际 AGC 电路

基准电压支配着图 4.9 电路的振幅稳定度,因此,需要稳定性高的基准电压。构成稳定性高的基准电压一般采用稳压二极管时,最好使用温度系数小的 4.7~5.1V 稳压二极管。

作为参考实例,现测量一下稳定电流 $I_Z = 3\text{mA}$ 时,稳定电压 V_Z 的温度特性。图 4.15 示出 RD4.7EB1(实测 $V_Z = 4.322\text{V}$,B1 表示电压等级)和 RD5.1EB2(中间等级 $V_Z = 5.071$)的电压随环境温度变化特性。稳定电压约 5V 以下的稳压管为负温度系数,5V 以上为正温度系数,记住这一点很有用。

若输出振幅的峰-峰值为 10V(± 5V),则流经 AGC 的整流电路的电流 I_1 的平均值为

$$I_1 = \frac{1}{\pi}\left(\frac{+e_p - V_F}{R_9}\right) = \frac{1}{3.14} \times \frac{5-0.5}{10^4} = 143.3(\mu\text{A})$$

由于工作时基准电流 I_2 等于 I_1,同样,I_2 为:

$$I_2 = \frac{V_Z - V_F}{R_{10} + VR}$$

式中,V_F 为二极管的正向电压,VR 为可调电阻的中心值。

由此,可计算 $R_{10} + VR$ 的阻值,即

$$\frac{+e_p - V_F}{\pi R_9} = \frac{V_Z - V_F}{R_{10} + VR}$$

$$R_{10} + VR = \frac{V_Z}{+e_p}\pi R_9$$

代入数值进行计算,则有

$$R_{10} + VR = 3.14 \times 10 = 31.4(\text{k}\Omega)$$

选用固定电阻 $R_{10}=24\text{k}\Omega$ 与半固定电阻 $VR=10\text{k}\Omega$。

R_{11} 是稳压二极管的偏置电阻。若 $I_Z=3\text{mA}$，则

$$R_{11}=(V_{cc}-V_Z)/I_Z=3.3(\text{k}\Omega)$$

决定积分器响应时间的电容 C_5 由与电阻 R_9 的时间常数决定，例如，若 T 约为 100ns，根据 $T=R_9C_5$，可求出 C_5，即

$$C_5=T/R_9=100\times10^3/10\times10^3=10(\mu\text{F})$$

R_7 是用于缩短振幅稳定时间，并抑制过冲引起的振铃进行相位超前补偿电阻，最佳阻值为 R_9 的 20% 左右。然而，积分器输出产生振荡频率的脉动，波形失真变大，为此，与 R_7 并联一个其容量比 C_5 小的电容 C_4。

R_8 是用于限制积分器最大直流增益的电阻，根据 $R_8=AR_9$，$A=100$ 时，则求出 $R_8=1\text{M}\Omega$。

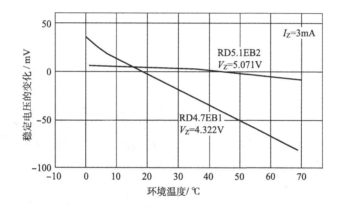

图 4.15 稳压二极管的温度特性

（这是稳压二极管稳定电压的温度特性。也有温度特性非常好的温度补偿型稳压管，但价格高而且很难买到。实际中尽量使用通用稳压管，在稳定电压为 5V 附近通用稳压管的温度特性曲线有些弯曲。若使用 5V 稳压管，由实例可知，可以得到非常好的温度特性）

4.3.6 100kHz 振荡频率时实验波形

为了使其电路在 $f_o\approx100\text{kHz}$ 进行振荡，若 $R_1=R_2=9.1\text{k}\Omega$，$C_1=C_2=150\text{pF}$，按此电路参数计算振荡频率 f_o 为：

$$f_o=1/2\pi C_0R_0=116.6\text{kHz}$$

这比 100kHz 稍高一些。然而，C_0 的值非常小，因此，受到运算放大器输入电容的影响，这样，振荡频率就会比计算值低。

　　照片 4.7 是这种电路的振荡输出波形,其中,照片 4.7(a)是用示波器观测的波形,可见振荡频率为 107kHz,比计算值低 8.2%。图 4.7(b)是用频谱分析仪测试的波形。

　　然而,由照片可知,与上述的限幅方式相比,波形非常好。照片 4.7(b)所示的高次谐波频谱中,2 次谐波为 −70dB 以下,3 次谐波约为 −60dB。

　　若考虑到稳定度与波形失真,振荡频率上限约为 100kHz(振荡频率可以更高一些,但特性不能得到保证)。

　　对于使用 RC 的维恩电桥的振荡电路,原理上振荡频率的精度(与 RC 之积有关)和温度特性(大致由电容的温度系数决定)不太好。

　　提高 RC 的精度,可使用高性能的电容,例如,云母电容或陶瓷电容使用温度补偿型具有 CG 特性的电容,振荡特性可以得到相当好的改善。考虑到制作成本时,希望得到非常好的特性,若温度在 0~50℃ 变化时精度约为 ±1%,则这是最好的应用。

　　低频时实际的振荡频率与计算值非常接近,但数十千赫以上时用 RC 积较小值设计的常数必定低于计算值。

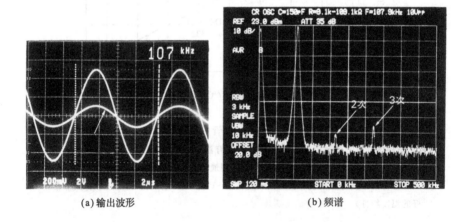

(a)输出波形　　　　　　　　　　　　(b)频谱

照片 4.7　100kHz 振荡时波形

(这是图 4.9 电路中 $R_1 = R_2 = 9.1\text{k}\Omega$,$C_1 = C_2 = 150\text{pF}$ 时波形。计算振荡频率为
116.6kHz,在这实例中,由于运算放大器输入电容的影响,振荡频率比计算值低。使
用运算放大器的总功率带宽可以到 120kHz,这与限幅方式相比波形本身非常好)

4.3.7　振荡频率可变方法

　　为使维恩电桥电路中振荡频率可变需要两组 RC 可调元件,如图 4.16 所示,

即与电阻 R_1 和 R_2 串联可调电阻 VR_1 和 VR_2。实例中需要 10 倍的可变范围时，电阻值变化范围为 $R_1 \sim 10R_1$。由电容 C_1 和 C_2 进行 10 倍单位量程切换。

例如，$f_o = 100\text{Hz} \sim 1\text{kHz}$ 时，$C_1 = C_2 = 0.015\mu\text{F}$。若求出 $f_o = 1\text{kHz}$ 时 R_0，则有

$$R_0 = 1/2\pi \times 0.015 \times 10^{-6} \times 10^3 = 10.61(\text{k}\Omega)$$

因此，留有余量，固定电阻使用 E12 系列的 $9.1\text{k}\Omega$，可调电阻使用容易买到的 $100\text{k}\Omega$。

电容 C_1 与 C_2 在 $1 \sim 10\text{kHz}$ 时选用 1500pF，$10 \sim 100\text{kHz}$ 时选用 150pF。

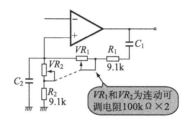

图 4.16 振荡频率的可变方法

(在这种振荡电路中，决定振荡频率的要素是 R_1C_1 和 R_2C_2 两组元件。因此，要使振荡频率连续可调，需要两个连动的可调电阻，原理上没有这种规格的电阻。在较大范围对频率进行切换时，需要同时切换两个电容)

4.4　状态变量型低失真正弦波振荡电路

4.4.1　振荡频率选择中使用的有源滤波器

振荡电路以特定频率进行振荡时，在图 4.1 所示电路中，需要具有频率选择性的元件。这些元件实例除了维恩电桥电路中的 RC 网络以外，还有晶体振子与陶瓷振子、音叉等，这些元件都具有某特定的机械谐振频率(材质、构造等决定的频率)，因此，将这些元件接入反馈环路中就形成振荡电路。

另外，电子电路也有同样的谐振现象，可以特定频率产生 LC 并联谐振或串联谐振。若从并联谐振方面考虑，有源带通滤波器具有像 LC 谐振电路一样的衰减特性，因此，可用于振荡器。

图 4.17 示出有源滤波器的构成与特性。滤波器与振荡器的关系非常密切。

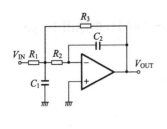

$$\frac{V_{OUT}}{V_{IN}} = \frac{K\dfrac{1}{R_1 R_2 C_1 C_2}}{s^2 + s\left[\dfrac{1}{R_1 C_1} + \dfrac{1}{R_2 C_1} + (1-K)\dfrac{1}{R_2 C_2}\right] + \dfrac{1}{R_1 R_2 C_1 C_2}}$$

$$\omega_0^2 = \frac{1}{R_1 R_2 C_1 C_2} , \quad Q = \frac{1}{\sqrt{\dfrac{R_2 C_2}{R_1 C_1}} + \sqrt{\dfrac{R_1 C_2}{R_2 C_1}} + (1-K)\sqrt{\dfrac{R_1 C_1}{R_2 C_2}}}$$

(a) 正反馈型

$$\frac{V_{OUT}}{V_{IN}} = \frac{-\dfrac{1}{R_1 R_2 C_1 C_2}}{s^2 + s\dfrac{1}{C_1}\left(\dfrac{1}{R_1} + \dfrac{1}{R_2} + \dfrac{1}{R_3}\right) + \dfrac{1}{R_2 R_3 C_1 C_2}}$$

$$\omega_0^2 = \frac{1}{R_2 R_3 C_1 C_2} , \quad Q = \frac{\sqrt{\dfrac{C_1}{C_2}}}{\sqrt{\dfrac{R_3}{R_2}} + \sqrt{\dfrac{R_2}{R_3}} + \dfrac{\sqrt{R_3 R_2}}{R_1}}$$

(b) 多重反馈型

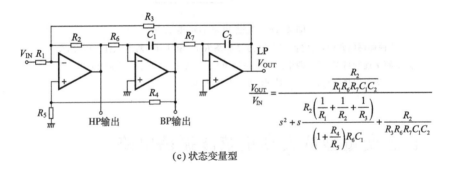

$$\frac{V_{OUT}}{V_{IN}} = \frac{\dfrac{R_2}{R_1 R_6 R_7 C_1 C_2}}{s^2 + s\dfrac{R_2\left(\dfrac{1}{R_1} + \dfrac{1}{R_2} + \dfrac{1}{R_3}\right)}{\left(1 + \dfrac{R_4}{R_5}\right)R_6 C_1} + \dfrac{R_2}{R_3 R_6 R_7 C_1 C_2}}$$

(c) 状态变量型

图 4.17　有源滤波器的构成与特性

(这里示出滤波器具有的典型形式,都是 2 次具有 12dB/oct 衰减率的低通滤波器,即只让低频成分通过的滤波器的原形。图 4.17(a) 是信号同相时使用的滤波器,图 4.17(b) 是信号反相时使用的滤波器。图 4.17(c) 也是反转型滤波器,它的特征是除低通输出外,同时还能得到带通输出。Q 值一般为 0.7~10,各表达式的特性最好变成想像中的图像形式,但不那么简单)

4.4.2　状态变量型有源滤波器

　　有源滤波器的基本电路之一称为状态变量电路的滤波器,如图 4.18 虚线框中所示,它由运算放大器构成的两个积分器和加减运算电路构成,根据不同组合可以得到低通滤波器(LPF),高通滤波器(HPF)和带通滤波器(BPF)等特性。

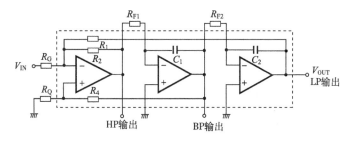

(a) 电路构成

$$(1) \quad \omega_o{}^2 = R_2/(R_1 R_{F1} R_{F2} C_1 C_2)$$
$$(2) \quad Q = (1+R_4/R_Q)[1/(1/R_1)+(1/R_2)+(1/R_G)]$$
$$\qquad [(R_{F1}C_1)/(R_1 R_2 R_{F2} C_2)]^{1/2}$$
$$(3) \quad QA_{LP} = QA_{HP}(R_1/R_2)$$
$$\qquad\quad = A_{BP}[R_1 R_{F1} C_1)/(R_2 R_{F2} C_2)]^{1/2}$$
$$(4) \quad A_{LP} = R_1/R_G$$
$$(5) \quad A_{HP} = A_{LP}R_2/R_1 = R_2/R_G$$
$$(6) \quad A_{BP} = [1+(R_4/R_Q)]/R_G[(1/R_1)+(1/R_2)+(1/R_G)]$$

(b) 响应特性

图 4.18 状态变量型有源滤波器的基本构成

（状态变量滤波器能同时实现低通、高通和带通三种滤波器的功能，其特征是元件灵
敏度较低，广泛用于计测等信号处理。图 4.18(a) 虚线框内是已经公布的集成化的
标准产品，但价格相当高）

　　运算放大器构成的有源滤波器除此之外还有很多种类，但状态变量型滤波器
的特征是 RC 等元件特性对滤波器特性的影响小、元件灵敏度低，即应用于振荡电
路时适用于频率可变的电路。

　　图 4.19 是反相输入的状态变量型滤波器实例，它是由运算放大器 A_1 构成加
减运算器，而加减运算器采用差动输入回路的构成。若利用其中的 BPF，则可以由
BPF 特性决定的频率进行振荡。

　　这种滤波器的截止频率与 BPF 的谐振频率 f_o 可用以下常见的表达式进行计
算。

$$f_o = \frac{1}{2\pi C_0 R_0}$$

　　滤波器的特性即频率选择性一般用 Q 表示，Q 是表示滤波器截止频率特性尖锐
程度的单位，Q 值越大，衰减特性越尖锐，振荡电路中抑制高次谐波失真的效果越好。

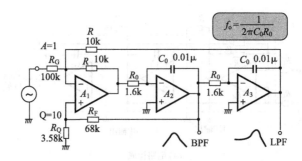

图 4.19   实际的状态变量型滤波器

(这是 $f_0=10\text{kHz}, Q=10, A=1$ 时的电路常数。不使用一般的缓冲器即运算放大器,而只使用 RC 的 2 次滤波器的 Q 值约为 0.5,但平坦响应的有源滤波器的 Q 值为 0.7 左右,这里使用带通专用(振荡电路用)电路,$Q=10$ 为大致目标而决定电路常数,照片 4.8 示出这种滤波器的特性)

状态变量型滤波器的 Q 由从运算放大器 A_2 的 BPF 输出对运算放大器 A_1 加正反馈进行设定,其值由反馈电阻 R_F 与 Q 设定电阻 R_Q 之比决定。

构成 2 次(12dB/oct)滤波器需要 3 个运算放大器,如图 4.19 所示,但较容易实现较大选择性 Q,若考虑应用于振荡电路,则能实现低失真率特性。

带通滤波器的 Q 如图 4.20 所示,这是表示对于中心频率 f_0,电平低于 3dB 以下时频率 f_H 和 f_L 之差(称为带宽 WB)变化情况,即

$$Q=f_0/(f_H-f_L)=f_0/BW$$

由此可知带宽越窄 Q 值越大。

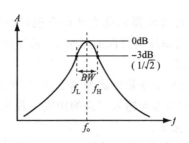

图 4.20   带通滤波器的 Q 值

(带通滤波器与振荡电路的 Q 值如图所示,它表示对于中心频率 f_0,电平低于 3dB 时的频率 f_H 与 f_L 之差的大小,f_H-f_L 差越小,滤波器特性越尖锐,作为振荡器可得到失真越小的特性。然而,希望 f_0 不随环境温度的变化而变化)

具体地说,图 4.19 的反相输入型状态变量型滤波器的 Q 值可用下式表示,即

$$Q = \frac{R_{\mathrm{Q}} + R_{\mathrm{F}}}{R_{\mathrm{Q}}} \cdot \frac{R_{\mathrm{G}}}{R_{\mathrm{F}} + 2R_{\mathrm{G}}}$$

谐振频率 f_0 时增益 A 为：

$$A = \frac{R}{R_{\mathrm{G}}} \quad Q = \frac{R_{\mathrm{Q}} + R_{\mathrm{F}}}{R_{\mathrm{Q}}} \cdot \frac{R}{R_{\mathrm{F}} + 2R_{\mathrm{G}}}$$

具体考虑 $Q=10, A=1$ 的情况。

若运算放大器 A_1 的反馈电阻 $R=10\mathrm{k}\Omega$，则设定

$$R_{\mathrm{G}} = R \cdot Q/A = 100\mathrm{k}\Omega$$

Q 值为 10 左右，用下式进行近似计算也不会有问题。

$$Q \approx (R_{\mathrm{F}}/2\,R_{\mathrm{Q}}) + 1$$

因此，有

$$R_{\mathrm{Q}} \approx R_{\mathrm{F}}/(2Q - 1)$$

$$R_{\mathrm{F}} = R_{\mathrm{Q}}(2Q - 1)$$

先决定两个常数中任一个常数，然后，计算另一个常数。

这里介绍的振荡电路与维恩电桥电路一样，需要振幅稳定化电路。这里振幅稳定化电路也使用 JFET，因此，推测 R_{Q} 的阻值为数千欧（$3\sim4\mathrm{k}\Omega$）。于是，计算出 R_{F} 阻值约为

$$R_{\mathrm{F}} = 3.5 \times 10^3 \times 19 = 66.5(\mathrm{k}\Omega)$$

4.4.3 带通滤波器的频率与相位特性

在制作振荡电路之前，考察一下图 4.19 所示的带通滤波器的特性。

这里是测试振荡频率 $f_0=10\mathrm{kHz}$ 的情况，若 C_0 选用较容易买到的 $0.01\mu\mathrm{F}$ 电容，要使 $f_0=10\mathrm{kHz}$，则 R_0 为：

$$R_0 = 1/2\pi f_0 C_0 = 15.92\mathrm{k}\Omega$$

这也包含上述的 $R_{\mathrm{Q}}, R_{\mathrm{F}}$ 等，求出电路所有常数，测量反相输入与 BPF 输出之间的传输特性。

照片 4.8 示出中心频率为 $10\mathrm{kHz}$，扫频 $\pm5\mathrm{kHz}$ 时振幅特性与相位特性。f_0 时振幅大致为 $0\mathrm{dB}$，$-3\mathrm{dB}$ 的带宽 BW 约为 $1\mathrm{kHz}$，由此，$Q\approx10$。这与前面介绍的维恩电桥电路的频率特性（照片 4.1）相比较，得到非常尖锐的传输特性。

若有这样好的选择性，可进行低失真波形的振荡。由 BPF 的特性（LC 并联谐振回路）在谐振频率处相位特性应该变为 0。

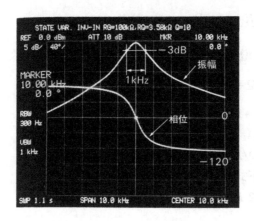

照片 4.8   状态变量型滤波器的传输特性

(这是图 4.19 的滤波器特性。若与照片 4.1 所示的维恩电桥电路特性相比较可知，
带通滤波器的特性变得很尖锐。另外，10kHz 处相位变为 0°。由于滤波器为锐特
性，可以构成失真率小的振荡器。这是用网络分析仪测试的滤波器特性)

4.4.4 10kHz 振荡电路的构成

图 4.21 是利用图 4.19 的状态变量型 BPF 构成的振荡电路。到目前为止介
绍的滤波器电路的常数都进行了计算，而振荡频率的计算也可以省略。振荡频率
f_o 可用下式进行计算：

$$f_o = 1/2\pi\sqrt{C_1 C_2 R_1 R_2}$$

电阻 R_1, R_2 的最小值要大于使用的运算放大器允许的最小负载电阻，最大值要在
积分器使用的运算放大器不受输入电阻等输入偏置电流影响的范围内。

若使用普通的 FET 输入型运算放大器，电阻值可以提高到约 $1M\Omega$，但使
用的积分电容 C_1 和 C_2 的最小值必需为 100pF 以上，这就是自然而然的限制
范围。

使振幅稳定的电路基本上与维恩电桥中使用的电路相同。但由于正弦波含有
直流成分，因此，这里使用全波整流电路。图 4.9 所示的维恩电桥振荡电路中使用
的是半波整流电路。

对于状态变量型电路，运算放大器 A_1 和 A_2 的输出相位差为 180°，因此，仅增
加二极管 D_1 和电阻 R_{10} 就可简单实现全波整流。

全波整流的优点是，整流后的脉动频率是半波时的 2 倍，如图 4.22 所示，因
此，在超低频领域产生振荡时，AGC 环路中使用积分电容 C_5 的值就可以很小。另
外，也可以理解全波方式的整流效率和脉动都比较好。

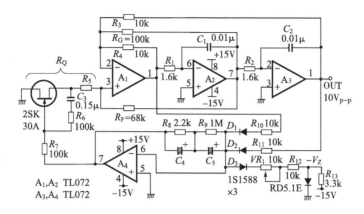

图 4.21 $f_o=10\mathrm{kHz}$ 的状态变量型振荡电路

(振荡频率可用公式 $1/2\pi\sqrt{C_1C_2R_1R_2}$ 进行计算。另外,增加 AGC 控制电路使输出
振幅等于基准电压 V_Z,用 VR_1 调整振幅。这里使用 BiFET 运算放大器 TL072,不
限于使用这种运算放大器,通用运算放大器均可。但改变振荡频率时,除了改变 C_1,
C_2,R_1,R_2 参数外,也要注意 AGC 环路的时间常数 R_8,R_9,C_4 和 C_2)

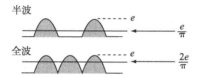

图 4.22 全波整流电路脉动小的原因

(交流电源的整流等也采用这种电路,全波整流的效率比半波整流高。由图示波形
可知,全波整流的脉动频率是半波的 2 倍。原因是,若直流电压较大时,$1/\omega C$ 中 ω
为 2 倍,因此,滤波效率高。若变为全波整流,要增加多个二极管,但图 4.21 的电路
只增加 1 个二极管就能进行全波整流)

图 4.21 的电路中,要使振荡电路的输出振幅为 $10\mathrm{V}_{\mathrm{p-p}}$,要注意电阻 R_{12} 和可调
电阻 VR_1 的阻值变为一半,即根据

$$R_{12}+VR_1=\frac{V_Z}{e_p}\frac{\pi}{2}R_{11}$$

的关系,若 $V_Z=e_p$,则有

$$R_{12}+VR_1=1.57R_{11}$$

另外,这个电路振荡频率的上限受到 $A_1\sim A_3$ 使用的运算放大器的转换速率
SR 的限制。假设最高频率 $f_{\max}$ 为 $100\mathrm{kHz}$,$V_O=10\mathrm{V}_{\mathrm{p-p}}$,则需要运算放大器的转换
速率 $SR(\mathrm{V}/\mu\mathrm{s})$ 为:

$$SR\geqslant 2\pi V_O f_{\max}=6.28\times10\times0.1=6.28(\mathrm{V}/\mu\mathrm{s})$$

式中,$f_{\max}$ 的单位为 MHz。

　　留有一定余量,选用转换速率为 $10\mathrm{V}/\mu\mathrm{s}$ 的运算放大器。BiFET 型 LF356 以及 TL072、TL082 等均可,这里选用 TL072,其内部等效电路和电气特性如图 4.23 所示。

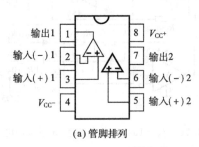

(a) 管脚排列

规　　格	符号	条　　件	最小值	典型值	最大值	单位
输入失调电压	V_{OS}	$R_S=50\Omega$			13	mV
输入失调电流	I_{OS}				2	nA
输入偏置电流	I_B				7	nA
输入电压	V_{CM}	同相位	±10	±10		V
输出电压	V_O	$R_L \geq 2\mathrm{k}\Omega$	20	24		V
电压增益	A_V	$R_L \geq 2\mathrm{k}\Omega,V_O=\pm10\mathrm{V}$	15			V/mV
总增益带宽	f_T	$R_L=10\mathrm{k}\Omega$		3		MHz
输入电阻	R_{IN}			10^{12}		Ω
电源电流	I_S			1.4	2.5	mA
转换速率	SR	$V_{CM}=10\mathrm{V}$		13		V/μs
输入噪声电压	e_n	$f=10\sim10\mathrm{kHz}$		4		μV$_{rms}$
高次谐波失真率	THD			0.01		%

(b) 电气特性

图 4.23　通用运算放大器 TL072 的内部等效电路与电气特性
(这是第 3 章介绍的 TL082 同类型的运算放大器。同样 BiFET 运算放大器可用于音频从而改善输入噪声电压和高次谐波失真。另外,TL072 等是 1 个封装内有 2 个运算放大器,对于图 4.21 所示电路需要多个运算放大器时这种器件非常方便)

4.4.5　较大失真的确认

　　这种振荡电路的特征是失真率低,因此,作为低音频电子设备的信号源有实用价值。

　　照片 4.9 示出图 4.21 电路中 $R_0=1.6\mathrm{k}\Omega$,$C_0=0.01\mu\mathrm{F}$,振荡频率为 10kHz 时振荡波形。观察照片 4.9(a) 可知,波形非常好,不知是否产生多大失真。测量谐波频谱用眼睛观察的失真情况如照片 4.9(b) 所示。

　　照片中只观察到 2 次及 3 次谐波。若使用一般状态变量型滤波器,内部积分器本身工作于低通滤波器的状态,与维恩电桥型相比在失真方面这种电路更有利。

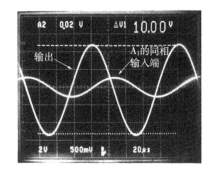

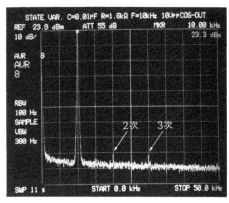

(a)示波器观察的波形   (b)谐波频谱

照片 4.9 10kHz 的振荡波形

(这是图 4.21 振荡电路的特性。由照片 4.9(a)可见到非常好的正弦波。然而,仅是这样但不知道真正的失真情况,需要由照片 4.9(b)确认谐波。由此见到的是 2 次与3 次谐波。整个滤波器是由积分电路构成,因此,能产生这样谐波少的波形)

4.4.6 改变振荡频率时注意事项

在图 4.21 的振荡电路中,与振荡频率有关的仅是积分器的定时元件 C_0和 R_0。然而,除此之外,若 AGC 环路中积分电容 C_4 和 C_5 不是最佳,则波形失真与响应时间(虽有延迟但不出现问题时电容量要尽量大)方面不能满足特性要求。

另外 ,AGC 环路中使用的 FET 局部反馈用隔直电容 C_3,一定采用低频时也不会出现问题的 $1\mu F$ 左右的钽电解质电容(电容＋极接 FET 的漏极)。

振荡频率的上限与运算放大器 $A_1 \sim A_3$ 的频率特性有关,但高频时由于环增益的不足很难实现全积分,因此,要选用带宽 f_T 比转换速率 SR 还要高的运算放大器。

对于最近的宽带运算放大器,交流特性确实得到改善,如第 3 章图 4.19 所示。然而,见到的 LM6361 等运算放大器,输入电阻 R_i 较低,偏置电流也非常大,因此,积分电阻 R_1 和 R_2 不能使用高阻值的电阻,电路常数设定时需要注意。

4.5 状态变量型超低频二相振荡电路

4.5.1 产生超低频正弦波的关键

到目前为止介绍的正弦波电路主要是数千赫以上频率的实用电路,但这里介绍的是用于物理实验等中的多种超低频振荡电路。

一般用反馈型的 AGC 环路构成的数赫以下超低频率进行振荡时,输出电路与积分电路的设计比较复杂。若考察一下图 4.21 所示 AGC 环路的整流与积分电路的构成,就容易推测超低频时稳定工作艰难的程度。

这时,振幅稳定电路可以采用不具有时间常数的限幅方式,由此可使电路稳定振荡。然而,这里介绍实用上不出问题的振荡电路,这与到目前为止介绍的维恩桥和状态变量型构成的振荡电路相比较波形失真不能减小。

为了使振幅稳定电路采用简单的限幅方式,整个电路都由反相放大电路构成,基本上是图 4.24 所示的状态变量型滤波器电路。

滤波器仅是运算放大器 A_1 构成的增益为 1 的相位反转电路,A_2 是 3 系统输入的反馈型加法器,这里用带通增益(用 R_G 设定)设定滤波器的截止特性,即 Q 值。

图 4.24 所示滤波器工作于带通状态,其振幅与相位特性如照片 4.10 所示,与前面所述的状态变量型滤波器大致相同。

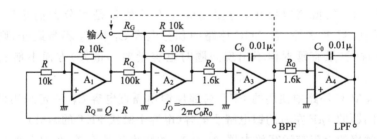

图 4.24 由反馈放大器构成的状态变量型滤波器
(这种电路不限于滤波器,需要实际的输入输出响应时,常用的方法是采用反馈型电路构成。为此,这种电路构成比图 4.19 所示滤波器多 1 级运算放大器,一般也称为高频截止(Bi-quad)型滤波器,运算放大器的同相输入端都接地,分布电容的影响也比图 4.19 的电路小,因此,电路工作稳定)

电路增益 A 由基准电阻 R 与输入电阻 R_G 之比决定,即
$$A = R/R_G$$

同样,Q 为:

$$Q = R_Q/R$$

若在滤波器电路中施加如图中虚线所示那样的反馈,则就变成振荡电路,这种反馈是从积分器 A_3 的 BPF 输出引到 A_2 加法器的输入端。

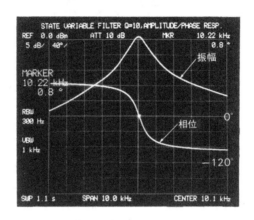

照片 4.10　图 4.24 的状态变量型滤波器的传输特性

(这是图 4.24 所示滤波器的特性,由此可见,这与图 4.19 的滤波器(照片 4.8)的特性几乎相同,即滤波器的基本特性与图 4.19 相同。然而,若用于振荡电路,仅是变成反馈电路形式这点不同)

4.5.2　使用稳压管的限幅电路

图 4.25 的电路是适用于超低频振荡的状态变量型振荡电路。这与图 4.21 电路比较可知,其特征是振幅稳定(限幅)而电路非常简单。

为了使其开始振荡,从运算放大器 A_3 到 A_2 的反相输入端引入反馈环节,由于在反馈环路中接入二极管限幅电路,因此,对幅度进行一定限制。

用于限幅的稳压二极管的温度系数小,稳定电压要具有正的温度系数,原因是这要与其串联二极管的正向偏置时二极管的正向电压相加。而 4.7~5V 稳定电压是负温度系数,如图 4.26 所示。

这里使用 $V_Z = 6.2V$ 稳定电压,即 RD6.2E 两个二极管串联。这样,进行正负电压箝位。于是稳压管约 0.6V 的正向电压降加上稳定电压,总箝位电压约 ±7V。因此,振荡输出振幅应设计为 14V_{p-p} 以上,但设计约 20V_{p-p} 为最佳。

没有限幅电路时,振荡开始需要的电阻 R_G 为:

$$R_G \leqslant R_Q/\sqrt{2} = 70.7(k\Omega)$$

该阻值与波形失真有关,因此,与电阻 R_1 串联一个半固定电阻 VR 进行调节。

　　该振荡电路几乎不具有使振幅稳定化的增益,因此,从电源接通到振幅稳定需要约 100 个周期的时间。然而,若一旦产生振荡,频率变化也能瞬时稳定,这是电路的特征。

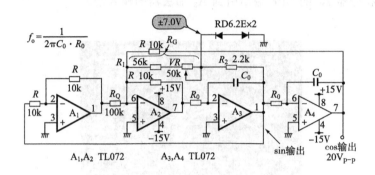

$$f_0 = \frac{1}{2\pi C_0 \cdot R_0}$$

图 4.25　使用稳压管限幅的状态变量型超低频振荡电路
(由于限幅使用温度特性非常好的稳压二极管,因此,这是非常简单的电路结构。这种电路能获得相位差 90°的正弦波和余弦波的二相输出波形,因此,它是用于物理实验等中非常方便的振荡器。说到不足之处就是失真稍大些,然而,电路在超低频时可以进行振荡,而在 $C_0 = 1\mu F$,$R_0 = 1.58 M\Omega$ 时变为正弦波振荡)

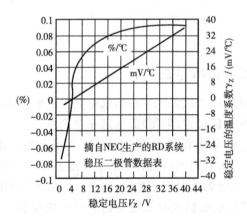

图 4.26　通用稳压二极管的温度特性
(市售的稳压二极管有 E12 系列 的 2.0V 到 39V 各种类型。然而,注意到温度特性时可知 5V 是一个分界线,5V 以下具有负温度特性,5V 以上具有正温度特性。反之,若使用 5V 附近的稳压二极管,可以得到非常好的温度特性)

4.5.3 0.1Hz 振荡电路的常数

f_0 是积分器增益为 -1 时的振荡频率,可用下式表示,即

$$f_0 = 1/(2\pi C_0 R_0)$$

式中,电阻 R_0 由于使用 FET 输入型运算放大器,可以到 $M\Omega$ 数量级。例如,$f_0 = 0.1Hz,C_0 = 1\mu F$,求出 R_0 为

$$R_0 = 1/(2\pi f_0 C_0) = 1.59M\Omega$$

R_0 的最小阻值由运算放大器的电流驱动能力决定。若运算放大器的电流为 $\pm 5mA$,则 R_0 为 $2k\Omega$ 左右,但运算放大器 A_3 中稳压二极管也要流经 $1\sim 2mA$ 的电流,因此,考虑这种因素最好选用 $5k\Omega$ 电阻。

电阻 R_2 用于设定稳压二极管的偏置电流,考虑运算放大器的负载不要过重,选用 $2.2k\Omega$ 即可。电阻值没有必要那么严格。

若 $R_Q = 100k\Omega$,则振荡开始用电阻 R_G 为 $70k\Omega$ 左右,其阻值设定为 $100k\Omega$ 以下。另外,若 R_G 阻值变小,则波形失真较大。因此,R_1 使用 $56k\Omega$ 固定电阻,加上 $50k\Omega$ 半固定电阻进行调整。

对于 0.1Hz 的振荡测量非常不方便,因此,这里是测量约 10kHz 振荡时波形。$f_0 = 10kHz$ 时,选用 $C_0 = 1000pF,R_0 = 16k\Omega$。

4.5.4 二相振荡即正弦/余弦输出

这里介绍使用状态变量电路的振荡器,由于是使用两个积分器,因此,能实现同时得到从 A_3 输出正弦(sin)波形与从 A_4 输出余弦(cos)波形的二相振荡器。

若在示波器上用 X-Y 方式表示这样具有 $90°$ 相位差的信号,则得到照片 4.11 所示的利萨茹图形。考虑到二相振荡电路各式各样的应用。

照片 4.12(a)是用示波器观测的输出波形,由波形可知,正弦输出相位超前余弦输出 $90°$,其输出振幅约 $20V_{p-p}$,因此,低电源电压时不能工作,这是该电路的缺点。

波形有 $-60dB(0.1\%)$ 的失真,如照片 4.12(b)所示。波形中没有 2 次谐波只有 3 次谐波的失真,这是由于输出波形限幅为正负对称的缘故。

这种振荡电路中,余弦输出通过 2 级积分器,因此,高次谐波是按 $-12dB/oct$ 比例衰减。这与正弦输出相比为低失真输出。

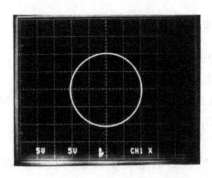

照片 4.11　正弦输出与余弦输出形成的利萨茹图形
(用示波器的 X－Y 方式,一般横轴(X 轴)为时间轴,作为共用电压轴,可以观察 2 个
电压信号的相位关系这称为利萨茹方式。用 X－Y 方式观察到正弦输出和余弦输出
的图形是个圆,这也是利萨茹进行物理实验时观察的图形)

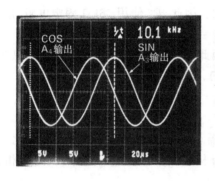
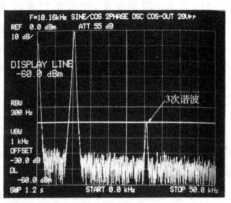

(a)示波器显示的波形　　　　　　　　　　　　　(b)高次谐波频谱

照片 4.12　10kHz 振荡波形
(这是图 4.25 电路的特性,最大特征是得到正弦输出和余弦输出的 2 相输出波形。
这里没有示出 0.1Hz 超低频振荡波形。但由于使用限幅方式,由照片可知与照片
4.9(b)相比高次谐波呈现较大失真)

4.5.5　振荡频率可变方法

为了使状态变量型振荡电路的振荡频率可调,由

$$f_o = 1/(2\pi C_0 R_0)$$

决定,即调节电容 C_0 或电阻 R_0 均可。然而,C_0 的可调范围一般比较窄,因此,用

R_0 可到 10 倍左右的调节范围(用 C_0 进行量程切换,用此可覆盖一个数量级的变化)。

图 4.27 示出具体振荡频率的可调方法,其中图 4.27(a)是直接与容易得到的 100kΩ 双连可调电阻串联一个 10kΩ 固定电阻的方法。

当 $f_{min}=10\text{Hz}$,$f_{max}=100\text{Hz}$ 时,根据

$$C_0=1/(2\pi f_{max}10\text{k}\Omega)$$

计算出 $C_0=0.159\mu\text{F}\approx0.15\mu\text{F}$ 即可。

根据计算的这个电容值反过来计算频率范围,若 C_0 的误差为 0,则有

$$f_{min}=1/(2\pi\times0.15\times10^{-6}\times110\times10^3)=9.65(\text{Hz})$$

$$f_{max}=1/(2\pi\times0.15\times10^{-6}\times10\times10^3)=106.1(\text{Hz})$$

因此,可以覆盖的频率范围为 $10\sim100\text{Hz}$。

图 4.27(a)的方法中,可变范围由可调电阻与固定电阻之比决定,因此,双连可调电阻的选用没有自由空间。而对于图 4.27(b)的方法,由于是对积分器的输入电压进行分压,这样可调积分器的输入电流,从而改变时间常数。即若分得 1/10 的电压,则振荡频率也下降 1/10 以下。

例如,计算 $f_0=1\sim10\text{Hz}$ 范围的常数,则有

$$C_0=1/(2\pi\times f_{max}\times159\times10^3)=0.1\times10^{-6}$$

$$R_0\approx150\text{k}\Omega$$

因此,由于分压比为 $1/1\sim1/11$,使用 10kΩ 的可调电阻时,可变范围为

$$f_{max}=1/(2\pi\times0.1\times10^{-6}\times1)=10.61(\text{Hz})$$

$$f_{min}=1/(2\pi\times0.1\times10^{-6}\times11)=0.964(\text{Hz})$$

使用 $C_0=0.1024\mu\text{F}$ 电容时实测可变范围为 $0.916\sim10.33\text{Hz}$。要想将可变范围向低频扩展增大分压比即可,实用范围的分压比为 1/100 左右。

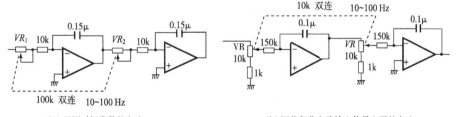

(a) 只调时间常数的方法　　　　　　　　(b) 调节积分电路输入信号电平的方法

图 4.27　振荡频率可变方法

(在这个振荡电路中,调节频率需要使用双连电位器。图 4.27(a)方法中可调电阻值是时间常数本身,因此,自由空间较小。而图 4.27(b)方法中可调电阻值与积分时间常数无关,因此,可以自由选择其电阻值)

第 5 章 高频 *LC* 振荡电路设计

如上章所述,最近低频振荡电路几乎都采用 *RC* 振荡方式。振荡电路用的定时元件也可以使用电感与电容即 *LC*,但低频时若使用 *LC* 元件,电感量要很大(形状当然也很大),从要求小型、轻量、低成本来看,这是所不希望的。

现如今高频振荡中多使用 *LC* 元件。然而,有时也会超过集成电路使用的频段。因此,现在仍采用与晶体管组合的电路。

5.1 *LC* 振荡电路的工作原理

5.1.1 *LC* 振荡的原理

LC 振荡电路如图 5.1 所示,它由晶体管等放大器件与频率选择性电路(这里使用 *LC* 并联谐振回路)构成。图 5.1 电路中谐振电路接在晶体管的集电极,因此,称为集电极调谐式反耦合振荡电路。

LC 振荡电路中的调谐意味着谐振,反耦合是不太惯用的术语,这是在过去振荡电路的教科书中所用的术语。简言之,从谐振电路到放大器的输入端引入反馈时,次级线圈的极性(图 5.1 中带有・号)要反转(相位差 180°),施加正反馈,从而产生振荡,因此叫反耦合。

振荡建立的情况如图 5.2 所示,电源接通时有电流流经 *LC* 谐振回路,产生与谐振频率相等的衰减振动,但若没有放大器件,则振动将停止。

这里使用晶体管等补偿谐振电路产生的衰减,则振荡振幅增大,将进入饱和工作领域,对振幅进行限制(不稳定),从而维持一定振荡振幅。

若晶体管工作于饱和区,那么振荡波形就会产生失真吗?产生这样的疑问,但集电极电流即使产生失真,若 *LC* 谐振回路的 *Q* 值较大,谐振时的波形能接近正弦波。

这样,*LC* 谐振回路为非线性工作状态,因此,分析工作原理就相当困难。现实中做到使反馈用次级线圈的匝比最佳化,电路就能稳定工作并得到良好的波形。

　　振荡频率大致由 LC 并联谐振频率($f_0 = 1/2\pi\sqrt{LC}$)决定(晶体管的集电极输出电阻 r_0 高,次级线圈采用松耦合方式),但现实中受到直流偏置点及 L 和 C 变化(与元件的温度系数有关)的影响。为此,实际中应考虑各种振荡电路方案。

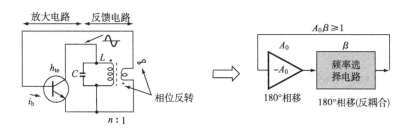

图 5.1　集电极调谐式 LC 振荡电路的原理

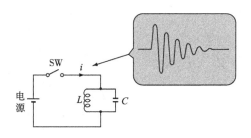

图 5.2　LC 振荡的开始

谐振回路的观察

1.并联谐振回路

　　图 A 是 LC 并联谐振回路、回路电流 i 和阻抗 Z 与频率 f 之间关系。图中,电阻 r 是电感损耗电阻,r 越小电感越接近理想状态。表示电感优劣时也使用称为 Q 的单位,但电感的 Q 是 ωL 与 r 之比,即

$$Q = 2\pi f_0 L_1/r$$

　　另外,电阻 R 是信号源的输出电阻,使用晶体管或 FET 的电路该阻值较大,谐振频率时则有

$$Z \approx R$$

　　$r = 0$ 时,信号源电阻 R 与其并联时的 LC 并联谐振回路的阻抗 Z 可表示为

$$Z = \cfrac{1}{\cfrac{1}{R} + j\left(\omega C - \cfrac{1}{\omega L}\right)}$$

即虚部为 $0(1/\omega L = \omega C)$ 时，由此可知 $Z = R$。

并联谐振频率 f_0 处阻抗 Z 最大，因此，回路电流 i 最小。照片 A 是 $R = 50\Omega,100\Omega,200\Omega,300\Omega$ 时回路电流 i 的频率特性，谐振频率 $500\mathrm{kHz}$ 处($L = 160\mu\mathrm{H},C = 620\mathrm{pF}$)电流非常小，请注意与电阻 R 的阻值无关(由于 $Z \gg R$，所以与 R 无关)。

频率足够大于谐振频率时，就有与 L 和 C 电抗有关的电流流通。

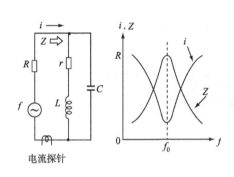

图 A　并联谐振回路的性质

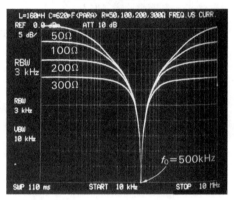

照片 A　并联谐振回路的电流

2. 串联谐振回路

串联谐振回路如图 B 所示，这是用电阻为 R 的信号源驱动 LCr 串联回路的电路。该回路的性质与并联谐振回路相反，串联谐振频率 f_0 处阻抗 Z 最小，回路电流 i 最大。

LCr 串联回路的阻抗 Z 为：

$$Z = r + j\left(\omega L - \frac{1}{\omega C}\right)$$

由此可知，虚部($\omega L = 1/\omega C$)为 0 时，变成 $Z = r$。

若 $r = 0$，则 $Z = 0$，但若使用 Q 值小(r 大)的电感与电容，谐振频率处阻抗 Z 不降低，因此，在陷波电路等中应用就不能得到足够的衰减，需要注意 r 阻值。

照片 B 是信号源电阻 R 为 $50\Omega,100\Omega,200\Omega,300\Omega$ 时回路电流 i 的频率特性。R 是等效与电阻 r 串联连接，因此，这里表示 r 在 $50 \sim 300\Omega$ 变化时特性。

观察 $R=50\Omega$ 与 $R=300\Omega$ 波形可知，50Ω 时波形有尖锐峰值，即是 Q 值较大的谐振回路。注意到偏移谐振频率 f_0 时频率特性不变。

如上所述，LC 谐振回路是利用某特定频率时阻抗 Z 最大或最小特性，从而实现滤波或陷波电路。

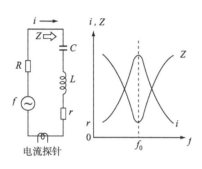

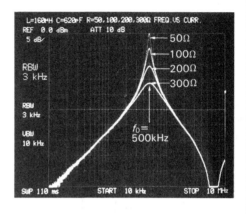

图 B　串联谐振回路的性质　　　　照片 B　串联谐振回路的电流

5.1.2　传统的晶体管电路

晶体管电路构成的 LC 谐振回路有传统的电路，这是理工系的学生在学校应该学习的知识，其中典型的电路有如图 5.3 所示称为哈脱莱（Hartley）、科耳皮兹（Colpitts）和反耦合等电路。

从广义上说，哈脱莱和科耳皮兹也是类似反耦合振荡器，但实际上反耦合式用的最多。另外，对于反耦合式根据是否有调谐回路，有称为集电极调谐式、发射极调谐式和基极调谐式等。

从晶体管全盛时代以来，LC 谐振回路使用各种形式。调谐电路设有中间抽头，增设次级线圈，这样设计的自由度非常大。

另外，若实现 Q 值较大的 LC 调谐回路，只用 1 个晶体管的电路也能以波形失真（高次谐波）小的信号进行振荡。

LC 振荡电路的应用范围有超声波振荡器、高频近接开关、AM/FM 无线接收机中局部振荡电路（最近 PLL 频率合成器方式成为主流）等，用于振荡频率稳定度要求不高的场合。

对于 LC 振荡电路，将在下一章介绍的陶瓷振子、晶体振子构成的振荡电路也是基本的电路。

振荡方式	基本电路	振荡频率　　振荡条件	特　性
科耳皮兹式	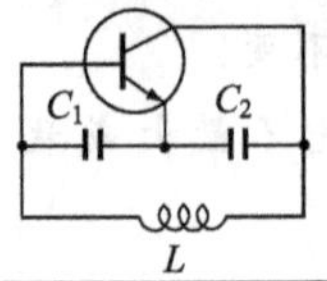	$f_0=\frac{1}{2\pi}\sqrt{\frac{1}{LC_0}+\frac{\Delta y_e}{C_1 C_2}}$ $C_0=C_1 C_2/(C_1+C_2)$ $\frac{y_{fe}}{y_{ie}}\geq\frac{C_1}{C_2}$	用电容将集电极电压进行分压,发射极加有反馈电路,电感线圈无中间抽头而使用方便,稳定度不太高
科耳皮兹的改进电路	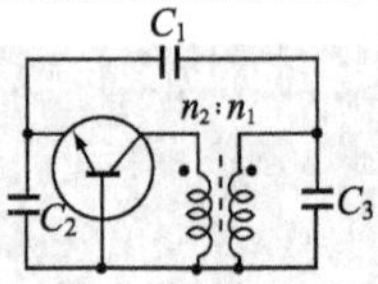	$f_0\approx\frac{1}{2\pi}\sqrt{\frac{1}{LC_0}}$ $C_0=C_3+C_1 C_2/(C_1+C_2)$ $\frac{y_{fb}}{y_{ib}}\geq\frac{C_1}{C_1+C_2}\left(\frac{n_1}{n_2}\right)$	这是科耳皮兹的改进电路,集电极的阻抗变成谐振回路的负载,因此,提高了稳定度。VHF振荡电路中多采用这种形式,可用一个匝数$n_1=n_2$的电感线圈构成
克拉普振荡电路(科耳皮兹的改进电路)	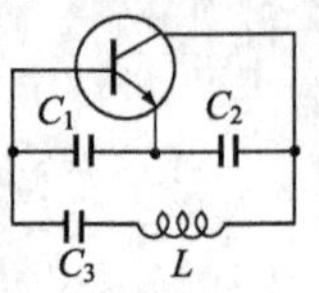	$f_0\approx\frac{1}{2\pi}\sqrt{\frac{1}{LC_0}}$ $C_0=C_1 C_2 C_3/(C_1 C_2+C_2 C_3+C_1 C_3)$ $\frac{y_{fe}}{y_{ie}}\geq\frac{C_2}{C_1}$	克拉普(Clapp)电路也是科耳皮兹的改进电路,与L串联一个电容C_3,晶体管Δy的影响小。使用范围是从低频到VHF
哈特莱式	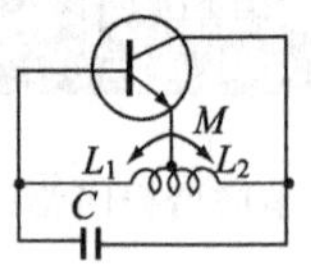	$f_0=\frac{1}{2\pi\sqrt{CL_0+(L_1 L_2-M^2)\Delta y_e}}$ $L_0=L_1+L_2+2M$ $\frac{y_{fe}}{y_{ie}}\geq\frac{L_1+M}{L_2+M}$	哈脱莱式的电感线圈 L 中设有抽头,将集电极调谐电压的一部分反馈到发射极,从而进行振荡。稳定度与科耳皮兹式一样不太高
哈特莱的改进电路	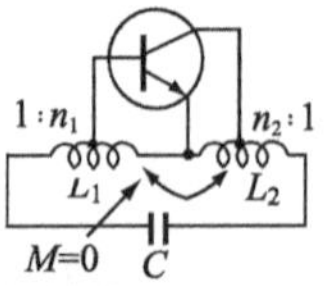	$f_0=\frac{1}{2\pi\sqrt{CL_0+L_1 L_2(1/n_1 n_2)^2\Delta y_e}}$ $L_0=L_1+L_2$ $\frac{y_{fe}}{y_{ie}}\geq\frac{n_2 L_1}{n_1 L_2}\ (M=0)$	为了提高哈特莱电路的稳定度,电感线圈设有抽头,这样消除了Δy的影响
集电极调谐式反耦合振荡电路	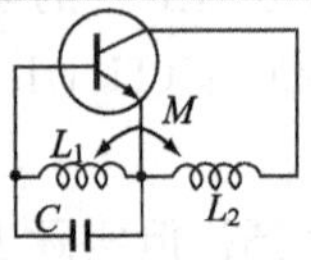	$f_0=\frac{1}{2\pi\sqrt{CL_1+(L_1 L_2-M^2)\Delta y_e}}$ $\frac{y_{fe}}{y_{ie}}\geq\frac{L_1}{M}$	因为在基极接入调谐回路,所以称为基极调谐式,也可以说是哈特莱的改进电路。稳定度不高
基极调谐式的改进电路	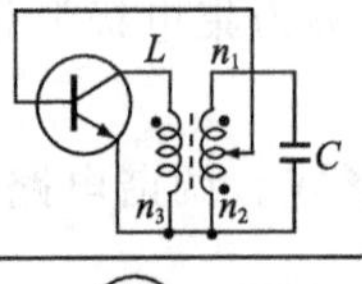	$f_0\approx\sqrt{\frac{1}{LC}}$ $\frac{y_{fe}}{y_{ie}}\geq\frac{n_2}{n_3}$	为了提高基极调谐式的频率稳定性,在基极增设抽头。多用于无线接收机等的振荡到几兆赫频率的电路
基极调谐式反耦合振荡电路	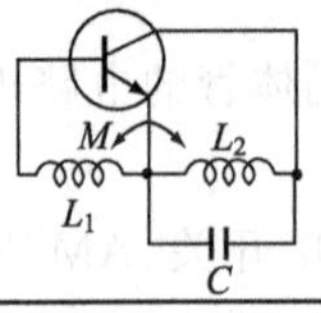	$f_0=\frac{1}{2\pi\sqrt{CL_1+(L_1 L_2-M^2)\Delta y_e}}$ $\frac{y_{fe}}{y_{ie}}\geq\frac{M}{L_1}$	因为在集电极接入调谐回路,所以称为集电极调谐式,将集电极电压反馈到基极

图 5.3　传统的 LC 振荡电路及其特性

(岩田光信著《高频电路故障对策》(绝版)转载于 CQ 出版株式会社)转载自很多高频电路的文献。

5.2 发射极调谐式 LC 振荡电路

5.2.1 反耦合发射极调谐式振荡电路

首先,考察一下 LC 振荡电路中已经有的一种反耦合实例的实验情况,这里是使用容易得到的 AM 收音机用的振荡线圈而 $f_0=1\text{MHz}$ 左右的振荡实例。

图 5.4(a)是反耦合式 LC 振荡电路中在发射极接有调谐回路的实例,图 5.4(b)是基极加反馈进行调谐的实例。两者不同点是集电极线圈的极性相反。

使用 LC 谐振回路的 Q 值较大时需要振荡电感线圈有抽头(用抽头决定发射极与基极的反馈量)。对于发射极调谐方式,发射极输入阻抗较低,因此,需要较大的匝数比。

该电路开始振荡时为线性工作状态,随着振幅的增大发射极电流变为脉冲状(B 类~C 类工作状态)。这样,由于晶体管集电极饱和,电路在某一定输出电压时稳定工作(幅度受到限制)。

因此,应按照振荡输出振幅的电流设定发射极电流,但通常偏置电流为 $0.5\sim 5\text{mA}$。而该电路没有输出限幅,而容易受到电源电压变化的影响。

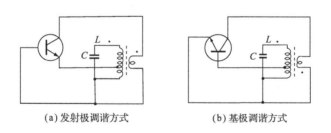

(a) 发射极调谐方式   (b) 基极调谐方式

图 5.4 反耦合式振荡器的交流等效电路

(这是思考稳压电源如何供给的电路,即交流等效电路。两者的不同是线圈的中间抽头,反馈的位置是发射极还是基极,集电极线圈的极性相反。电路 LC 决定调谐回路,而调谐回路决定振荡频率)

5.2.2 1 MHz 频率振荡电路

图 5.5 是振荡频率为 1MHz 的实验电路。电路中,晶体管的基极通过电容 C_3 交流接地,因此,工作为共基极放大电路。另外,集电极-发射极之间构成只让 1MHz 振荡频率通过的正反馈电路。该电路的振荡频率 f_0 大致为

$$f_0 = 1/(2\pi\sqrt{L_1(C_1+CV)})$$

L_1 使用市售的 AM 收音机中的电感线圈,匝比不清楚,但实测的电感约为 $300\mu H$,因此,进行 1MHz 振荡需要调谐电容 CV 值为

$$CV = \frac{1}{(2\pi f_o)2L_1} = \frac{1}{39.47 \times 10^2 \times 300 \times 10^{-6}}$$
$$= 84.4(pF)$$

于是,使用 51pF 固定电容与 50pF 微调电容并联进行调整。

对于直流偏置电路,若振荡频率为 1MHz 左右的电路,发射极电流设定为 1mA 左右(R_1 阻值为 kΩ 数量级)即可。然而,电路受到电源电压变化的影响,姑且采用 VCC=6V。

C_2 和 C_3 为隔直电容,其值也没有必要那么严格,f_o = 1MHz 时使用较小电抗值($XC \approx 16\Omega$)即可。

即使不接 R_1,电路也能工作,但为了防止振荡开始时产生异常振荡,电路中还是接了 R_1。

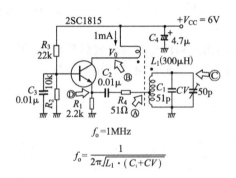

图 5.5　发射极调谐式 LC 振荡电路的构成

(这里使用小型 AM 收音机中的电感线圈(电感量约 $300\mu H$)进行的实验,用微调电容 CV 调节频率。即使是高频,1MHz 左右的振荡频率时,使用通用小信号晶体管电路也能正常工作,这里晶体管使用 2SC1815)

5.2.3　失真小的正弦波形

现考察一下电路实际工作情况。电源电压 V_{cc} = 6V,发射极电流约 1mA 时,若电路不产生振荡,可将集电极线圈的极性调换一下试试看。

照片 5.1 是实际的振荡波形,其中,照片 5.1(a)是线圈 L_1 的抽头Ⓐ与集电极线圈Ⓑ的输出波形,即输出为失真小的正弦波形。

另外可知,得到的谐振电路电压波形的振幅比电源电压大(V_{cc} = 6V),但接上示波器的探头,如照片5.1(b)所示,Ⓐ点的振幅从$400mV_{p-p}$降为$300mV_{p-p}$,Ⓒ点

输出波形的真正振幅应当为 $10V_{p-p} \times (4/3) = 13.4V_{p-p}$。

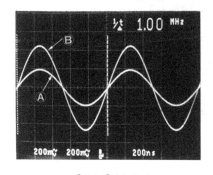

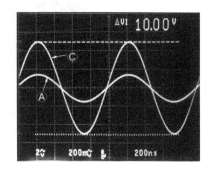

(a) Ⓐ点与Ⓑ点振荡波形　　　　　　　　(b) Ⓐ点与Ⓒ点振荡波形

照片 5.1　发射极调谐式 LC 振荡电路的输出波形

(这是图 5.5 电路的Ⓐ～Ⓒ各点波形。输出波形一般从Ⓑ点即集电极线圈取出,但
这里,由于阻抗较高,因此,实际上需要通过高输入阻抗缓冲器输出波形。由见到的
波形可知,这是非常好的正弦波形)

　　这样,对于用 1 个晶体管而没有振幅稳定化电路的 LC 谐振回路,晶体管
工作点变动时,振荡频率 f_0 与输出波形振幅 V_0 随之变动,因此,需要注意这
一点。

　　这里考察一下电路的电源电压从振荡开始的 3.5V(若降低 R₃ 的阻值,更低的
电压也能振荡)到 18V 之间调节时测试的频率特性,测试的数据如图 5.6 所示。以
$V_{CC} = 6V$ 时频率作为基准用‰表示频率的偏差,高阻抗探头接到集电极线圈测试
输出电压 V_0。

　　由测试的数据可知,LC 振荡电路容易受到电源电压变化的影响,而且这种变
化不是线性的,因此,实际应用时需要稳定的电源电压。

　　当然,对于这种振荡电路,若电路常数选择不适当,特性就不会稳定,照片 5.2
示出出现的这种异常振荡(称之为间歇振荡)。

　　这是有意制造的状态,但在图 5.5 的电路中,若隔直电容 C_2 超出需要的值
(0.1μF),再有 LC 谐振回路的 CV 值很小,则振荡频率就会升高,升高到约
1.6MHz 以上就会出现脉冲串状异常振荡。

　　这时间歇振荡周期由电源电压与 C_2 值左右着,其状态不稳定,但稳定要到下
一时刻,其频率约为 6.4kHz。

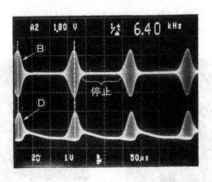

照片 5.2　间歇振荡波形

（图 5.5 的电路中，C_2 值为 $0.01 \sim 0.1 \mu\text{F}$，调谐电容 *CV* 值很小时，就变成这样的间歇振荡。这个振荡频率是完全随机的，电路常数设定时需要注意）

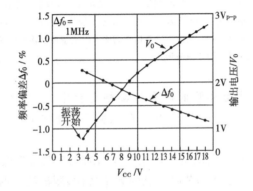

图 5.6　发射极调谐式 *LC* 振荡电路的电源变化特性

（这是在图 5.5 的电路中，电源电压在 $3.5 \sim 18\text{V}$ 之间变化时的特性。振荡频率本身只变化 1%，但输出波形振幅大致与电源电压成比例变化。实际应用时需要稳压电源）

5.2.4　输出正弦波的理由

在 *LC* 振荡电路中放大电路为非线性工作状态，那为什么还可以得到失真小的波形呢？原因是由于 Q 值高的谐振电路只取出基波成分。

照片 5.3 是图 5.5 电路中ⓒ点的谐振电压波形和ⓓ点的发射极电压波形。照片 5.3(a)是用示波器观察的波形，其发射极电压波形失真很大。用频谱分析仪分析含有高次谐波成分，如照片 5.3(b)所示，2 次谐波只有 15dB 左右的衰减。

为了考察振荡线圈的特性，根据照片 5.4(a)的要领实测电感并联谐振的调谐特性。在该电路中,从发射极将信号输入到并联谐振电路,因此,对于谐振电路进行 30 倍以上升压,同时在 $f_o=1\text{MHz}$ 处具有锐谐振特性。

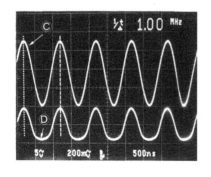

(a)发射极电压失真波形

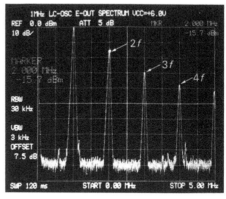

(b)发射极电压高次谐波频谱

照片 5.3　观察振荡波形的失真情况

(照片 5.3(a)示出图 5.5 的ⓒ点和ⓓ点波形。观察加反馈时ⓓ点波形,其失真是常见的情况,但谐振输出的ⓒ点是非常好的正弦波。也就是说,该谐振电路具有消除高次谐波的滤波功能)

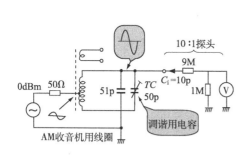

(a)线圈谐振特性的测试电路

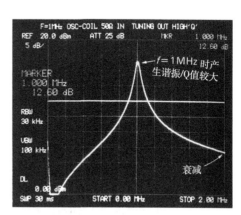

(b)振荡线圈的谐振特性

照片 5.4　LC 回路的谐振特性

(若制作好图 5.5 所示电路,则不能观察到每个单元电路特性。若构成图 5.5(a)所示的简单测试电路,就能测试 LC 谐振回路的特性。由测试可知,$f_o=1\text{MHz}$ 时谐振回路具有陡峭特性,变成 Q 值较大滤波器)

　　另外,基波的 2 倍高次谐波也抑制 30dB,3 倍、4 倍高次谐波得到更大的衰减。这样,LC 振荡电路中振荡电感线圈作为 Q 值较大的带通滤波器工作方式,因此,输出只是失真小的基波(正弦波)波形。

5.3 改进型科耳皮兹 LC 振荡电路

5.3.1 科耳皮兹基本振荡电路

　　经常用作 FM 收音机与电视调谐器的局部振荡器称为改进型科耳皮兹振荡电路。然而,这种改进型科耳皮兹振荡电路在高频时能稳定工作,但难以宽范围改变频率。例如,用于电压控制振荡电路(VCO)时需要注意这一点。直接 FM 调制方式即用低频信号改变振荡频率,消除频率漂移就能变为实用电路。

　　图 5.7 是科耳皮兹基本振荡电路,但不接电容 C_1,于是就成为标准电路。这时振荡频率 f_o 采用常见公式,即

$$f_o = 1/(2\pi\sqrt{L_1 \times (C_2 /\!/ C_3)})$$

式中,$/\!/$ 表示电容并联连接。

　　然而,为了进行高频振荡,电容 C_2 和 C_3 的值要非常小,为几皮法,这时电路杂散电容与晶体管集电极输出电容(称为 C_{ob},即基极接地时输出电容)的变化影响振荡频率。

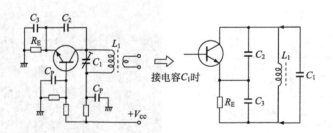

图 5.7　科耳皮兹基本振荡电路

(这是用一个线圈,二个电容构成的科耳皮兹基本电路,这个振荡电路现如今可使用
到 VHF 频段,第 6 章介绍的陶瓷振子与晶体振子构成的振荡电路也使用这种电路。
常见很多电路也是使用 CMOS 反相器构成的同类基本电路)

　　为此,电路中增设电容 C_1,这样,振荡频率 f_o 大致只由 C_1 决定,因此,可以得到一些改善。然而,电感线圈 L_1 的次级负载变化时振荡条件发生改变,若电路常

数设定不适当,有时就不产生振荡(或容易停止振荡)。

这里,使用无次级的线圈,在与负载的阻抗变换中使用 π 型输出的振荡电路,考察对此电路进行实验的情况。

5.3.2 VHF 频段振荡电路方案

图 5.8 是数十兆赫以上的 300MHz 左右(VHF 频段)频率时,经常使用的以共基极电路作为基本的改进型科耳皮兹振荡电路。

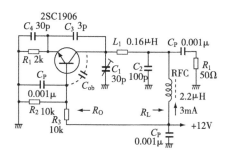

图 5.8   VHF 频段的科耳皮兹振荡电路

(这是振荡频率大概由 C_1、C_2 和 L_1 决定的电路,用微调电容调整振荡频率。频率较高时,容易受到晶体管的 C_{ob} 及分布电容 Cs 的影响,实际上组装之后需要调整,也可以用线圈节距对 L_1 进行细调)

该电路的振荡频率 f_o 大致由输出调谐电路(π 型输出电路)的谐振频率决定,可根据

$$f_o \approx \frac{1}{2\pi\sqrt{L_1[C_1C_2/(C_1+C_2)]}}$$

计算出。

但作为现实问题,使用的晶体管的集电极输出电容 C_{ob} 和电路杂散电容 Cs 与此并联,因此需要由实验进行调整。

高频振荡时带有抽头并增设次级线圈用于阻抗变换。这里,由 π 型输出电路对应低阻抗负载,这样,通过改变电容 C_1 与 C_2 之比就能进行任意变换。

也就是说,当负载电阻 R_L 低于晶体管电路的负载电阻 R_O($R_O > R_L$)时,$C_1 < C_2$,即 C_2 值比 C_1 大。

C_3 为反馈电容,若无此电容就不能开始振荡。另外,由于是基极接地,因此,为了使基极通过交流接地也需要在基极–地之间接入旁路电容。

若振荡频率为数十兆赫以上,就不能使用通用晶体管,需要使用截止频率 f_T 高的晶体管。这里,考察一下作为 VHF 频段用,经常使用的 $f_T = 600\text{MHz}$

的 2SC1906 晶体管的实验情况,图 5.9 示出这种晶体管的特性参数与外形尺寸。

　　另外,频率超过 VHF 时,使用线圈的电感与电容值很小,因此,不是以计算的频率进行振荡。这是由于电路的杂散电容与晶体管的输出电容等与 LC 谐振回路网络并联连接,以低于计算值的频率进行振荡的缘故。

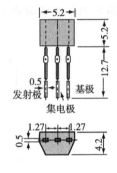

项　　目	符号	额定参数	单位
集电极–基极间电压	V_{CBO}	30	V
集电极–发射极间电压	V_{CEO}	19	V
发射极–基极间电压	V_{EBO}	2	V
集电极电流	I_C	50	mA
集电极损耗	P_C	300	mW
结温度	T_j	150	℃
保存温度	T_{stg}	−55~150	℃

(a) 最大额定参数 (Ta=25℃)　　　　　　　　　　　(c)

项　　目	符号	测试条件	最小值	标准值	最大值	单位
集电极截止电流	I_{CBO}	V_{CB}=10V, I_e=0	—		0.5	μA
直流电流放大系数	h_{FE}	V_{CE}=10V, I_C=10mA	40	—	—	
集电极–发射极间饱和电压	$V_{CE(sat)}$	I_C=20mA, I_B=4mA	—	0.2	1.0	V
晶体管截止频率	f_T	V_{CE}=10V, I_C=10mA	600	1000	—	MHz
集电极输出电容	C_{ob}	V_{CB}=10V, I_E=0, f=1MHz	—	1.0	2.0	pF

(b) 电气特性

图 5.9　高频用晶体管 2SC1906 的特性参数与外形尺寸

(这种晶体管适用于 30～300MHz 的 VHF 频段的放大与局部振荡,它是日立公司产品,同类产品有很多,如 2SC2349(东芝)、2SC1730(日电)等)

5.3.3　100MHz 调谐电路的设计

　　振荡频率为 100MHz 左右时调谐线圈 L_1 要使用 2～3 匝的空心线圈,但可通过改变线圈间隔来改变电感量,微小电感调到准确值比较难。实际上是改变线圈的形状来调整电感量。线圈的间隔大,则 L 变小;反之,L 变大。

例如,谐振频率 100MHz,LC 电抗(XL,XC)为 100Ω 时,电容值为

$$C = \frac{1}{2\pi f_o XC} = \frac{1}{6.28 \times 100 \times 10^6 \times 100} = 15.9(\text{pF})$$

同样,线圈 L_1 的值为

$$L_1 = \frac{XL}{2\pi f} = \frac{100}{6.28 \times 100 \times 10^6} = 0.159(\mu\text{H})$$

由此可知,其值非常小。

对于 VHF 频段的振荡电路,需要在输出端与电源之间接入高频扼流圈(RFC),在 100MHz 时它具有较大电抗。

扼流圈的阻抗大致为负载电阻的 10 倍以上,即为 $XL = 1\text{k}\Omega$,由此可求出

$$L_2 = 10^3/(2\pi \times 100 \times 10^6) = 1.59(\mu\text{H})$$

实际上从 E6 系列中选 $L_2 = 2.2\mu\text{H}$。

电容 C_1 和 C_2 与振荡频率有关,但由于负载电阻 R_L 设定较低阻值,因此,要 $C_2 \gg C_1$。例如,C_2 容量为数十皮法至 100pF,主要由 C_1 进行频率调整。

C_1 值需要根据晶体管输出电容 C_{ob} 与反馈电容 C_3 进行调整,使用最大容量 30pF 的微调电容即可。

与振荡强度有关的电容 C_3 其电抗 XC 大致为 500Ω 左右,并与 C_4 兼顾,其容量由实验决定。

5.3.4 直流偏置的设计

该振荡电路的直流常数与一般的发射极跟随器电路一样计算,因此首先决定集电极电压与电流。这里取 12V,3mA。

发射极电阻 R_1 上加的电压大致为电源电压的一半,则有

$$R_1 \approx 0.5V_{CC}/I_C = 2\text{k}\Omega$$

基极电阻 R_2 和 R_3 的阻值相同即可,由于应允泄放电流(无用电流)的稳定化,因此,约有 0.5mA 的电流流通,这样,阻值各自为 10kΩ。

基极及电源旁路电容的电抗 XC 为数欧以下,若使用较大容量电容,则电容本身的引线电感形成的导纳升高。假定 $XC \leqslant 3\Omega$,则

$$C_p \geqslant 1/2\pi f XC = 1/(6.28 \times 100 \times 10^6 \times 3) = 530(\text{pF})$$

由此可知,需要 500pF 以上的电容,这里选用 $0.001\mu\text{F}$ 的陶瓷电容。

5.3.5 100MHz 振荡频率的实验

这里进行振荡频率为 100MHz 的实验,线圈 L_1 的电感量需要 $0.16\mu\text{H}$,这可使用直径为 12mm 绕 3 圈的线圈,伸缩线圈的间隔对电感量进行微调。

C_1 使用半固定微调电容,因此,线圈电感也可固定不变。C_1 的容量为 15pF

时(可调范围的中心电容)接通电源。

电路不能正常振荡时,要检查晶体管发射极电压,若电压为 $5\sim6V$,表明偏置电路正常。调节 L_1 或 C_1,使电路以所确定频率(本例中为 $100MHz$)进行振荡。

照片 5.5 是负载电阻为 50Ω 时振荡输出波形,可得到如照片所示失真小的正弦波。

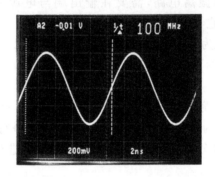

照片 5.5　$100MHz$ 振荡频率时输出波形

(这是 $R_L=50\Omega$ 时图 5.8 电路的振荡波形,由此可知这是比较好的正弦波。但是测试该波形时使用 $300MHz$ 带宽的示波器,因此,这是经过了一些滤波的波形。当示波器带宽较低时,测试时也需要注意)

为了观测 $100MHz$ 时波形,用 $100MHz$ 带宽的示波器,这等同于接入截止频率为 $100MHz$ 的低通滤波器,这样,消除了高次谐波,观察的波形非常接近正弦波。当然,示波器屏幕上显示波形的振幅也降低了。因此,需要用 $300MHz$ 以上带宽示波器或数吉赫带宽的频谱分析仪进行测试。

若用手靠近线圈 L_1,则振荡频率发生变化,因此,实际应用时要将线圈压紧放在印制板上,或周围进行屏蔽,亦或罩在罩子里,否则电路不能稳定工作。

在图 5.8 所示电路中,测试电源电压变化时振荡频率变化 Δf_o 的情况,如图 5.10 所示。$V_{CC}=5\sim12V$ 线性变化,每 $1V$ 振荡频率变化约为 $0.02\%(20kHz)$。这是由于晶体管参数与电源电压(集电极电流也变化)有关,尤其是集电极输出电容 C_{ob},电压越高,容量有下降(谐振频率升高)的趋势。

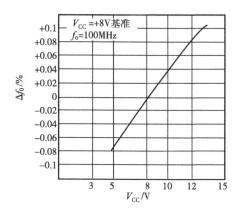

图 5.10 科耳皮兹振荡电路中振荡频率随电源变化的情况

（该振荡电路中,对于电源变化振荡频率还比较稳定。若电压升高,则频率成比例升高,晶体管的集电极输出电容 C_{ob} 与电压成比例下降）

5.4 基极调谐式 LC 振荡电路

5.4.1 基极调谐式基本振荡电路

对于高频振荡即使是数百千赫至数兆赫,若对于稳定度有要求,则要在 LC 谐振回路增设次级线圈,可简单构成反耦合振荡电路。该电路的特征是元器件少。

图 5.11 是这样的振荡电路,即在晶体管基极配置 LC 并联谐振回路,集电极线圈 L_2 与线圈 L_1 进行耦合,构成正反馈那样确定线圈的极性,该电路称为基极调谐式振荡电路。

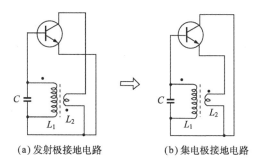

(a) 发射极接地电路　　　　　　　　(b) 集电极接地电路

图 5.11 基极调谐式反耦合振荡电路的等效电路

（该电路与图 5.4(b)所示电路相同,在晶体管基极接有 LC 谐振回路,通过集电极线圈施加正反馈。由于基极接有谐振回路,因此,称为基极调谐式振荡电路。若注意 L_2 线圈,可以看作发射极接地电路和集电极接地电路）

图 5.11(a)是发射极接地电路,从集电极馈送到基极时相位应反相,否则就不是正反馈。容易理解具体电路的关系就是图 5.11(b)所示的集电极接地电路。线圈次级电路 L_2 的极性与图 5.11(a)相反,但工作原理相同。

该电路中,发射极电流的变化经 $L_2 \rightarrow L_1$ 流通(LC 电路的 Q 值越大,升压比越大),正反馈到基极,从而以谐振频率进行振荡。

5.4.2 近接开关用的振荡电路

图 5.12 是基极调谐式振荡电路的具体实例。该电路不用作信号振荡器,而是利用振荡的有无构成高频近接开关,它是一种接近金属时振荡停止的电路。

电路中,晶体管 Tr_1 是利用基极-发射极间二极管特性当作二极管使用,这样,主振荡用晶体管 Tr_2 设定的直流偏置与晶体管 Tr_1 的 V_{BE} 的温度系数相抵消。

R_1 为 Tr_2 的基极偏置电阻,用该电阻 R_1 设定振荡开始必要的集电极电流,但由于它与 LC 谐振回路并联。因此,要求用较高阻值,使谐振电路的 Q 值不降低。

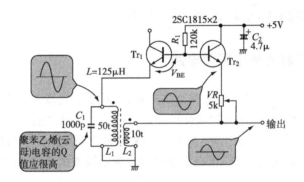

图 5.12 基极调谐式反耦合 LC 振荡电路

(这是图 5.11(b)的实际电路,电路中,为了使 Tr_2 偏置稳定,Tr_1 用作二极管。另外,由于用作近接开关,工作点设定在最佳处,为此,用可调电阻 VR 对发射极电流进行调整)

振荡开始动作由线圈 L_1 与 L_2 匝比及线圈的 Q 值等决定,因此,在发射极接可调电阻进行调整。

基极调谐式电路的振荡频率 $f_{\circ}$ 由线圈 L_1 的电感及与此并联的电容 C_1 决定,即

$$f_{\circ} \approx 1/2\pi \sqrt{L_1 C_1}$$

先决定 L_1 或 C_1 当中任何 1 个参数均可。但该值决定并不是很适当,应该是决定电抗为数百欧的常数。

这数百欧的值没有特别的根据,但与数兆赫频带的振荡电路相比,设定线圈 L_1 的电抗非常大,原因是考虑得到较大的 Q 值。

谐振频率的阻抗 Z_o 可表示为

$$Z_o = 2\pi f_o L Q$$

近接开关用的振荡电路是利用谐振阻抗变化的性质,因此,设计时 Z_o 值要尽量高,这样更有利。

假定 $XL = 500\Omega$,$f_o = 450\text{kHz}$,则有

$$L_1 = XL/2\pi f_o = 500/6.28 \times 450 \times 10^3 = 176(\mu\text{H})$$

因此,450kHz 谐振时电容 C_1 值变为

$$C_1 = 1/\omega^2 L_1 = 1/(6.28 \times 0.5 \times 10^6)^2 \times 159 \times 10^6 = 710(\text{pF})$$

然而,根据线圈 L_1 是绕在磁心上的匝数决定的最大电感的关系,对其进行修正, $L_1 = 125\mu\text{H}$,则有

$$XL = 2\pi f_o L_1 = 353\Omega$$

$$C_1 = 1000\text{pF}$$

线圈的匝比与正反馈量有关,但 L_2 线圈一般为 L_1 的 20% 左右($L_1 = 125\mu\text{H}$ 时绕 50 圈,L_2 绕 10 圈)。

电阻 R_1 的阻值与通常偏置电阻的算法不同,这是振荡开始供给必要基极电流 (I_C/h_{FE})的电阻,电流为数十微安即可,这里 R_1 选用 $100\text{k}\Omega$ 以上的电阻。若电阻值降低,则振荡难以停止,用作近接开关就会出问题。

5.4.3 最佳振荡的实验

作为振荡开始的必要条件是线圈及电容的 Q 值与晶体管的发射极电阻值之间的关系,当 Q 值越大,发射极电阻值越大时才能开始振荡。由于难以定量计算出发射极的电阻值,因此,用可调电阻(5kΩ)替代时考察一下电路振荡工作情况。

照片 5.6 是发射极电阻 VR 的阻值从 5kΩ 往下调时各自的振荡波形。其中,照片 5.6(a)是振荡开始时波形,VR 阻值为 2kΩ。这时,即使 $V_{CC} = 5\text{V}$,线圈 L_1 上也能得到 $10\text{V}_{\text{p-p}}$ 电压,L_2 上电压为 $2\text{V}_{\text{p-p}}$。由此可知,按线圈的匝比(5∶1)进行升压。

观察 Tr_2 的发射极波形可知,只有正半周有发射极电流流通,这是由于基极电压工作振幅较大,而负半周晶体管截止的缘故。这时振荡开始的状态是不稳定的,若电源电压下降,则振荡就会停止,当金属或手靠近 LC 谐振电路时(Q 值降低),振荡就会受到影响。

照片 5.6(b)是最佳发射极电阻(VR 约为 1kΩ)时电路各部分波形。由于 Tr_2

的发射极波形处于饱和状态,因此,得到对于各种变化电路都能稳定振荡条件的界限。

然而,得到的线圈 L_1 上电压振幅为原先的 2 倍($20V_{p-p}$),作为近接开关应用时,这种振荡条件的设定是关键。若过饱和,当金属靠近谐振电路时,即使线圈的 Q 值降低,振荡仍持续。

因此,当线圈 L_1 与金属的距离为预定值(检测距离)时,通过调整可调电阻 VR 的阻值使振荡可靠停止。

照片 5.6(c)是发射极电阻 VR 调到数百欧时波形。正反馈量过大,线圈 L_1 上电压也达到 $30V_{p-p}$ 以上,波形失真,振荡频率也比原来的 $444kHz$ 低。

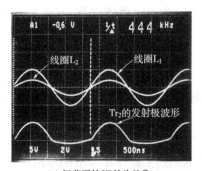

(a)振荡开始VR约为2kΩ

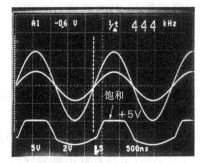

(b)最佳振荡VR约为1kΩ

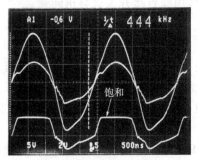

(c)振荡不稳定VR为数百欧

照片 5.6　振荡波形与发射极电阻值

(这是图 5.12 电路的振荡波形。用 VR 调节 Tr_2 的发射极电阻值,考察其最佳振荡状态。最佳状态是照片 5.6(b)的波形。由于 Tr_2 处于饱和状态,因此,对于外界的各种变化,电路都能够稳定振荡。线圈 L_1 上也产生 $20V_{p-p}$ 振幅的正弦波电压)

5.4.4　近接开关

这个振荡电路用于近接开关时,在磁罐上绕制线圈的线圈如图 5.13 所示。这时使用磁罐的一半,其内测放上绕线架,先在上面绕 L_2(10 圈),接着绕 L_1(50 圈)。

电感量大小随磁罐的材质不同而变。因此,改变振荡频率时调节电容 C_1 即可。但由于 Q 值较低(不能得到锐开始与停止特性),因此,要使用聚苯乙烯薄膜电容或云母电容。

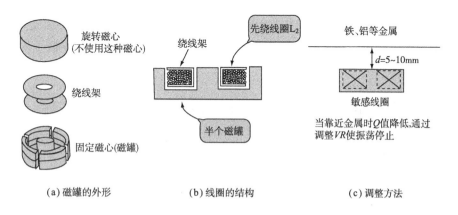

(a) 磁罐的外形　　　　　(b) 线圈的结构　　　　　(c) 调整方法

图 5.13　近接开关用线圈的结构

(磁罐如图 5.13(a)所示,一般由二个磁心和一个绕线架构成,但作为近接开关用时只用半个即可。绕线架和磁心用黏着剂等固定在一起即可。若将它作为敏感线圈,当靠近金属时线圈的 Q 值下降,则振荡停止,即在后面接入检测振荡停止电路就成为近接开关)

第 6 章　陶瓷与晶体振荡电路设计

到目前为止对 RC 振荡电路、LC 振荡电路等特性进行了实验分析,但这些电路的振荡频率稳定度由 RC 或 LC 本身特性决定,因此,不能得到较高的稳定度。

本章介绍作为高稳定振荡电路的核心元件而经常使用陶瓷和晶体振子的振荡电路。

6.1　陶瓷与晶体振荡电路的结构

6.1.1　陶瓷与晶体振子的使用方式

若从频率稳定度来看振荡电路,RC 与 LC 振荡电路中元件的温度系数直接影响振荡频率,温度系数最好的也只有 100ppm/℃,若环境温度变化 10℃,则频率有约 0.1% 的变化,不调整时,初始频率精度为 $\pm 2\% \sim \pm 5\%$。然而,现介绍的使用陶瓷振子振荡电路的温度系数约为 30ppm/℃,即温度变化 10℃,频率变化也只有 0.03%,初始频率精度为 $\pm 0.5\%$ 左右。

晶体振荡电路可得到 $\pm 0.001\%$ 左右的精度(包含温度稳定性),因此,对于一般的应用不需要对振荡频率进行调整,这是这种振荡电路的最大特征。照片 6.1 是陶瓷与晶体振子的外形实例。

最近对于频率精度与稳定度的要求不像晶体振子需要那么高的用途,多使用具有小型、价廉特征的陶瓷振子。陶瓷振子的精度虽比晶体差,但振荡频率稳定度与 LC 和 RC 振荡电路相比非常高,容易得到约 10^{-5}/℃的温度稳定度。

另外,对于第 8 章介绍的电压控制振荡电路(VCO),陶瓷振子适宜作为振荡元件,原因是它与晶体振子相比容易得到较大可变范围的振荡频率,现在陶瓷振子广泛应用于电视水平同步信号的发生、FM 多路转换器以及多声道电路等。

然而,随着集成电路、电阻与电容等小型化与表面贴装技术的发展,晶体振子等的小型化也得到很大进步,但陶瓷振子的小型化更方便,现在已经生产出将其嵌入混合集成电路中的表面贴装型。

陶瓷振子在利用机械谐振现象这点上其考虑方式与晶体振子一样,但在电气性能上有很大的不同,图 6.1 示出陶瓷和晶体振子的不同点。

根据图 6.1 列出两者主要不同点:陶瓷振子的电感 L_1 较小,而与其串联的电容 C_1 非常大,这意味着 $f_a - f_r = f_s - f_p$(这将在后述章节中介绍)即串联谐振频率与并联谐振频率之差相当大。

另外,采用晶体振子的振荡电路,可容易得到高精度的振荡频率,因此,多用作数字时钟为代表的通信与计测设备,或者微机、数字电路用的时钟发生器等。

照片 6.1 陶瓷与晶体振子的外形

(陶瓷振子多是模块品种,晶体振子几乎都是密封型。照片左边两种是陶瓷振子,右边是晶体振子)

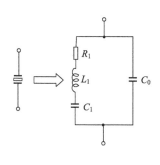

振子	陶瓷振子			
振荡频率	455kHz	2.50MHz	4.00MHz	8.00MHz
$L_1/\mu H$	8.8×10^3	1.0×10^3	385	72
C_1/pF	14.5	4.2	4.4	5.9
C_0/pF	256.3	33.3	36.3	39.8
R_1/Ω	9.0	17.6	8.7	4.8
Q_m	2734	912	1134	731
$\Delta f/kHz$	12	147	228	555
振子	晶体振子			
振荡频率	453.5kHz	2.457MHz	4.00MHz	8.00MHz
$L_1/\mu H$	8.6×10^6	7.2×10^5	2.1×10^5	1.4×10^4
C_1/pF	0.015	0.005	0.007	0.027
C_0/pF	5.15	2.39	2.39	5.57
R_1/Ω	1060	37.0	22.1	8.0
Q_m	23000	298869	240986	88677
$\Delta f/kHz$	0.6	3	6	19

(a) 陶瓷/晶体振子的等效电路　　　　　　　　(b) 等效电路常数之比较

图 6.1 陶瓷振子与晶体振子之比较(引自村田制作所陶瓷数据表)

(陶瓷振子是利用多晶压电陶瓷(大多是钛酸氧锆基氧化铅 PZT)的机械谐振,其固有振荡频率由压电常数与尺寸等决定并进行稳定振动(谐振)的元件。可用做像晶体那样的稳定振子,村田制作所的陶瓷是常用的名牌产品)

6.1.2 陶瓷与晶体振子的等效电路及振荡频率

陶瓷与晶体振子的等效电路如图 6.1 所示,可表示为 LCR 串并联回路,而电抗变化如图 6.2 所示。

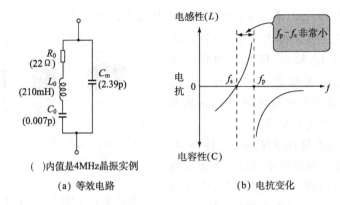

（　）内值是4MHz晶振实例

(a) 等效电路　　　　　　　　　(b) 电抗变化

图6.2　晶体振子的等效电路与电抗变化情况

（晶体振子的振动实际是机械振动，然而，用电气等效电路可表示为二端网络。R_0-L_0-C_0
串联电路与弹性振动有关，并联 C_m 为介质电容，R_0 看作串联电阻即可）

　　等效电路两端间阻抗非常小时的频率一般称为谐振频率 f_r；反之，阻抗最大时
的频率称为逆谐振频率 f_a，前者可以看作是串联谐振频率 f_s，后者为并联谐振频
率 f_p（陶瓷振子多使用 f_r、f_a，而晶体振子多使用 f_s、f_p）。

　　这里谐振时若忽略等效电阻 R_1（阻值为数十欧以下），可求出各自频率 f_r,f_a
为：

$$f_r = f_s = \frac{1}{2\pi\sqrt{L_1 C_1}}$$

$$f_a = f_p = \frac{1}{2\pi\sqrt{L_1 C_0 C_1/(C_0 + C_1)}}$$

由图 6.1 可知，一般 $C_1 \ll C_0$，因此有

$$f_a = f_r\sqrt{1 + \frac{C_1}{C_0}}$$

　　另外，机械的 Q 值（用 Q_m 表示）可由下式求出，即

$$Q_m = \frac{1}{2\pi f_r C_1 R_1}$$

陶瓷振子与晶体振子相比，陶瓷振子的 Q_m 值小，只有数百至数千。这样，陶瓷与
晶体的稳定度有差别。

　　陶瓷与晶体各自谐振频率之差$(f_a - f_r) = (f_s - f_p) = \Delta f$ 非常窄小，这期间为
电感性工作状态，它是决定振荡频率的重要因素。

　　陶瓷与晶体振子的振荡电路的构成基本上与 LC 振荡电路相同，第 5 章图 5.1
介绍的各种 LC 振荡电路作为基本电路。其中，常用的是电路简单，而只用一个电
感构成的科耳皮兹振荡电路。

图 6.3 是 CMOS 反相器构成的最一般的振荡电路实例。反相器就是反相放大电路,因此,其构成称为科耳皮兹振荡电路。

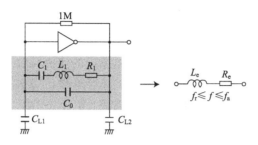

图 6.3 CMOS 反相器构成的基本振荡电路

(逻辑电路中使用的反相器就是用这种符号表示的反相放大器,。(小圆圈)表示反相,斜长三角形表示放大器。若将陶瓷振子看作电感 L,由此可知变成第 5 章的 LC 振荡电路中的科耳皮兹电路。放大电路有各种形式,但从频率特性与电路简单考虑,最简单的是 CMOS 反相器)

这里,若陶瓷振子负载使用电容 C_L(C_L 是 C_{L1} 和 C_{L2} 的串联值),则 f_r 和 f_a 各自为

$$f_r = \frac{1}{2\pi\sqrt{L_1 C_1}}$$

$$f_a = \frac{1}{2\pi\sqrt{L_1 \cdot \dfrac{C_0 C_1}{C_0 + C_1}}}$$

振荡频率 f_o 为:

$$f_o = f_r \sqrt{1 + \frac{C_1}{C_0 + C_L}}$$

也就是说,这是比串联谐振频率 f_r 高的频率进行振荡,根据电容负载 C_{L1} 可以预测振荡频率的变化情况(由于 $C_L \ll C_0$,因此,频率变化较小)。

陶瓷振子振荡频率精度为数十 ppm,晶体振子为数 ppm 以下,这与 RC 和 LC 振荡相比精度非常高。

6.1.3 电感性(L)范围的应用

陶瓷与晶体振子的端子间电抗变化如图 6.2 所示,它从电容性(C)到电感性(L)变化,串联谐振频率 f_s 以上,并联谐振频率 f_p 以下($f_s \sim f_p$)为电感 L 工作状态,即这期间频率为 LC 谐振那样的工作状态。

然而,实际上因为 $C_0 \ll C_m$,所以考虑 $f_s \approx f_p$ 即可。例如,对于典型晶体振子,若 $L_0 = 210\text{mH}$,$C_0 = 0.007\text{pF}$,$C_m = 2.39\text{pF}$,则有

$$f_s = \frac{1}{2\pi\sqrt{210\times10^{-3}\times0.007\times10^{-12}}} = 4.1511(\text{MHz})$$

$$f_p = \frac{1}{2\pi\sqrt{210\times10^{-3}\times0.0069796\times10^{-12}}} = 4.157(\text{MHz})$$

$f_p - f_s = 6\text{kHz}$，频率差非常窄小。

作为参考，后面介绍的 13.56MHz 晶体振子的实测特性如照片 6.2 所示。由于 $f_p - f_s = 29.6\text{kHz}$，对于 $f_0 = 13.56\text{MHz}$ 其误差约 0.22%。

晶体振子的机械 Q 值（用 Q_m 表示）非常高，为 $10^4 \sim 10^6$，因此，与 LC 谐振电路相比较频率变化小。

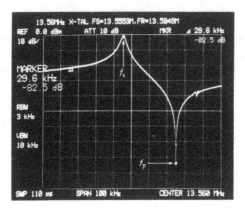

照片 6.2 13.56MHz 晶体振子的振幅特性

(这是用网络分析仪测试的晶体振子的特性，电抗的变化作为振幅的变化。串联谐振频率 f_s 与并联谐振频率 f_p 之差只有 29.6kHz，$f_s - f_p$ 范围成为电感性。测试采用照片 6.16 中(a)的方法)

6.1.4 陶瓷振子的寄生特性

表示陶瓷振子机理的 $Q(Q_m)$ 值与晶体振子相比非常小。另外，除基波（主振动波）以外还有奇次谐波与其他振动膜的振动，因此，设计振荡电路时需要注意这一点。

照片 6.3 是测试村田制作所的 CSB 系列（振荡放大的情况）陶瓷振子的寄生特性。主振荡频率为 455kHz，在此频率以外显示出很多谐振现象是在约 4.5MHz 附近由厚膜振动产生的寄生（伪振荡）振荡。因此，作为振荡电路，采用带有缓冲的高速 CMOS 逻辑 IC74HC 系列中，74HC04 反相器等宽带增益元件进行振荡时，出现寄生频率的异常振荡。

说到异常振荡，即使有也不是"理想的异常振荡"，而故意制造这种状态如照片 6.4 所示。这是用高速 CMOS 的 74HC04（带缓冲器）工作时，以 36MHz 高频进行振荡的情况。当手靠近 74HC04 的输入引脚时振荡频率发生一些变化。

为此,用陶瓷振子构成振荡电路时,重要的问题是采取措施抑制寄生振荡,具体的方法将在下一节介绍。

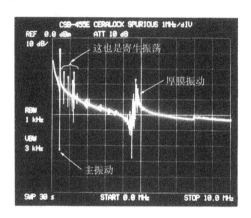

照片 6.3　陶瓷振子的阻抗频率特性

(这是宽频率范围陶瓷振子 CSB455E(村田制作所产品,振荡频率 455kHz)的特性。用网络分析仪观察其特性可知,在 455kHz 以外有很多寄生谐振点。这样,能否抑制这些寄生谐振点产生的振荡就成为使用陶瓷振子的关键问题)

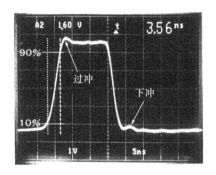

照片 6.4　寄生异常振荡的实例

(这是使用 4069UB 正规的振荡电路,只是将 IC 换成了 74HC04。即阻尼电阻 R_d 为 0Ω,74HC04(带缓冲器的反相器)中连接 CSB455E,模拟这样的异常振荡。如何以 36.6MHz 频率产生振荡,这就是用手靠近电路时,分布电容形成的振荡频率发生变化。这只是利用寄生振荡,当然,特性不稳定)

6.2　CMOS 反相器陶瓷振荡电路

6.2.1　CMOS 反相器的模拟特性

使用 CMOS 反相器的陶瓷振子的振荡电路,由于电路构成简单,在数字电路中广泛使用,其实例如图 6.4 所示。

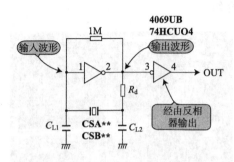

图 6.4　CMOS 反相器构成的实际振荡电路

(1MHz 以下频率的振荡最好选用 4069UB,1MHz 以上频率的振荡最好选用 74HCU04。
另外,使用 4069UB 时不用阻尼电阻 R_d 也可,R_d 阻值参照图 6.6,最好采用试探法确定。
振荡用反相器输出若为原样振荡输出,则容易受到负载电容的影响,因此,原则上要通过
缓冲器输出)

为了理解振荡电路的工作原理,首先考察一下 CMOS 反相器(本来是数字集
成电路)的模拟特性。

图 6.5 是测试 CMOS 反相器作为放大电路时增益-频率特性的电路。电路中,
C_C 是隔直电容,与本来电路的工作无关。反馈电阻 R_F 为 CMOS 反相器提供偏置
(输入端电压大致为 $V_{DD}/2$)。R_F 相对于 C_C 选用高阻值电阻,以免受交流的影响,
这里选用 1MΩ。反相器负载 C_L 是形成振荡电路的电容。

LC 振荡电路的振荡条件如第 5 章介绍那样,环增益要大于 1,而且绕环路一
周时相移量为 0° 或 360° 的整数倍。

首先,测试 CMOS 反相器作为线性放大器工作时的频率特性,这时测得的增
益-频率特性如照片 6.5 所示,其中,图 6.5(a)是 4000B 系列的反相器 4069UB 的
特性。

反相器的增益及电源电压高低左右着高频特性,$V_{DD}=5V$ 时 f_T(增益为 0dB
时频率)约 4MHz,$V_{DD}=12V$ 时约 10MHz。由此可预测对于 4000B 系列 CMOS,
10MHz 以上频率的振荡较难。

照片 6.5(b)是高速 CMOS 74HC 系列的 74HCU04 的特性,由此可知,与 4000B
系列相比较,频带比较宽。$f=10MHz$ 时增益约 12dB,f_T 达到 60MHz 以上。

然而,不要简单地认为高频特性好就行,照片 6.3 所示的陶瓷振子频率特性
中,由于存在寄生频率(高频时存在几个固有振荡频率),若将电路的频率特性延伸
到所需以上频率时,有时会产生基波以外频率的不稳定振荡。

由以上可知,4000B 系列的振荡频率可到数兆赫,需要超过此频率进行振荡时
最好选用 74HC 系列。

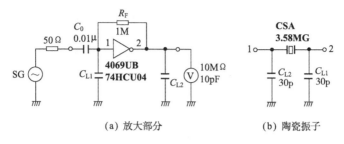

图 6.5 CMOS 反相器的频率特性测试电路

(输入耦合电容 C_C 是交流耦合电容,反馈电阻 R_F 是用于稳定反相器输入端工作电位的电阻。电路增益由 R_F/XC_C 决定,因为,$R_F \gg XC_C$,由此大致可知反相器的开环特性。C_{L1} 和 C_{L2} 是陶瓷振子的外接电容)

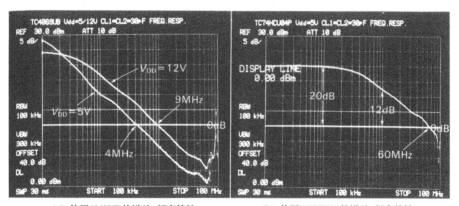

(a) 使用4069UB的增益-频率特性   (b) 使用74HCU04的增益-频率特性

照片 6.5 CMOS 反相器的增益-频率特性

(这都是无缓冲器的 U 型反相器的增益-频率特性,4069UB 的频率特性只到 4MHz($V_{DD} = 5$V),但 74HCU04 的频率特性延伸到 60MHz(4069UB 的 10 倍以上)。74HCU04 也可以作为很好的放大器使用。但用于振荡电路,尤其是陶瓷振子的振荡电路,频率特性好会带来严重问题,请注意这一点)

6.2.2 接有陶瓷振子时的频率特性

这里测试的不仅是放大器的特性,而且还是接有陶瓷振子时增益-频率特性,其实际特性如照片 6.6 所示。

照片 6.6(a)是高速 CMOS 反相器 74HCU04 中接有陶瓷振子及其周围电路时,测试的环增益的频率特性。振子的谐振频率为 3.58MHz,谐振时环增益也约为 27dB,其值过大。

然而,存在的寄生频率为 3 倍基波的 10.7MHz 附近,5 倍的 18MHz 附近,其增益为0dB以上,因此,有可能产生寄生振荡。需要采取措施抑制寄生振荡。

照片6.6(b)是基波谐振特性。串联谐振频率 f_r 与并联谐振频率 f_a 之间为电感性,环相位为0°,若增益为0dB以上,就会以标识点的频率进行振荡。

该振幅与相位特性随陶瓷振子外接电容值而变化,振荡频率也同时变化(将其反过来就是电压控制振荡器VCO)。

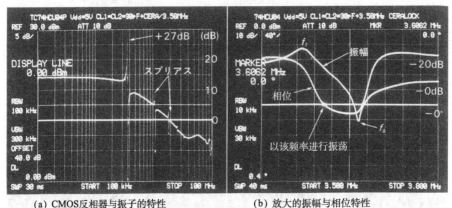

(a) CMOS反相器与振子的特性　　　　　(b) 放大的振幅与相位特性

照片6.6　反相器中接有陶瓷振子时特性

(使用的陶瓷振子的频率为3.58MHz,反相器使用74HCU04。3.58MHz谐振时增益也有27dB,其值过高。然而,10.7MHz与18MHz处增益为1以上时产生寄生振荡。实际情况如照片6.6(b)所示,相位变为0°时产生振荡)

6.2.3　抑制寄生振荡的阻尼电阻

使用陶瓷振子构成振荡电路时,重要的是在电路中接入抑制寄生振荡的阻尼电阻。振荡电路使用CMOS 4000B系列反相器时,也可以不用阻尼电阻,但为了使电路低耗电化,确保相移量(振子以外需要90°相位差),用高速CMOS 74HC构成的电路容易产生寄生振荡,因此,要接入阻尼电阻,其目的是降低环增益。

阻尼电阻 R_d 的大致阻值可根据图6.6所示厂家提供的标准电路的常数表确定(例如,使用CMOS 74HC系列以3.58MHz频率振荡时, $C_{L1} = C_{L2} = 100pF$, $R_d = 680\Omega$)。使用高速CMOS(74HCU04)在1MHz以下频率振荡时 R_d 为数千欧(典型值为5kΩ),1MHz以上频率时为数百欧。

R_d 使用计算的粗略阻值,也能得到稳定的振荡,但作者采取以下的计算方法。首先,决定振荡频率 f_0 、负载电容 C_{L2} (参照图6.6),由此求出相移为45°(振幅为-3dB)时频率与振荡频率相等的电阻值 R_d 为:

$$R_d \approx \frac{1}{2\pi f_0 C_{L2}}$$

假设 $f_0 = 4\mathrm{MHz}$, $C_{L2} = 100\mathrm{pF}$, 则有

$$R_d \approx \frac{1}{6.28 \times 4 \times 10^6 \times 100 \times 10^{-12}} = 400(\Omega)$$

由此可知, 振荡频率越低, 需要的电阻值越高。

一般使用 74HC 系列反相器的振荡电路, 推荐使用输出无缓冲器的类型 (74HCU04)。然而, 若接入阻尼电阻, 即使是标准的 74HC04 也不会出问题, 可以产生振荡。

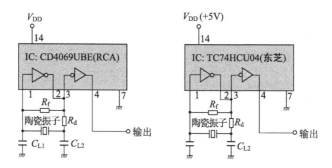

系列名称	频率范围	V_{DD}	电路常数				初始偏差	温度稳定性	蠕变
			C_{L1}	C_{L2}	R_f	R_d			
CSB 系列	190～249kHz	+5V	330pF	470pF	1MΩ	0	±1kHz	±0.3%	±0.3%
	250～374kHz		220pF	470pF	1MΩ	0			
	375～429kHz		120pF	470pF	1MΩ	0			
	430～699kHz		100pF	100pF	1MΩ	0			
	700～1250kHz		100pF	100pF	1MΩ	5.6kΩ			
CSA □ MK	1.251～1.999MHz	+5V	30pF	30pF	1MΩ	0	±0.5%	±0.3%	±0.3%
CSA □ MG	2.00～6.00MHz	+5V	30pF	30pF	1MΩ	0			
CSA □ MT	6.01～13.0MHz	+12V	30pF	30pF	1MΩ	0			

(a) CMOS 4000B 系列标准电路的常数

图 6.6 市售的典型陶瓷振子(引自村田制作所的陶瓷数据表)

(为使陶瓷振子产生有效振荡, 需要图示振荡电路(CMOS 反相器)以及外围常数的设定。实际上(批量生产时除外)容易得到的振荡频率有以下一些品种, 即 400k, 455k, 500k, 800k, 1M, 2M, 3M, 3.58M, 4M, 4.19M, 4.91M, 6M, 8M, 10M, 12M, 16M, 16.93M, 20M, 24M, 30M。另外, 即使是少量的, 若是 190kHz～32MHz 范围也可以定做, 详细情况可与厂家面谈)

系列名称	频率范围	电路常数				初始偏差	温度稳定性	蠕变
		C_{L1}	C_{L2}	R_f	R_d			
CSB □ 40	190~374kHz	470pF	470pF	1MΩ	5.6kΩ	±2kHz	±0.3%	±0.3%
	375~429kHz	330pF	330pF	1MΩ	5.6kΩ			
	430~699kHz	220pF	220pF	1MΩ	5.6kΩ			
	700~999kHz	150pF	150pF	1MΩ	5.6kΩ	±0.5%		
	1000~1250kHz	100pF	100pF	1MΩ	5.6kΩ			
CSA □ MK040	1.251~1.999MHz	100pF	100pF	1MΩ	1.0kΩ		±0.3%	±0.3%
CSA □ MG040	2.00~6.00MHz	100pF	100pF	1MΩ	680Ω			
CSA □ MT040	6.01~13.0MHz	100pF	100pF	1MΩ	220Ω	±0.5%	±0.5%	
CSA □ MX040	13.01~19.99MHz	30pF	30pF	1MΩ	0		±0.3%	
	20.00~25.99MHz	15pF	15pF	1MΩ	0			
	26.00~32.00MHz	5pF	5pF	1MΩ	0			

(b) 74HC 系列标准电路的常数

续图 6.6　市售的典型陶瓷振子(引自村田制作所的陶瓷数据表)

6.2.4　74HCU04 与 74HC04 的微妙差别

实际上这里使用的反相器 74HC04 如前所述可知,有 74HC04 和 74HCU04 二种类型,如图 6.7 所示,其不同点是 74HCU04 为简单的 1 级反相器,而 74HC04 为 3 级反相器即带有缓冲器。照片 6.7 示出其振荡波形的差别。

其中,照片 6.7(a)是使用 74HCU04 时反相器输入输出波形,这个反相器无输出缓冲器,因此,方波的边沿不陡。

观察频率可知,$C_{L1}=C_{L2}=100$pF 时振荡频率为 3.5383MHz,这比所定的3.58 MHz 频率稍低一些。原因是对于高速 CMOS,在负载电容 100pF,$R_d=680$Ω 条件下产生振荡,都是使用相同陶瓷振子 CSA3.58MG。若 74HC 使用 CSA 3.58 MG040 振子,可在 3.58MHz 频率产生振荡。

照片 6.7(b)与 6.7(a)为同一条件,只是集成电路使用标准的 74HC04 时振荡波形,输出波形的边沿相当陡峭,振荡频率也为 3.5387MHz,比使用 74HCU04 时稍有些升高。

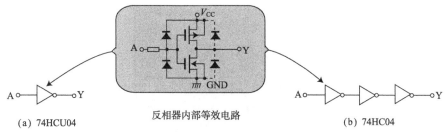

(a) 74HCU04 　　　反相器内部等效电路 　　　(b) 74HC04

图 6.7 74HCU04 和 74HC04

(有关 74HC04 本身的特性在第 3 章图 3.8 中已经作了介绍,但实际上 74HC04 内部反相器是 3 级串联的。这是为了提高负载的驱动能力,但用作振荡电路那样的放大器时这就成为问题。模拟用途情况下,使用无缓冲器的 74HCU04 时,其特性非常纯真)

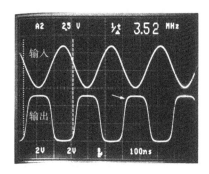
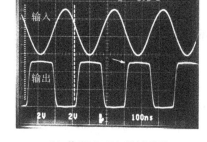

(a) 使用74HCU04时振荡波形 　　　(b) 使用74HC04时振荡波形

照片 6.7 使用 74HCU04 和 74HC04 时波形的差别

(这是使用 3.58MHz 陶瓷振子,R_d=680Ω,C_{L1}=C_{L2}=100pF 时振荡波形,都能产生非常好的振荡。然而,观察波形可知,使用 74HCU04 时输出波形发生了变化。若提高反相器的放大倍数,则波形变得尖锐)

6.2.5 4069B 以 3.58MHz 产生振荡

照片 6.8 是使用数据表中提供的 4000B 系列的 4069UB,CSA3.58MG 的典型使用方法时的振荡波形。电源电压 V_{DD} 同为 +5V。

振荡输出波形变得相当钝,接近正弦波的波形。用原样的波形不能驱动逻辑电路,因此,需要对波形进行整形,即接入 1 级缓冲器(使用 CMOS 反相器中剩余的即可)可得到较好的时钟信号。

C_{L1}=C_{L2}=30pF 时的振荡频率为 3.5839MHz,C_{L1} 使用半固定电容,调节其容量可使频率为 3.58MHz。

使用 4069B 进行 6MHz 以上频率振荡时,电源电压不高就不能确保足够的环增益,为此,有必要将电源电压改为 +12V。然而,一般的逻辑电路采用 5V 单电源工作实例很多,因此,不使用 4000B 系列,使用 74HC 系列电路的标准用法较好。

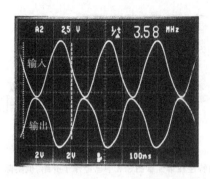

照片 6.8　采用 4069UB 产生 3.58MHz 的振荡波形

(4069UB 也是无缓冲器的反相器。但与 74HC 相比高一个量级,频率特性低(参见照片 6.5)。为此,对于照片 6.7 同样电路,若集成电路只用 4069UB,则输出波形变得圆滑,用于逻辑电路时要在输出增设缓冲器,对波形进行整形即可)

6.2.6　振荡频率的微调方法

如图 6.1 所示那样,陶瓷振子的电感频率范围($f_a - f_r$)比晶体振子宽,因此,由外围电路常数容易改变振荡频率。

照片 6.9 是 3.58MHz 的陶瓷振子 CSA3.58MG 与相同频率的晶体振子的谐振特性比较实例。陶瓷振子的频率差 $f_a - f_r$ 的宽度约为 250kHz,这与晶体振子相比可以理解为相当宽。

使用陶瓷振子时要与振荡频率准确一致,如图 6.8 所示那样,用接在反相器输入端的半固定微调电容 C_{L1} 调节频率,虽然 C_{L2} 也变化,但由于 C_{L1} 的变化量大。

若用变容二极管替代电容 C_{L1},则就变成不用调整的压控振荡器 VCO 电路(参照第 8 章)。

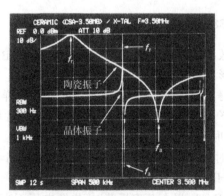

照片 6.9　陶瓷振子与晶体振子的谐振频率之比较

(这是将相同 3.58MHz 的陶瓷振子与晶体振子的阻抗特性进行比较,由此可知,与晶体相比,陶瓷特性的响应频带变得很宽。因此,若改变陶瓷振子的输入电容,可得到相当大的变化特性)

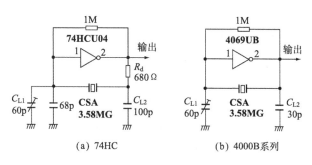

图 6.8 振荡频率的微调方法

(陶瓷振子振荡电路的一个特征是频率可变范围非常宽。若一定要调整频率的话,不如采用
晶体振子调整得准确,但这就变成第 8 章介绍的电压控制振荡器 VCO 的基础电路)

6.3 晶体管陶瓷振荡电路

6.3.1 基本的科耳皮兹振荡电路

如上所述,作为使用陶瓷振子的振荡电路,采用 CMOS 集成电路非常简单。
负载电容 C_L 选用厂家指定的值,可以高精度的振荡频率进行振荡。

然而,考察一下电路方案,1 个封装集成电路内有 6 个反相器,但振荡电路只
用其中 1 个反相器,因此,其他电路使用运算放大器与单个晶体管构成时,看看如
何用 1 个晶体管构成振荡电路。

这里考察的实验电路是元件尽量少
的结构,振荡输出波形当然不太好。图
6.9 是科耳皮兹电路作为基本的陶瓷振
荡电路,以前也经常用作晶体振荡电路。

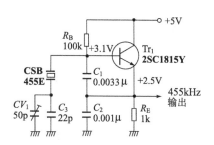

为了确保该电路进行正常振荡,选用
的正反馈电容 C_1 和 C_2 的值一定要大于
振子规定的负载电容值,因此,要增设频
率调整用电容(CV_1 和 C_3)。否则,陶瓷振
子在串联谐振频率 f_r 附近产生振荡。例
如,即使采用 CSB455E 陶瓷振子,频率低
于 455kHz 也产生振荡(根据厂家资料,
$f_r=444.946\mathrm{kHz}, f_a=457.354\mathrm{kHz}$)。

图 6.9 晶体管构成的陶瓷振子的振荡电路

(这是发射极跟随器的输入端接入谐振电路的形式,
由此可知,若将陶瓷振子换成 L 就是典型的科耳皮
兹振荡电路。由此发现用晶体管比用反相器 IC 构
成的振荡电路要复杂,但只有使用数字 IC 时才最有
效。电源电压为 1.5V 时该电路也能工作)

电路中,通过改变与陶瓷振子串联电容的容量来改变振荡频率,因此,也可以
用于电压控制振荡器 VCO。

6.3.2　455kHz 频率振荡时电路常数

这里,振荡频率 f_o 为 455kHz,可用半固定电容进行调整。即使在这里,陶瓷振子仍选用村田制作所的 CSB455E。

直流偏置电路使用 1 个基极电阻 R_B 构成的方式,发射极电阻 R_E 假定为 1kΩ。于是当 V_{CC}=5V, I_C=2.5mA 时可根据下式计算出必要的 R_B 阻值,即

$$R_B = (V_{CC}/2) - V_{BE}/I_C \times h_{FE}$$

若晶体管的 h_{FE} 为 100~200,则 R_B 为:

$$R_B = (2.5 - 0.6) \times 10^3 = 760(\Omega)$$

因此, h_{FE} 为 100~200 倍时, R_B 可在 76~152kΩ 范围选取,这里, R_B 选中心阻值为 100kΩ。

反馈电容 C_1 的值要求不那么严格, C_1 的电抗 XC_1 按约 100Ω 计算,根据 XC_1 = $1/2\pi f_0 C_1$,则有

$$C_1 = 1/2\pi f_o XC_1 = 3498(pF)$$

C_1 选用 3300~4700pF 时电路不会出问题能正常工作。

电容 C_2 一般按 C_1 的 1/5~1/1 选取,这里按 1/3 选取为 1000pF(电抗 XC_2 为 350Ω)。

振荡频率微调电容 CV_1 和 C_3 用于补偿陶瓷振子的偏差,因此,中心容量 50pF 电容(使用 CMOS 电路时规定电容 C_{L1} 和 C_{L2} 各自容量为 100pF,其串联总容量为 50pF),围绕其中心值数十皮法变化,于是,采用 22pF 固定电容与 50pF 陶瓷微调电容并联进行调节。

晶体管的振荡频率为 455kHz,因此,可使用通用小信号晶体管。这里选用东芝的 2SC1815Y 晶体管,除此之外,使用的晶体管还有很多。

6.3.3　CSB455E 陶瓷振子的特性

在振荡电路实验之前,研究一下 CSB455E 陶瓷振子的特性。首先,采用图 6.10 所示方法,大致测试一下端子间阻抗 Z(目测一下变化趋势,因此精度可忽略)。

端子间阻抗本来用恒流源(内阻为无限大)进行测试,但这里与恒压源串联一个 100kΩ 阻值的高电阻。端子间电压与阻抗成比例,因此,对此进行测试。

照片 6.10 是以 455kHz 为中心进行±2.5kHz 扫描时陶瓷振子的阻抗变化与相位特性。串联谐振频率 f_r 随与振子串联电容的容量而发生变化,容量为 50pF 时 f_r=455kHz。

当然是这样,电容量增大, f_r 降低;反之,电容量减小, f_r 升高,接近并联谐振频率 f_a(f_a 也有些变化)。

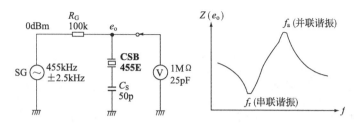

图 6.10　测试陶瓷振子的阻抗变化趋势

(测试端子间阻抗本来使用恒流源,但这里使用电压源+高值电阻($R_G=100\text{k}\Omega$)也可,目的是观测其变化趋势。但由于与陶瓷串联电容 C_s,由此可改变串联谐振频率)

相位特性就是频率 f_r 与 f_a 在 0°交叉时特性。对于科耳皮兹振荡电路,振子阻抗需要为电感性,能产生振荡的频率在 f_r 与 f_a 之间(这之间为电感性)。

与振子串联的电容值小时,f_r-f_a 间频率差变小,能产生振荡的频率范围变窄,因此,认为这是好现象,但电容值太小(10pF 以下),振荡输出振幅降低,振荡也就停止。

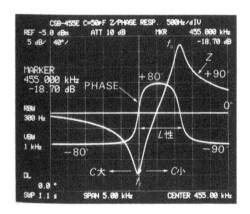

照片 6.10　测试 CSB455E 的阻抗-相位特性

(这是采用图 6.10 的电路,以 455kHz 的 SG 频率为中心进行±2.5kHz 扫描时特性。对于科耳皮兹振荡电路,需要阻抗为电感性,这里 f_r-f_a 之间就是电感性。可用与陶瓷振子串联电容来改变频率)

6.3.4　1.5V 电源电压时电路的工作情况

现考察一下实际振荡情况。与振子串联电容量为无限大(短路)时,振荡频率 f_o 为 442.63kHz,比 455kHz 低得多的频率也能产生振荡。

照片 6.11 示出调节 50pF 的微调电容,$f_o=455\text{kHz}$ 时振荡波形。其中(a)是 5V 电源时工作波形,振荡相当强,输出振幅约 $4\text{V}_{\text{P-P}}$,但输出波形不太好。

图 6.8 所示电路的基极偏置不用电阻分压方式,因此,电压下降时特性比较好,如照片 6.11(b)所示那样,$V_{\text{CC}}=1.5\text{V}$ 时也能产生振荡。

　　实际上 3V 以上电压,电路就能很好地稳定工作。$V_{CC} = 1.5V$ 时输出振幅约为 $0.6V_{p-p}$。

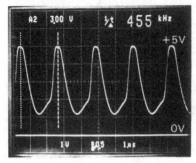
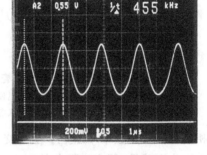

(a) V_{CC}=5V时振荡波形　　　　　　　　(b) V_{CC}=1.5V时振荡波形

照片 6.11　晶体管构成的陶瓷振荡电路的振荡波形

(这是图 6.9 电路的工作波形,振荡相当强,为了得到优良波形需要通过缓冲器。由于振荡强,电源电压低到 1.5V 时也确实能产生振荡,使用电池也能这样。但使用集成电路不易得到这种特性)

6.4　调谐式晶体管晶体振荡电路

6.4.1 *LC* 科耳皮兹振荡电路的工作情况

　　这里介绍高频电源等用的 13.56MHz 频带的振荡电路。电路方式的原型是以前称为皮尔斯 C-B 电路,从电子管时代就开使用这种电路。

　　图 6.11 是 13.56MHz 的晶体振荡电路,它作为科耳皮兹式 *LC* 振荡电路的工

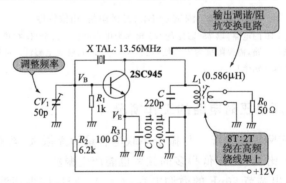

图 6.11　13.56MHz 的晶体振荡电路

(若将晶体振子看作线圈 L,这就是科耳皮兹式 *LC* 振荡电路。另外,输出电路中 L_1 作为调谐电路的工作元件,若将晶体振子去掉,则电路就变成中心频率约为 13MHz 的窄带放大器的工作方式。L_1 也就变为降压变压器)

作方式,通过调节半固定电容 CV_1 与调谐电路为电容性使电路产生振荡。

另外,由图 6.11 所示电路可知,除晶体振子以外,若由外部为晶体管基极提供输入信号,则电路变成中心频率约 13MHz 的高频窄带放大电路的工作方式。

电路的振荡频率大致由晶体振子的特性决定,但可通过基极-地间的电容 CV_1 对振荡频率进行微调。

现说明晶体振荡电路主要是晶体振子作为线圈 L 的工作原理,若考虑晶体振子为固定线圈,就会产生这样的疑问,即外围电容量变化时振荡频率发生变化吗?然而,晶体本身作为线圈 L 工作的频率范围非常窄,实际上,几乎不会影响频率的变化。

照片 6.12 是 13.56MHz 晶体振子的振幅与相位特性。晶体作为电感 L 工作仅是相位为 $+90°$ 的时候。在串联谐振频率 f_s 处晶体振子为纯电阻,因此,电路增益即使很高,也不会满足振荡条件。

实际上,从串联谐振频率 f_s 以上开始相位剧变,到并联谐振频率 f_p 维持约 $90°$ 的相位,这时振幅衰减较大,不满足增益条件,因此,不能产生振荡。

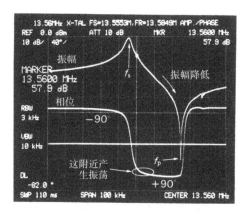

照片 6.12 13.56MHz 晶体振子的振幅相位特性

(这里关键是晶体作为电感,相位为 $90°$(本来是测试并联阻抗,但这里为串联连接,因此,相位标为正负相反)。这里,增益足够大,因此能产生振荡。在串联谐振频率 f_s 处晶体振子作为纯电阻工作方式,不能产生振荡。在并联谐振频率 f_p 附近振幅与增益较小,因此,不能产生振荡)

6.4.2 晶体管电路工作点的决定

图 6.11 的电路结构称为电流反馈偏置电路,它是发射极接地放大电路的最基本形式。电路的电源电压为 12V,集电极工作电流约为 10mA,可简单地求出电路常数。这种频率时,有 10mA 左右的电流比较妥当。

　　若考虑偏置电路的直流稳定性,则发射极电阻 R_3 要使用高阻值电阻,但从有效利用电源电压看不希望用这样高阻值电阻。通常,分得的电压降相当于电源电压 V_{CC} 的 5%~10%。

　　因此,发射极电压 V_E 为 0.6~1.2V,这里选用 $V_E=1$V。由此求出发射极电阻 R_3 为:

$$R_3=V_E/V_C=100(\Omega)$$

　　基极偏置电压 V_B 由电阻分压设定,为此,电阻 R_1 和 R_2 的阻值有一定自由度。电阻 R_1 的阻值越低,直流稳定性越好,但一般为发射极电阻 R_3 的 10 倍左右。

　　若不知基极电压 V_B 就不能求出电阻 R_2 的阻值,因此,首先求出 V_B 为:

$$V_B=I_CR_3+V_{BE}=1+0.6=1.6(V)$$

式中,V_{BE} 为晶体管的基极-发射极间电压,硅晶体管约为 0.6V。

　　晶体管的基极电流为

$$I_B=I_C/h_{FE}$$

　　若晶体管的直流电流放大系数 h_{FE} 为 50 左右,则 I_B 为:

$$I_B=10\times10^{-3}/100=0.1(mA)$$

根据 $V_B=1.6$V,则电阻 R_1 中电流 I_{R1} 为 1.6mA,因此,电阻 R_2 中总电流为 (0.1+1.6)mA,于是可求出 R_2 为:

$$R_2=(V_{CC}-V_B)/(I_B+I_{R1})=12-1.6/(0.1+1.6)\times10^{-3}\approx6.2(k\Omega)$$

这些常数的计算要求没有那么严格。

6.4.3 输出调谐电路的设计

　　输出调谐电路的目的不是产生谐振,而是形成振荡电路必要的电抗(电感性或电容性),第二个目的是滤除高次谐波,这样可以得到更接近正弦波形。

　　对于 LC 谐振的典型科耳皮兹式振荡电路,若输出调谐电路的阻抗不是电容性,则不能产生振荡,电路设计时,求出在振荡频率 f_0 处能谐振的 L 与 C 的值,L 或 C 值稍微偏移一点就成为电容性。

　　晶体管集电极负载电阻 R_L 由输出取多高电平决定,若输出功率 P_0 为 100mW(+20dBm),则 R_L 为:

$$R_L\leqslant(V_{CC}-V_E)2/2P_0=(12-1.6)/200\times10^{-3}=540.8(\Omega)$$

然而,实际上考虑到损耗,包括线圈等耦合电路的损耗,设计时负载电阻 R_L 的阻值假定比计算值低一些,这里 $R_L=500\Omega$。

　　若负载为高阻抗(数千欧以上),输出调谐电路不需要次级线圈,但为了降低阻抗,需要增设匝比为 $n:1$ 的次级线圈。这时的计算方法与低频变压器相同,即计算阻抗比的平方根。

　　求出初级 L,用 n 除初级需要的匝数(由线圈构造与磁心特性决定)就可得到次级匝数。

这里,假定负载接的电阻 R_O 为 50Ω,线圈匝比 n 为:

$$n = R_L/R_O = 3.16(匝比 3.16:1)$$

谐振电路 L 及 C 的计算顺序如下:

有负载时电路的 Q 称为 Q_L,它为 5～10。于是电容 C 的电抗 X_C 为:

$$X_C = R_L/Q_L = 500/10 = 50(Ω)$$

因此,谐振频率 $f_o = 13.56\text{MHz}$ 时,电容 C 值为

$$C = 1/2\pi f_o X_C = 1/6.28 \times 13.56 \times 10^6 \times 50 = 234(\text{pF})$$

实际上从 E12 系列中选 220pF 电容。

若有负载时 Q 称为 Q_L,它为 5～10,则由

$$X_L = (Q_L^2/1 + Q_L^2)X_C \approx X_C$$

求出电感 L 为:

$$L = X_C/2\pi f_o = 50/6.28 \times 13.56 \times 10^6 = 0.586(\mu\text{H})$$

在高频绕线架上绕制这 $0.568\mu\text{H}$ 电感线圈,其匝数由绕线架直径与磁心特性决定(实例为 8 匝),根据

$$8 \text{ 匝}/3.16 \approx 2.5$$

则次级线圈为 2～3 匝即可。

对于谐振电路必要的 LC 值,一般较难实现计算的值,因此,使用可调电容或可以调整线圈电感的绕线架。

6.4.4 振荡工作与波形的确认

首先,将微调电容 CV_1 的容量大致调到中心值(电容调到中间),接通电源。这时示波器的探头接到电路输出端,观测电路波形。若电路不振荡,可考虑使输出调谐电路的谐振频率偏移一点,再次确认电路是否振荡。

若电路正常振荡,调节线圈 L 的磁心,并观测振荡输出振幅,由振幅最大值(谐振频率 f_o 时)将磁心设定为调进状态(f_o 比 $f_s \approx f_p$ 低时变为电容性)。

其次,调节微调电容 CV_1,使电路以所定振荡频率进行振荡,但调节调谐电路 220pF 电容时,振荡频率也有些微小变化。

照片 6.13 为输出波形,其中照片 6.13(a)是失真小的正弦波形,50Ω 负载时振幅为 $3.9\text{V}_{\text{p-p}}$。而照片 6.13(b)为高次谐波频谱,$2f_o$ 时高次谐波为 -45dBm,$3f_o$ 时为 -48dBm。

由照片可知,输出电平比设计目标的 $+20\text{dBm}$ 稍低一些(14.5dBm),原因是输出调谐电路的次级线圈实际绕 2 匝,比计算值 2.5 匝少 0.5 匝。

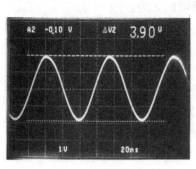
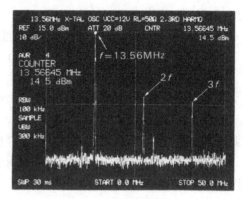

(a) $R_L=50\Omega$时振荡输出波形　　　　　(b) 谐波频谱

照片6.13　13.56MHz频率的晶体振荡波形

(这是图6.11电路的波形,得到的是失真小的正弦波形,50Ω负载时振幅为3.9V_{p-p}。观测谐波频谱可知,2f_0时谐波为-45dBm,3f_0时为-48dBm。输出电平比预定的低,这是由于输出调谐电路的线圈电感误差引起的)

6.4.5　输出带有缓冲器的电路

　　晶体振荡电路的特性大致由晶体振子本身特性决定,因此,选择振子时要注意这一点。尤其要注意温度特性,这时选用温度系数尽量小的切角(AT切割最好)的振子。

　　晶体振子电路也容易受电源电压变化的影响,直流偏置工作点变化较大时,振荡就停止,因此,工作电源要使用足够稳定的电源。

　　这里所示图6.11的实例是设计负载电阻为50Ω的情况,若负载变化时输出调谐电路的特性发生变化,因此,在后级接入固定衰减器(3~6dB损耗的衰减器,使其输出稳定),或增设发射极跟随器作为缓冲放大器均可。图6.12示出衰减器和缓冲

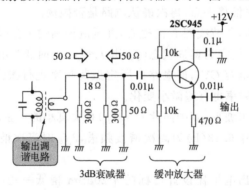

图6.12　高频振荡输出用的衰减器与缓冲放大器电路实例

(图6.11的振荡电路按50Ω负载设计,但负载变化时调谐电路的特性发生变化,因此,需要固定衰减器与缓冲放大器(发射极电压跟随器)电路,从而使负载稳定不变)

放大器的参考实例,缓冲放大器的输入阻抗比 50Ω 高时,需要增设匹配电阻
(50Ω)。

6.5　无电感线圈的晶体管晶体振荡电路

6.5.1　无电感线圈的振荡电路

对于前述的振荡电路,在输出调谐电路中需要电感线圈 L,如果不使用线圈也
能产生振荡的话,还是不使用的为好。晶体振荡电路中有多种可变参数,这里介绍
科耳皮兹振荡电路,但电路中不用常用的数兆赫频率线圈 L。

图 6.13 是从晶体管 Tr_1 的发射极到基极引入反馈的振荡电路。电路中,电容
C_1 与 C_2 之比率影响频率特性,因此,需要注意电路常数的设定。一般要选用 $C_1 >$
C_2 的常数,但首先考察一下电容之比率对振荡波形与振荡强度影响的实验。

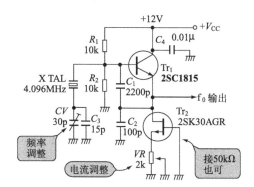

图 6.13　科耳皮兹晶体振荡电路(4.096MHz)

(该电路是 $C_1 > C_2$ 状态时的振荡。为得到较好波形,需要 $C_1 > C_2$ 之比率为实验中的数
据。这里,振荡频率约为 4MHz,因此,晶体管的集电极电流为几 mA 即可,发射极使用
FET 构成恒流源电路,实际上也可以用电阻替代)

晶体振子在振荡频率处应为感性电抗,即等效电感线圈 L。因此,可通过与晶
体振子串联的可调电容 CV 对振荡频率进行微调。不需要调节时,将电容 CV 短
路,使晶体振子一端接地。

R_1 和 R_2 为晶体管 Tr_1 的偏置电阻,这里 Tr_1 的发射极电压大致设定为 $+V_{CC}/2$,
因此,选定 $R_1 = R_2$。

晶体管 Tr_1 的集电极电流 I_C 由 FET 管 Tr_2 构成的恒流偏置电路设定,比较
适合电流为几毫安数量级。这里用于实验,因此,用可调电阻 VR 对 I_C 进行调节。

在科耳皮兹振荡电路中,反馈电容 C_1 与 C_2 之比率非常重要,需要选用满足输

出波形与振荡强度两方面要求的值。

若要得到良好波形时 C_1 值较大,则振荡停止而电源电压升高。另外,V_{CC} 变化较大时也能稳定振荡,但这时波形产生失真。究竟重视哪一方面决定于 C_1 与 C_2 之比率。

需要采用 FET 管 Tr_2 构成恒流偏置电路,但这里为了研究减电压特性即电源电压下降时的特性,V_{CC} 即使变化,也需要恒流电路(电流约 1mA,与输出振幅有关)。当然也可以在 Tr_1 的发射极接一个电阻(约 $5.6kΩ$)替代 Tr_2,请根据确定的电源电压计算该电阻值。

6.5.2 4.096MHz 振荡电路的设计

振荡频率为 4.096MHz 时,电容 C_1 值按电抗为 $20Ω$ 左右($X_c = 1/2\pi fC_1$)设定常数,由此,电容 C_1 值为

$$C_1 = 1/2\pi \times 4.096 \times 10^6 \times 20 \approx 2000 (pF)$$

但实际上是重视波形,需要由实验决定其值。

电容 C_2 的大致值是电抗为 $500Ω$ 左右,根据 C_1 值进行一些修改。

振荡频率微调通过与晶体振子串联的微调电容进行,选用 30pF 左右电容,因此,采用 15pF 固定电容与 30pF 半固定微调电容并联。

振荡电路用晶体管 Tr_1 的频率为 4MHz 左右,因此,选用几乎是常用的小信号晶体管,这里选用 2SC1815。

恒流偏置用 FET 管 Tr_2 选用 2SK30AGR,由 $2kΩ$ 半固定电阻调节其电流。

该振荡电路在负载稍有些变化时振荡频率发生变化,实际上请在后级接入如图 6.12 所示的发射极跟随放大器。

6.5.3 波形同 C_1 与 C_2 之比率的关系

现考察一下实际使用 4MHz 频率晶体振子的振荡电路的实验情况,晶体管的集电极电流,例如,1mA 电流由可调电阻 VR 设定,用电流表测量电源电流并进行调节。Tr_1 的基极电流非常小,这里忽略不计。

照片 6.14 是实际工作波形,如上所述,电容 C_1 值与波形失真有关。$C_1 = 470pF$ 左右时电路能可靠振荡,但波形失真相当大,如照片 6.14(a)所示。然而,减电压特性非常好,如图 6.14 所示,电压 V_{CC} 降到 2V 还能进行振荡。

C_1 的容量较大时,为 2200pF(XC 即 $1/\omega C = 17.6Ω$),可以得到如照片 6.14(b)所示的失真小的正弦波形。然而,电源电压下降到约 5V 时就停止了振荡。

这样,若科耳皮兹电路的波形好,则振荡工作不容易稳定;反之,确实能振荡,但波形失真大。为此,要根据使用目的与条件选用 C_1 值。

经验对振荡电路非常重要,这已经多次讲过,尤其是 LC 谐振电路及 RC 正弦波振荡电路,在决定常数时关键未必是一种参数,但不要忘记这毕竟是经验。

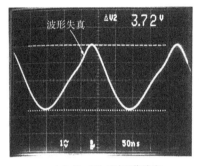

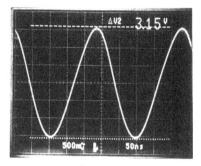

(a) C_1=470pF时工作稳定   (b) C_1=2200pF时波形良好

照片 6.14   4.096MHz 的晶振波形

(这是图 6.13 电路的波形,改变 C_1 与 C_2 之比率可以确认波形的不同。$C_1 = 2200$pF,$C_2 = 100$pF 时波形良好。但这时电源电压约为 5V 时振荡停止。C_1 与 C_2 及减电压特性,与波形的平衡等非常重要)

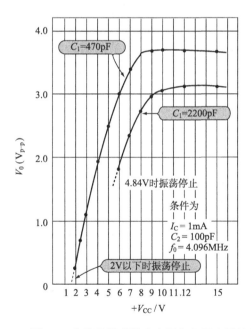

图 6.14   图 6.13 电路的振荡输出电平与电源电压的关系

(这是图 6.13 电路中电源电压从 15V 大幅度下降时的特性。$C_1 = 470$pF 时,电源电压 V_{CC} 降到约 2V 电路还能稳定振荡,但 $C_1 = 2200$pF 时,电源电压稍低于 5V 就停止振荡,$C_1 = 2200$pF 时波形比较好,这时电源的稳定非常重要)

6.6　不用调整的晶体管晶体振荡电路

6.6.1　输出正弦波的简单电路

图 6.11 所示晶体振荡电路由输出调谐电路可得到高次谐波小的正弦波,但需要电感线圈 L。而对于不需要电感线圈 L 的图 6.13 的电路,高次谐波一般较大。因此,需要用纯度高即非常好的正弦波信号时,必需外接滤波器滤除高次谐波。然而,现在介绍的不用调整的晶体振荡电路是不用电感线圈的振荡电路,而且得到高次谐波小的信号。

图 6.15 是基本的晶体振荡电路,若将晶体振子看作线圈 L,则就变成科耳皮兹振荡电路的结构。

电路中,为了对于晶体管诸多参数变化时能使振荡频率稳定,电容 C_1 与 C_2 在振荡频率处设定为小的电抗值(数百欧左右)。

振荡频率的微调整通过微调电容 CV_1 进行,这里观测一下波形,即使 Tr_1 发射极输出波形失真,但由于晶体振子的机械 Q 值非常大,因此,输出良好的正弦波形。

晶体振子的 Q 值较大,振荡频率以外的高次谐波会得到较大比例的衰减,因此,只有基波成分(有高次谐波,波形就会失真),以更接近正弦波波形进行振荡。

然而,由于振荡电路的阻抗非常高,输出不能直接供给负载。输出一定要通过阻抗缓冲器,当然,即使由图 6.13 所示电路那样的 Tr_1 发射极输出,很好地选择工作点也能得到失真小的输出波形,但振荡工作不稳定。电源电压下降时有时振荡停止。

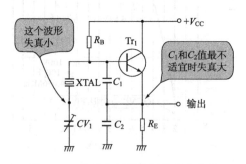

图 6.15　科耳皮兹晶体振荡基本电路

(若将晶体振子看作线圈,就变成克拉普振荡电路(参照第 5 章图 5.1)。若将可调电容 CV_1 短路,就变成科耳皮兹式 LC 振荡电路。该电路实际上是用图 6.13 进行的实验,但波形失真特性是现在的情况)

6.6.2 1MHz 频率振荡时电路常数与元器件的选用

图 6.16 是不用调整的晶体管晶体振荡电路。电路中,晶体管 Tr_1 用于振荡。这里,振荡频率较低,为 1MHz,因此,使用一般的晶体管也能产生振荡,选用 2SC1815 晶体管。Tr_1 工作点对应的集电极电流约为 1mA,若 $I_C=1mA,V_{CC}=5V$,则发射极电阻 R_E 为:

$$R_E \approx \frac{(V_{CC}/2)}{I_C} = \frac{2.5}{10^{-3}} = 2.5(k\Omega)(2.2 \sim 2.4 k\Omega)$$

基极偏置电阻 R_B 要选用高阻值电阻,以免影响振荡电路,若 Tr_1 与 Tr_2 的 h_{FE} 为 100,则 R_B 为:

$$R_B = \frac{(V_{CC}/2) - V_{BE}}{I_C} h_{FE} = \frac{1.9 \times 100}{10^{-3}} = 190(k\Omega)$$

实际上也有根据晶体管的电流放大系数 h_{FE} 的大小进行选用,若 h_{FE} 为 100 以上,R_B 选用 $200 \sim 300 k\Omega$ 电阻。

晶体管直流工作点多少有些变化也不会出问题,由于电源电压为 5V,各自晶体管的发射极电压约为电源电压 V_{CC} 的一半,为 $2.0 \sim 3.0V$ 即可。

以上求出与直流工作点有关系的常数,但计算值没有必要那么严格。

下面计算决定交流工作的电容值。

C_1 和 C_2 是用于正反馈电容,选用时如图 6.13 所示那样 $C_1 \geqslant C_2$,通常是 $C_1 = C_2$ 到 $C_1 = C_2/5$ 的范围。该值容易产生振荡,并与波形有关,根据经验选用 $C_1 \approx C_2/2$。

C_1 的电抗选为数百欧,因此,若振荡频率为 1MHz,则有

$$X_C = 1/2\pi f_o C_1 = 159\Omega$$

于是有

$$C_1 = 1/2\pi f_o XC = 1/6.28 \times 1 \times 10^6 \times 159 = 1000 \times 10^{-12}$$

C_2 值为该值的 1/2,即为 470pF。

电容 C_4 值与谐振(振荡)时输出电压有关,因此,由实验决定。C_4 值小时,谐振时电抗变大,得到较大输出电压;反之,C_4 值大时,输出电压变小。

也可以根据输出电压的振幅计算出 C_4 电抗为数千欧时的值,设定 C_4 值使 Tr_2 发射极跟随器输出电压波形不失真。

假定 C_4 为 51pF,则 $XC_4 \approx 3k\Omega$,但振幅过大时 C_4 要为该值以上(100pF)。但振荡频率比本来的频率低,因此,电容 C_3 与半固定电容 CV_1 并联对频率进行微调,调到准确的振荡频率。

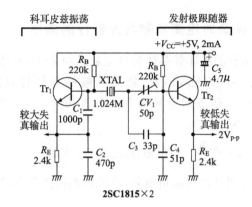

图 6.16 波形失真小的晶体振荡电路(1.024MHz)

(初看一下电路比较复杂,因此,可将电路分成左右两部分进行分析。左边是图 6.15 所示的科耳皮兹振荡电路,晶体振子与可调电容 CV_1 的连接处为低失真波形,因此,通过由发射极跟随器构成的缓冲器输出低失真波形。还是用试探法决定 C_1 与 C_2 之比率来确认波形失真即可)

6.6.3 1.024MHz 时 $C_1 \gg C_2$ 的实验情况

该电路不用电感线圈 L,因此,作为晶体振荡电路最适宜低频应用。这里,进行振荡频率为 1.024MHz 的实验。

直流偏置电路是简单的发射极跟随器电路,可估算出电路常数。另外,电容 C_1、C_2、C_4 与振荡频率有关,尤其要考虑振荡输出振幅与波形失真决定 C_1 与 C_2 之比率,需要用试探法进行决定。例如,主要考虑振荡稳定性(电源电压与环境温度的变化)时 C_1 与 C_2 之比率设定较小;重视波形失真时 C_1 与 C_2 之比率设定较大($C_1 \gg C_2$)。

这里,波形不是从主振荡电路的发射极输出,因此,$2C_1 = C_2$ 时电路稳定工作。从晶体振子的一端经由缓冲放大器能输出失真小的正弦波。

照片 6.15 是实际的工作波形,其中(a)的上边是 Tr_1 发射极的输出波形,波形失真相当大(通过改变 C_1 与 C_2 值,可使波形失真小),Tr_2 输出((a)的下边)是失真小的波形。

振荡频率随晶体振子不同有些偏差,但通过调节 50pF 半固定电容,可使振荡频率为 1.024 00MHz。

振荡电路的输出振幅随 C_3 和 C_4 值变化,$C_4 = 15pF$ 时可以得到输出振幅约 $2V_{p-p}$($V_{CC} = 5V$,负载开路)波形。

这里介绍的晶体振荡电路与一般的高频 LC 振荡电路一样,有不太好的输出振幅限制功能,输出振幅与电源电压成比例。因此,需要使用稳定电源供电(消耗电流少,因此,可使用 78L 类三端稳压器)。

直流偏置电路设计 $V_{CC}=5V$,$I_c=1mA$,但 $V_{CC}=4V$ 左右开始振荡(振荡不稳定),若电源电压升高,输出振幅也与 $V_{CC}=12V$ 成比例增大,当然消耗电流也增大,电源可用到 $V_{CC}=12V$ 左右。

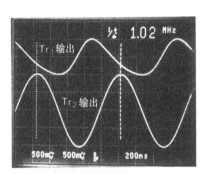

(a) V_{CC}=5V时输出波形

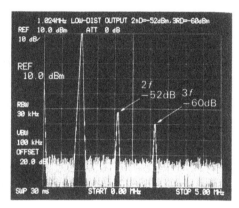

(b) Tr_2的输出高次谐波

照片 6.15 图 6.16 振荡电路的波形(1.024MHz)

(由(a)下边波形可知,得到相当低失真的非常好的正弦波输出波形。(a)上边是振荡电路晶体管 Tr_1 的输出波形,波形产生失真。照片 6.14 就是这样波形。这就证实了观察(a)下边波形的高次谐波失真就是照片(b)观察到的低失真波形)

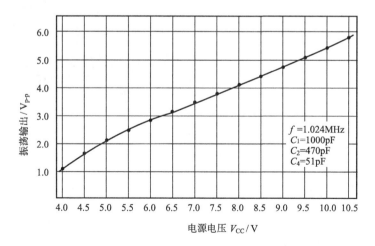

图 6.17 图 6.16 的电源电压与振荡输出振幅的特性

(对于图 6.16 的电路,电源电压需要 4V 以上。输出振幅与电源电压成比例增大,因输出振幅稳定时,电源电压的稳定非常重要。$V_{CC}=12V$ 左右时这个电路工作非常好)

6.7　谐波晶体振荡电路

6.7.1　何谓谐波振荡

　　晶体振子以基波方式进行振荡其频率界限为 20MHz 左右,需要的频率在这界限以上时,将振荡输出频率进行倍频的方法,可得到高频输出。

　　然而,倍频电路的元器件多而复杂,而且需要调节,若频率约为 100MHz 以下,用现在介绍的谐波振荡电路,可以直接以基波的 3 倍、5 倍、7 倍的频率进行振荡。

　　晶体振子等机械振子中除基波谐振外还存在有称为副振荡频率的振荡,这就是寄生振荡。谐波振荡电路就是有效利用寄生的电路,尤其是晶体振子具有 3,5,7 等奇次谐波的谐振特性。

　　照片 6.16 是 100MHz(基波为 20MHz)晶体振子的阻抗频率特性。串联谐振频率时阻抗最小,因此,示波器显示屏上边出现峰值。

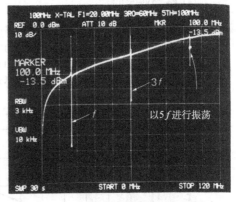

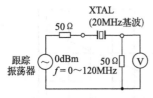

(a) 晶体振子的阻抗特性测试电路　　　　　　　　(b) 晶体振子的高频寄生振荡

照片 6.16　晶体振子的阻抗特性

(跟踪振荡器对晶体振子施加 0～120MHz 频率信号,若测试其阻抗特性,由照片(b)所示可知,除基波的 20MHz 频率以外,还暗藏有 $3f$ 的 60MHz、$5f$ 的 100MHz 的振荡频率。利用副振荡频率就有可能产生谐波振荡)

　　这里使用的晶体振子的基波频率为 20MHz,基波时阻抗变化量也大,3 倍(60MHz)、5 倍(100MHz)等这样频率越高,阻抗变化量越变小。然而,由于频率具有准确 3 倍、5 倍的关系,增设频率选择性的 LC 谐振电路等,由此可以直接以 $3f_0$,$5f_0$,$7f_0$ 倍频率进行振荡。

　　如上所述,即使称为谐波振荡电路,也不是特殊的电路形式,若 6.4 节介绍的皮尔斯 C-B 电路的输出调谐电路的谐振频率为 $3f_o$,$5f_o$,则可以进行谐波振荡。

这里,介绍的实例是频率为数十兆赫以上而工作稳定的科耳皮兹振荡基本电路。

6.7.2 100MHz 的谐波振荡电路

图 6.18 是 VHF(30~300MHz)频段经常使用的科耳皮兹晶体振荡电路。若该电路为基极接地(基极-地之间接有旁路电容)工作方式,则变成第 5 章介绍的 LC 振荡电路,但这里基极不接地,而是接晶体振子。

C_1 和 C_2 是用于振荡工作的反馈电容,通过改变 C_1 与 C_2 之比率就可改变振荡强度。C_3 是用于调节谐振频率的半固定微调电容,改变电感线圈 L 时电容 C_3 必需固定。

该电路的谐振频率包括 C_1,C_2 及电路杂散电容,晶体管集电极输出电容 C_{ob} 等影响的频率。因此,振荡频率为 100MHz 量级时需要一些调节。

对于高频谐波振荡电路,需要在振荡频率下具有足够电流增益的晶体管。例如,对于 100MHz 振荡频率,若使用 f_T(电流增益为 1 时的频率)为 100MHz 的晶体管,电路不能正常工作,需要 f_T 大致为 $5f_o$~$10f_o$ 的晶体管。

图 6.18 采用的直流偏置电路是最一般的工作方式,这是在基极-地之间接有温度补偿二极管。另外,若振荡频率变为 100MHz,晶体管集电极电流也要设置得较大,设定为 5~10mA。

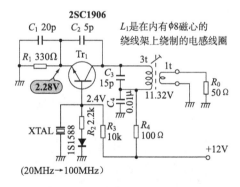

图 6.18 100MHz 的谐波晶体振荡电路

(基本上类似于图 6.11 的科耳皮兹振荡电路,但输出调谐电路的构成是 100MHz 的谐振形式。对应 100MHz 需要 $f_T=5f_0$ 以上的晶体管。使用的晶体振子的基波为 20MHz,但必需注意,要根据谐波为 100MHz 振荡购买晶体振子)

6.7.3 调谐电路中 L 与 C 的计算

100MHz 振荡电路中输出调谐电路的阻抗设定较低,为 50~100Ω。若电抗为 75Ω,则可求出 L 和 C,即

$$L＝XL/2\pi f_{\circ}＝75/6.28×100×10^6＝0.12(\mu H)$$
$$C＝1/2\pi f_{\circ}XC＝1/6.28×100×10^6×75＝21.2(pF)$$

对于谐振电容,若不考虑扣除正反馈电容 C_1 和 C_2、晶体管集电极输出电容 C_{ob}、接线杂散电容 C_S,则振荡频率低于 100MHz。因此,与线圈 L_1 并联的 C_3 可根据下式进行计算,即

$$C_3 \approx C-(C_1 \mathbin{/\mkern-5mu/} C_2+C_{ob}+C_s)$$

然而,C_1 和 C_2 的准确值难以求出,大体上是 $C_1 \geqslant C_2$,因此,C_1 为数十皮法,C_2 就为数皮法的数量级。例如,振荡频率为 100MHz,电容为 5pF 时电抗 $XC＝$ 318Ω,20pF 时 $XC＝80Ω$。而 C_1 和 C_2 之比率与振荡强度有关,对于电源及输出调谐电路的变化,其比率设定使电路能稳定振荡。

振荡电路的晶体管选用 $f_T＝600MHz$ 的 2SC1906,其特性如第 5 章图 5.9 所示,集电极工作电流为 7mA。

输出调谐电路的线圈是在内有 $\phi 8$ 磁心的绕线架上绕 3 匝导线,其电感量约为 $0.12\mu H$,次级绕 1 匝导线。使用无磁心的空心线圈时,可用 30pF 左右的微调电容替代 C_3 即可。

照片 6.17 是实际振荡输出波形,可得到约 $4V_{p\text{-}p}$(50Ω 负载)输出振幅的波形。

调整时,转动磁心使其为最大位置那样设定振幅,磁心的可调范围很宽,但完全推进去的状态振荡停止。在维持振荡范围内调节磁心时频率变化约±0.005%,可以准确调到 100.000MHz 频率进行振荡。

电源电压变化引起频率变化,电源电压变化±1V 时频率变化为±0.000 23%(±23Hz)。然而,当手靠近电路时实际的频率变化较大,真正使用时要采取相应措施,在电路外围安上屏蔽板或如图 6.19 所示那样,将其电路放在金属罩内。

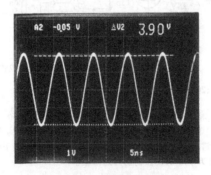

照片 6.17　100MHz 谐波振荡波形($R_L＝50Ω$)

(这是图 6.18 振荡电路的波形,使用 20MHz 晶体振子构成 100MHz 的振荡电路。用晶体得到的频率一般可到 20MHz,例如,若改为 30MHz 晶体,则变成利用 10MHz 基波的 3 次谐波的电路,也可以得到足够大的振幅)

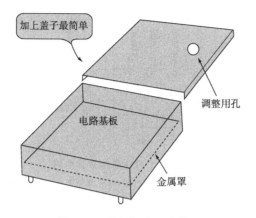

图 6.19 高频振荡电路模块

（高频振荡电路中到处存在的分布电容、杂散电容等影响着振荡频率。另外，输出大就变成故障噪声。对此采取措施是使振荡电路小型化，将其放在金属罩内）

6.8 利用 LC 滤波器的正弦波振荡电路

6.8.1 方波变为正弦波的电路

用陶瓷与晶体振子简单构成振荡电路时，使用 CMOS 反相器构成的电路工作可靠，多用作几乎不用调节的简单振荡器，这就是图 6.3 介绍过的电路。

然而，这种电路输出波形一般为方波，限用于数字电路中的时钟信号，不能得到正弦波的输出。

这里，介绍输出为正弦波的电路，它是 CMOS 反相器构成的振荡电路其后级接有 LC 滤波器的电路。

图 6.20 是正弦波发生电路，该电路不采用运算放大器等模拟集成电路。晶体振荡电路由标准的 CMOS 反相器（74HC04）构成，晶体振子使用 8MHz 器件。而且，晶体振荡电路的输出由二进制计数器 IC（74HC161）进行分频，可得到 4MHz，2MHz，1MHz，500kHz 频率输出信号。

该实例是输出 1MHz 的正弦波，计数器 IC 输出兼有缓冲器的作用，增设由 3 反相器并联输出的放大器，从而驱动低通滤波器。

方波可以认为是图 6.21 所示高次正弦波的合成，反之，若由方波抽出高次谐波，则可以得到正弦波，为此，可通过滤波器将方波变为正弦波。

说到滤波器，一般认为是使用运算放大器的有源滤波器，若截止频率为 MHz 数量级，则有源滤波器对运算放大器等要求的高频特性非常严格。滤波器有各种方式，但这里使用 LC 滤波器中的恒定 K 型低通滤波器，其特征是设计方法非常简单。

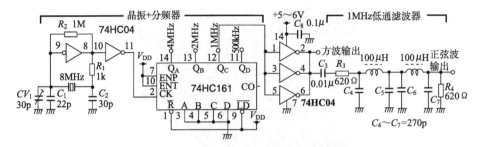

图 6.20　1MHz 晶体振荡电路

(图左边是 CMOS 反相器构成的晶体振荡电路,其原理与图 6.3 介绍的陶瓷振子构成的电路相同。图右边是方波振荡波形变换成正弦波的低通滤波器,这里是抽去高次谐波变成正弦波。由于是反相器并联,因此,降低了阻抗)

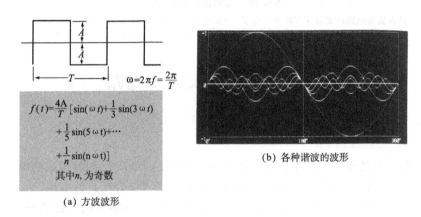

(a) 方波波形

(b) 各种谐波的波形

图 6.21　方波是高次正弦波的合成

(由图(a)可知,方波是正弦波的合成波形,其振幅是基波的奇次倍频率波形振幅的合成。图(b)是各频率的正弦波,将其合成构成方波。n 越大,合成的波形越接近方波。反过来考虑可知,去掉方波中高次谐波就变成正弦波)

6.8.2　占空比为 50% 的方波

这里使用的 LC 滤波器是驱动阻抗与负载阻抗相等的滤波器,因此,要注意滤波器本身的 6dB(1/2)的损耗。

将含有多个高次谐波的方波变换为正弦波时,对滤波器的截止频率特性要求不那么严格,得到对称波即占空比相等的波形,然后将此输入低通滤波器。若使用对称波,则没有 2 次、4 次、6 次等偶数谐波,因此,其子滤波器的设计非常简单。

CMOS 反相器构成的晶体振荡电路与图 6.4 介绍的陶磁振子构成的振荡电路相同,电路常数如图 6.20 所示。其中用于稳定工作的限制电阻 R_1 为:

$$R_1 \approx 1/2\pi C_2 f_o = 630\Omega$$

但其值要求不那么严格,断开时其值为 $1k\Omega$。振荡频率微调电容 CV_1 为 30pF。

晶体振荡电路的反相器输出增设 1 级反相器并兼有波形整形作用,将此接到二进制计数器。

计数器 IC 的 74HC 系列有多种类型,为了得到对称波形,将得到占空比 1:1 输出的二进制型或 7490 型等 5 分频输出接到 2 分频。这里使用的是用得最多的同步式计数器 74HC161,其构成如图 22 所示。

使用二进制计数器 IC 的优点是输出频率容易改变,例如,计数器输出设有跳线端子,从而选择所确定的频率,同时只改变低通滤波器的常数就可以得到任意的正弦波。

(a) 引脚配置图

信号名称	管脚号	输入/输出	功能	信号名称	管脚号	输入/输出	功能
A	3	输入	数据预置输入端 (LSB)	$\overline{LOAD}$	9	输入	用于计数器中预置A~D数据的输入端,"L"预置,"H"计数
B	4	输入	数据预置输入端				
C	5	输入	数据预置输入端				
D	6	输入	数据预置输入端 (MSB)	CARRY OUT	15	输出	进位信号
Q_A	14	输出	计数器输出(LSB)	ENP	7	输入	计数控制输入端,"H"计数,"L"停止计数
Q_B	13	输出	计数器输出				
Q_C	12	输出	计数器输出				
Q_D	11	输出	计数器输出(MSB)	ENT	10	输入	计数控制输入端,"H"计数,"L"停止计数
Clock	2	输入	计数用时钟输入				
$\overline{Clear}$	1	输入	计数器复位输入,"L"复位,"H"计数	V_{CC} GND	16 8	—	电源地

(b) 引脚功能

图 6.22 典型的分频器集成电路 74HC161

(这是典型的 4 位二进制计数器。由于时钟与输出变化同步,因此,也称为同步计数器。所谓 4 位计数器就是 Q_A 输出端为 2 分频输出,Q_B 输出端为 4 分频输出,Q_C 输出端为 8 分频输出,Q_D 输出端为 16 分频输出)

6.8.3 接 LC 滤波器时输出阻抗降低的情况

对于该振荡电路,可任意设计滤波器的特性阻抗,用计数器 IC 输出中剩余的 3 个反相器并联构成缓冲放大器,方波输出的阻抗降得很低。由图 6.23 可知 74HC 系列 IC 的输出阻抗大致为 50Ω,因此,3 个反相器并联其输出阻抗降至约为 17Ω。

若缓冲放大器的输出阻抗非常低,则连接一个决定电路输出阻抗的任意电阻,可以选择 50Ω 至数千欧的特性阻抗,尽量选用 50Ω 或 75Ω,150Ω,300Ω,600Ω 的标准值。

C_3 是缓冲放大器与滤波器耦合时的隔直电容,对于输出频率选择足够小的电抗容量。例如,$f_o=1\mathrm{MHz}$ 时 $0.01\mu\mathrm{F}$ 电容的电抗为

$$XC=1/2\pi f_o C_3=16\Omega$$

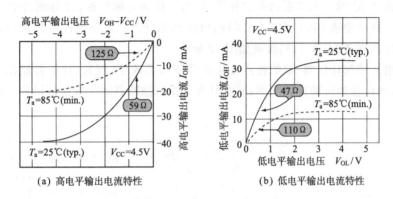

(a) 高电平输出电流特性　　　　(b) 低电平输出电流特性

图 6.23　74HC 系列的输出特性

(若已得到输出电流,仅知道输出级产生的电压降,由此就可求出输出电路的输出阻抗。对于 74HC 系列,由图可预测阻抗为 50Ω 左右($T_a=25℃$)。因此,若将 3 个反相器并联,则预测输出阻抗降到约 17Ω($50\Omega/3\approx17\Omega$)。温度升高则输出阻抗增大)

6.8.4 π型恒定 K 滤波器的设计

图 6.24 是基本的 π 型滤波器,图 6.24(a)是 1 级恒定 K 型低通滤波器,图 6.24(b)是 2 级恒定 K 型低通滤波器。其中,R_1 为驱动阻抗,R_2 为终端阻抗。

图 6.24(a)的 1 级恒定 K 型低通滤波器由线圈 L_1 与电容 C_1 和 C_2 等 3 个电抗元件构成,因此,可得到 18dB/oct(6dB×3)的滤波器衰减特性。各常数可按下式进行计算,即

$$R_1=R_2=R,$$
$$2\pi f_o L_1=R,$$
$$C_1=C_2=C$$

不是先决定特性阻抗,而是假定容易得到的固定电感 L_1 值,由此计算

$$2\pi f_o L_1=R$$

滤波器特性阻抗 R 值选为 50Ω 以上而 $1\mathrm{k}\Omega$ 以下。例如,$L_1=100\mu\mathrm{H}$,则有

$$2\pi f_o L_1=6.28\times10^6\times100\times10^{-6}=628(\Omega)$$

从 E24 系列电阻值中选 620Ω。

因为,电抗 $XC=628\Omega$,$f_o=1\mathrm{MHz}$ 时电容 C 值为

$$C=1/2\pi f_o R=1/6.28\times10^6\times628=253.4(\mathrm{pF})$$

恒定 K 型滤波器的截止频率一般不是 $-3\mathrm{dB}$ 处对应的频率,因此,求出的常数

或截止频率要加上系数。

照片 6.18 是图 6.24 所示的滤波器特性,照片 6.18(a)是 f_0＝1MHz, C＝270pF 时的衰减特性,截止频率(－3dB 处)约 1.5MHz,这时认为平坦频段为 f_0＝1MHz。

与波形失真有关的 $3f_0$＝3MHz 时可得到约 24dB 的衰减特性。为了使波形更接近正弦波,需要使 $3f_0,5f_0,7f_0$ 的奇次谐波有较大衰减,但这时滤波器的级数就得增多。

图 6.24(b)是 2 级级联 π 型滤波器实例。常数计算方法与 1 级时相同。电容 $C_1 \sim C_4$ 的容量相同,但 C_2 与 C_3 并联连接,因此,容量就为 $2C$。

照片 6.18(b)是这时的衰减特性,与 1 级滤波器相比有非常尖锐的衰减特性,$3f_0$ 时衰减约为 46dB。若采用几级这样滤波器就能得到实用的正弦波。但是,截止频率附近的特性比 1 级滤波器稍低些,请注意偏移点。

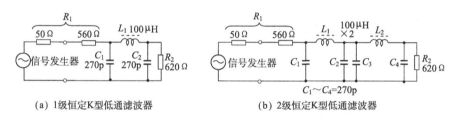

(a) 1级恒定K型低通滤波器　　　　(b) 2级恒定K型低通滤波器

图 6.24 π 型 LC 滤波器的结构

(对于恒定 K 型滤波器,截止频率特性也随负载阻抗不同而变化。因此,实际上一般先决定容易得到的 L 与 C 值,最后决定电阻值。1 级滤波器对于 2f 得到 12dB 的衰减特性,2 级滤波器对于 2f 得到 26dB 的衰减特性)

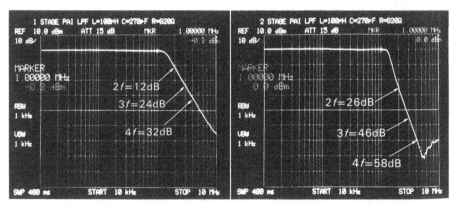

(a) 1级恒定K型低通滤波器的频率特性　　(b) 2级恒定K型低通滤波器的频率特性

照片 6.18 π 型 LC 滤波器的截止特性

(这是 C＝270pF 时图 6.24 所示滤波器的特性。－3dB 处(截止频率)不是 1MHz,而约为 1.5MHz,要注意这一点。振荡频率 f_0 为 1MHz,希望到该频率为平坦特性)

截止频率稍有下降特性还是非常好,但考虑元器件的差异性,这种程度即可。

6.8.5　输出波形的评价

方波是基波、各高次谐波的合成波形,若对该波形逆向分析,则可以得到无限多的高次谐波。

照片6.19是图6.20电路的波形,其中,照片6.19(a)是示波器观测的波形,照片6.19(b)和照片6.19(c)为频谱波形。照片6.19(a)的上边是滤波器输入波形,下边是正弦波输出波形。用目测这为纯度高的正弦波形。与方波的相位有偏移,这是通过了滤波器,当然有相位滞后。

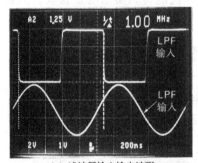

(a) 滤波器输入输出波形

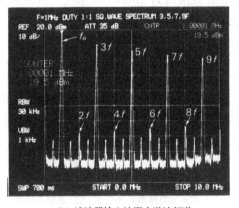

(b) 滤波器输入波形中谐波频谱

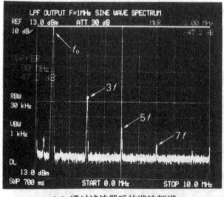

(c) 通过滤波器后的谐波频谱

照片6.19　对谐波的滤波效果

(这是示波器观测的波形,得到非常好正弦波。用频谱分析仪可以观测谐波即失真大的波形,如(b)和(c)所示。方波占空比最好为50%,因此,偶次谐波变小。谐波的滤波效果对于3f,衰减量为-47dB,该值一般足够大)

由照片6.19(b)可见,方波是占空比1∶1的波形,由此可知,偶次谐波频谱衰减很大。谐波次数变高,则奇次谐波逐渐衰减,但不能衰减到零。若从具有多次谐波的波形中滤除 3 次、5 次、7 次、9 次等谐波,输出仅是基波,因此,可得到纯度高的正弦波。

照片 6.19(c)是正弦波输出的谐波频谱。对于 $3f_0$ 其衰减为 -47dB,因此,可得到纯度高的正弦波形。滤波器输入波形中几乎不包含偶次谐波频谱,当然也不能见到这样的波形。

下面确定一下滤波器频率特性偏移是多少。

照片 6.20(a)示出输入频率为实验用 1MHz 频率的一半即 500kHz 时输出波形。3 次谐波(1.5MHz)的衰减量也不到 10dB,因此波形发生畸变。

滤波器截止频率向低频移动时,若输入频率为 4MHz(2MHz 的 2 倍),则基波大幅度(约 26dB)衰减。照片 6.20(b)只得到较小输出振幅(波形变为正弦波)的波形。

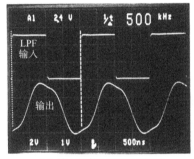
(a) 输入频率为500kHz时波形

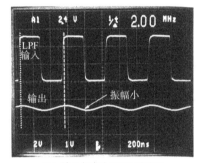
(b) 输入频率为2MHz时波形

照片 6.20　方波频率与滤波特性的较大偏移

(对于这种电路方式,若方波的频率与滤波器频率有偏移,则不能恢复正弦波。实例中,
(a)示出 500kHz 输入时的波形,波形明显失真,原因是谐波不衰减。(b)是 2MHz 输入时
一直到基波都衰减,这都与滤波器特性有关)

第7章 函数发生器设计

电压控制频率应用于振荡电路有很大的发展,在电压控制振荡电路中除了与 PLL 频率合成器组合使用而频率可变范围较小的 VCO(第8章介绍)以外,还有与控制电压准确成比例而频率变化范围较宽的 VCO,这称为电压-频率(V/F)转换器或函数发生器。

7.1 简单的单片 V/F 转换器

7.1.1 何谓 V/F 转换器

VCO 的变化特性如图 7.1 所示的线性特性,一般称为 V/F 转换器,这种 V/F 转换器也经常作为振荡器,可得到与输入电压成比例的频率输出,因此,多用作一种 A/D 转换器。稍有些离题,如图 7.2 所示那样,若 V/F 转换器与计数器组合,就能实现 A/D 转换器的功能。

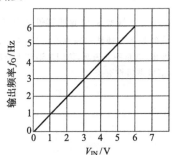

图 7.1 V/F 转换器的工作关系曲线

(电压与输出频率是非常好的比例关系。不称为振荡器,而称作转换器比较理想,输出波形是脉冲波或方波)

V/F 转换器有很多意想不到的用途,作为通用集成电路的产品已经商品化了。图 7.3 是其中一种典型的 V/F 转换器 LM331 的框图,该电路的 1.9V 基准电源、电流开关、比较器、触发器等都成为单片化产品,只用单个正电源可使其作为 V/F 转换器工作。也就是说,若输入为输出频率相应的电压,则可得到所预定频率的振荡输出。但输出是脉冲波或方波。

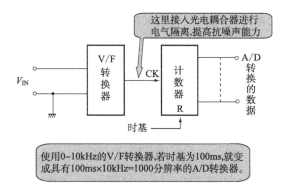

图 7.2 用于 A/D 转换器的电路

（电压与频率的关系也可以用作准确的 A/D 转换器的实例）

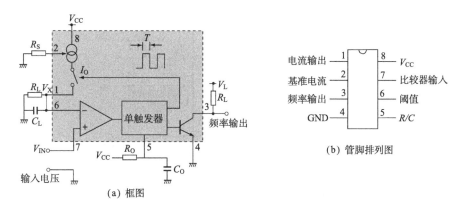

图 7.3 LM331 的框图与管脚排列图

（LM331 是一种有一定历史的线性集成电路，它是著名的国家半导体公司的产品。若使用
上采取相应措施，也可以反过来用作 V/F 转换器）

7.1.2 通用 V/F 转换器 LM331 的工作过程

图 7.3 所示电路中，比较器将 7 脚输入的正电压 V_{IN} 与 6 脚的电压 V_X 进行比
较。现假设输入电压 V_{IN} 高于 V_X，输入比较器为单触发器工作状态。

单触发器的输出接到逻辑输出部分，即开集电极晶体管与开关构成的电流源
I_o，在单触发器的周期 T 期间，逻辑输出低电平，同时电流从电流源流出。

若过了单触发器的周期 T，逻辑输出变为高电平，没有从电流源流出电流。这
时电流源结束对 R_L-C_L 充电电路供给电荷 $Q(Q=I_oT)$。若该电荷 Q 如 $V_X>V_{IN}$
那样使电压 V_X 增大，比较器再次工作于单触发器状态，电流源再次对 R_L-C_L 充
电电路供给电荷 Q，这个过程持续到 $V_X>V_{IN}$。

若 $V_X>V_{IN}$，电流源断开则电压 V_X 下降到 $V_X=V_{IN}$，这种动作 1 个周期才结束。

　　这样,V/F 转换器以稳定状态不断重复振荡,而且为保持 $V_X > V_{IN}$,电流源以足够快的速度为电容 C_L 供给电荷,因此,电容 C_L 的放电速率与 V_X/R_L 成比例,也就变成了电路工作频率与输入电压成比例。

　　图 7.4 是 LM331 实际的工作电路,R_S 为基准电流设定电阻,其阻值设为 14kΩ,这样,充电电流约 140μA,这时转换频率 f_o 可表示为

$$f_o = 0.486 \times \frac{R_S}{R_B R_0 C_0} \times V_{IN} (kHz/V)$$

式中,$R_0 C_0$ 是决定输出脉冲宽度的时间常数。若将图 7.4 的常数代入上式,则有 $f_o=$ 1kHz/V,由此可知,$V_{IN}=1V$ 时可得到 1kHz 的频率输出。照片 7.1 示出各部分的波形。

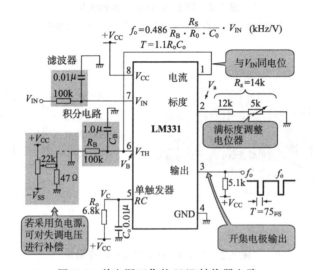

图 7.4　单电源工作的 V/F 转换器电路

(LM331 的特征是在 1 片芯片上可实现 V/F 转换,可以在 8～15V 单电源下工作)

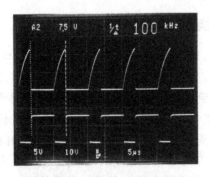

照片 7.1　LM331 的工作波形

(输出不是非常好的方波,而是脉冲列。作为 V/F 转换器没有问题。这是图 7.6 所示电路波形,输出频率为 100kHz,照片上方为 LM331 的 5 脚波形,下方为 3 脚波形)

转换频率变为 10kHz/V 时 $C_0 = 0.001\mu F$。通常 V/F 转换器只对正电压进行响应,因此,单电源工作时只用一个电源即可,但误差变大。图 7.5 是图 7.4 所示电路的输入输出特性,输入信号较小时,误差是由比较器失调电压引起的。

由厂家提供的应用电路可见,除图 7.4 所示的实例外,还提供了几个高精度化应用实例。感兴趣的读者,请浏览一下这些实例。作为参考,图 7.6 示出输入为 $0 \sim -10V$,相应输出 $0 \sim 10kHz$ 脉冲波的高精度 V/F 转换器实例。

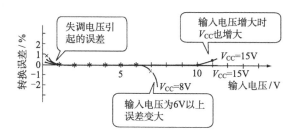

图 7.5 V/F 转换器的特性

(0.5% 以下的转换特性作为函数发生器已够用,但作为转换器精度有点低)

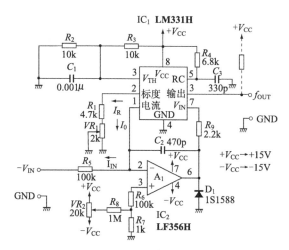

图 7.6 $0 \sim 100kHz$ 输出高精度的 V/F 转换器

(若增设 1 个运算放大器就可以提高精度,但需要双电源供电)

7.1.3 对应 1MHz 输出的 V/F 转换器 AD650

LM331 作为 V/F 转换器是比较通用的集成电路,实用的输出频率为 100kHz 左右。作为与最高输出频率相对应的 V/F 转换器有 AD650。

AD650 的内部电路框图与积分波形如图 7.7 所示,由框图可知它是由积分器、电流源、比较器、单稳电路等构成,它是一种电荷平衡式 V/F 转换器。

首先,输入电压经 R_{IN} 转换为电流($I_{IN} = V_{IN}/R_{IN}$),该电流对积分电容 C_{INT} 进行充电。随着充电的进行,积分器输出从地电平开始下降,当降到比较器的阈值电压($-0.6V$)时单触发器被触发动作。

该瞬间,接在现今积分器输出端的开关 S_1 转到积分器的加法接点((一)输入),单触发器输出高电平期间积分器复位。

单触发器输出返回到低电平时 S_1 反转,而且开始积分,重复这一连续的动作。这时积分时间(T_1)变成与输入电压的关系,即进行 V/F 转换。

该电路的特征是 S_1 转换到任何接点,运算放大器本身输出电流互为相等($1mA\text{-}I_{IN}$),S_1 转换时晶体管的瞬变过程非常短。实际的积分器输出与输出波形的关系如照片 7.2 所示。

图 7.7 的电路成为 1MHz 满标度专用电路,但用于低于 1MHz 的满标度频率时,可按以下方法计算元器件常数。

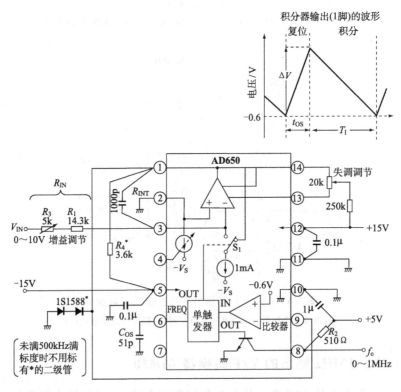

图 7.7　1MHz 满标度的 V/F 转换器 AD650 的等效电路与积分波形

(这是在 LM331 中增加一个运算放大器而得到高精度的集成电路,最大特征是频率可到 1MHz)

首先,积分电容(C_{INT})按下式求出,即

$$C_{INT}(F) - 10^{-4}(F)/f_{max}(Hz)$$

但要使用容量超过 1000pF 的电容。

上拉电阻 R_2 的阻值按吸收电流不超过 8mA 设定。

最后确定输入电阻 R_{IN} 与单触发器电容 C_{os} 的值,这两个参数决定满标度频率与线性。因此,其值非常重要,可根据图 7.8 求出,但一般 R_{IN} 和 C_{os} 的值越大精度越高。

图 7.8 示出输入量程为 0～10V 时满标度频率与 C_{os} 之间关系,满标度频率由输入满标度电流决定,例如,0～1V 量程时,可考虑电阻值为其 1/10。

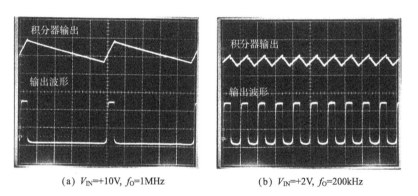

(a) V_{IN}=+10V, f_O=1MHz   (b) V_{IN}=+2V, f_O=200kHz

照片 7.2 积分器输出与输出波形(上边为 0.5V/div,下边为 2V/div,1μs/div)

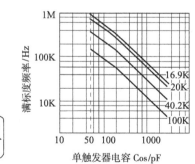

图中电阻值表示输入
量程为 0～10 V时输入
电阻 (R_{IN}) 的阻值

图 7.8 满标度频率与 C_{os} 之间关系曲线

7.2　简易函数发生器

7.2.1　函数发生器的构成

在宽带范围进行线性电压控制振荡时，采用上述的 V/F 转换器有简单的效果。然而若要得到方波与三角波的输出波形时，需要采用函数发生器的电路结构。

实际上，函数发生器的工作原理也与 V/F 转换器相同。图 7.9 是一般称为函数发生器的振荡电路框图，基本上是运算放大器构成的积分器与比较器组成的电路。

图 7.9 电路中，控制电压 V_C 的极性切换电路产生 $\pm V_C$ 电压，V_C 的极性由比较器的输出状态进行控制。

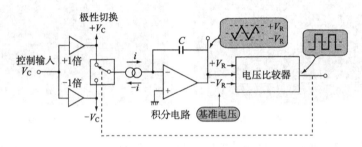

图 7.9　函数发生器的工作原理图

（积分电路和比较器电路是主要部分，通过基准电压 V_R 可使比较器翻转，若对积分电路输入电流的方向进行切换，则积分电路产生三角波，其周期与积分输入大小成比例。同时比较器输出方波。由于进行线性好的振荡，因此，可以用作线性电压-频率转换器）

首先，积分电路中运算放大器的输入电流 i 对电容 C 进行充电，这时积分器输出电压变化率（斜率）由

$$e_\circ = -i/C \ (\text{V/s})$$

决定。也就是说，输入电流 i 越大，则每单位时间的电压变化越大。这就是输出波形的斜率即三角波的频率应与 $\pm V_C$ 大小成比例。

然而，若电路按原样积分，不久输出电压就达到饱和并接近电源电压。在饱和之前，积分电压达到某基准电压 $\pm V_R$ 时极性切换电路反转，积分输入电流方向也反转，进行这种工作的就是比较器。

在 $+V_R \sim -V_R$ 之间重复这种动作，由此持续进行三角波振荡。

比较器输出是与三角波同步的方波，但输出电压的振幅是由比较器输出的限幅电路特性决定的。

振荡频率由控制电压控制的积分常数(由输入电压 V_C 产生的电流 i 决定)决定,转换成频率时要加上积分动作反转电压 $\pm V_R$。

图 7.10 是函数发生器的总电路图,图中,运算放大器 A_1 为极性切换电路,A_2 为反转积分电路,A_4 为电压比较器电路。

为了改善与控制电压的线性,在积分电路中接入电阻 R_5,由此增大了阻抗,可用缓冲放大器进行补偿,为此目的而增加运算放大器 A_3。但对于数千赫以下的 VCO 电路,由于电阻 R_5 为零,因此,可不接 A_3。

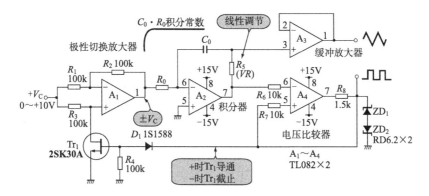

图 7.10 函数发生器的总电路图

(电路中使用的运算放大器为通用 BiFET 输入型,其特性等与第 4 章图 4.23 中的 TL072 相同。A_1 为极性反转放大器,Tr_1 导通时 A_1 变成增益为 -1 倍的放大器,截止时 A_1 变成增益为 $+1$ 倍的放大器。采用稳压二极管使比较器输出振幅稳定化,若使用 6.2V 稳压管,则可以箝位 $\pm 7V$ 的波形。R_5 为可调电阻,用于调节输出线性)

7.2.2 运算放大器构成的极性切换电路

图 7.11 是运算放大器构成的极性切换电路,反相(-1 倍)放大器与同相($+1$ 倍)放大器由 FET 进行切换。

对于 FET,这里使用 N 沟道 FET,当偏置电压为其本身的夹断电压 V_p 以上时,FET 为截止状态(漏-源极间电阻值非常高),而零偏置时 FET 为导通状态,漏-源极间电阻值为数百欧,也就是说,FET 相当于开关作用。

开关 FET 导通时该电路工作于反相放大器(若 $R_1 = R_2$,则增益 $A = -1$),控制电压 V_C 极性反转为 $-V_C$。

而 FET 开关为截止状态时,运算放大器的同相输入端直接串联电阻 R_3,若运算放大器的输入电流为零(实际上为几纳安数量级的电流),则控制电压 V_C 原样呈现在输出端。

若运算放大器不能正常工作时,要注意电阻 R_1 和 R_2 是否接好,当运算放大器正常反馈工作时二个输入端之间电位差应为零,因此,反相输入端电位为 $+V_C$,电阻 R_1 中无电流流通。也就是说,该电路的工作状态相当于普通的电压跟随器,即增益为 1.0 的放大器。

照片 7.3 是用 FET 开关控制 $f=20\text{kHz}$ 方波($0\text{V}, 7\text{V}$)时输入输出之间的关系,控制电压将输入 5V 的 V_C 电压变换为输出 $\pm5\text{V}$ 的方波。

实验时开关频率为 20kHz,因此,要注意 FET 的导通/截止延迟时间(尤其是导通时的波形)。该延迟时间由比较器产生,而比较器使用的是运算放大器,因此,响应时间由运算放大器的转换速率决定。

这样的电路难以高频化,只限定应用于数十千赫的场合。

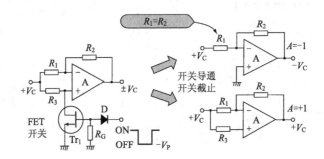

图 7.11　极性切换电路的工作原理

(这里示出的不是由比较器而是 FET 构成的开关。FET 导通时 $R_3 \gg R_{ON}$,因此,运算放大器工作于反相放大器,若 $R_1 = R_2$,则增益为 -1 倍。FET 截止时 $R_1 \rightarrow R_2$ 的路径无电流流通,因此,运算放大器工作于缓冲放大器即增益为 $+1$ 倍的放大器。也就是说,用 FET 开关可以切换 V_C 的极性)

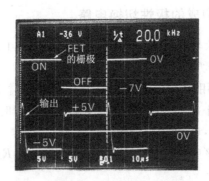

照片 7.3　极性切换电路的输入输出波形

(照片上方是 FET 开关 20kHz 的驱动波形,下方是运算放大器 A_1 的 $\pm V_C$ 输出波形。20kHz 对于运算放大器是速度相当高的开关频率,因此,开关出现延迟。若对波形进行整形可知,FET 导通时 A_1 输出 -5V(增益为 -1 倍),截止时输出为 $+5\text{V}$(增益为 $+1$ 倍))

7.2.3 积分电路中改善线性的方法

使用运算放大器的积分电路高频特性不好,因此,对于标准的电路要接入一个与积分电容串联的电阻 R_5,从而改善振荡频率对于控制电压的线性关系,而 R_5 的阻值由实验确定。

照片 7.4 是积分常数为 $C_0 = 2400\mathrm{pF}$, $R_0 = 10\mathrm{k\Omega}$ 情况下, $R_5 = 0\Omega$ 与 $1.2\mathrm{k\Omega}$(线性最佳时 R_5 的阻值)时频率特性之比较。 $R_5 = 0\Omega$ 情况下频率到数百千赫时增益线性衰减率(这是积分器的频率响应)为 $-6\mathrm{dB/oct}$。

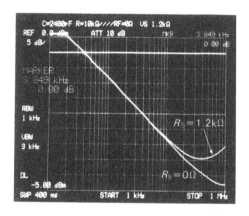

照片 7.4 积分器的频率特性补偿实验情况

(这是为了观察与积分器电容串联电阻 R_5 的效果,测量积分电路的频率特性。 $R_5 = 0\Omega$ 情况下,频率到几百千赫时增益线性下降,但 $R_5 = 1.2\mathrm{k\Omega}$ 情况下,频率为 100kHz 以上时频率特性升高,这称为超前补偿)

$R_5 = 1.2\mathrm{k\Omega}$ 情况下,频率为 100kHz 以上时,频率特性也比原来的特性高,这称为超前补偿。补偿量与极性切换电路及比较器电路的延迟时间有关,因此,要接入半固定电阻($2 \sim 5\mathrm{k\Omega}$)。最高频率为 5kHz 以下时不需要这种超前补偿。

7.2.4 0～20kHz 输出的函数发生器

现决定具体电路的常数。首先,决定极性切换电路的电阻 R_1 和 R_2 阻值,即 $R_1 = R_2$ 即可,其阻值根据反转时输入电阻的阻值来决定。运算放大器构成的低输出电阻的电路对该电路进行控制时, R_1 和 R_2 阻值可设定为数千欧以上,但这里选用 $100\mathrm{k\Omega}$ 电阻。

电阻 R_3 与 FET 开关的通/断之比有关,FET 截止电阻与导通电阻 r_{on} 相比应足够大($r_{\mathrm{on}} \approx 300\Omega$ 时 FET 截止电阻为数十千欧以上),阻值过大时,若运算放大器 A_1 的输入电容与杂散电容设定的常数接近开关频率,则电路会出问题。

　　电阻 R_0 与电容 C_0 的值由 VCO 的最高频率 f_{max} 决定,先决定容易得到的电容的值,再反过来计算 R_0 的阻值即可。

　　由实验验证以下事实,即开始积分器的补偿电阻(VR)设为 0Ω,控制电压 V_C 设定为 +1V,振荡频率约为 2kHz(它为最高频率的 1/10)时振荡情况。

　　改变输入控制电压时,振荡频率也就跟着改变,若要频率准确一致,需要改变与固定电阻 R_0 串联的半固定电阻(阻值为 R_0 的 10%～20%)的电路。

　　现施加 +10V 的控制电压,本来应是理想的 20kHz 频率进行振荡,但由于运算放大器的响应时间的延迟,振荡频率变为 20kHz 以下。该电路约以 16kHz 频率进行振荡。

　　调节与 C_0 串联的补偿电阻 R_5(VR),设定的振荡频率正好为 V_C = +1V 时频率的 10 倍(要注意,VR 阻值随电容 C_0 的值不同而异)。

　　图 7.12 是实测该电路的振荡频率与控制电压线性关系的实例。VR = 0Ω 时频率约到 7kHz 能保证为线性关系,但这以上频率特性变为曲线。另外,VR = 1.3kΩ 时频率到 20kHz 完全为线性关系。

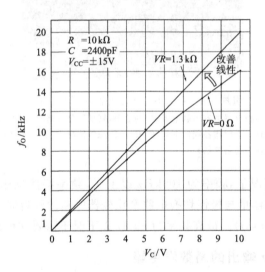

图 7.12　函数发生器的 V_C 与 f_0 的线性关系

(这是图 7.10 电路中输入电压 V_C 与输出频率 f_0 的关系曲线。由此可知,调节与积分电路的电容串联的电阻 R_5(VR)可以改善 V/F 转换电路的线性。对于该电路,对应 0～10V 输入电压输出为 0～20kHz 的频率,若最高频率在 5kHz 以内,需要进行补偿)

　　照片 7.5 是实际的振荡波形,其中,(a)是运算放大器 A₃ 输出(三角波)与比较器输出(ZD₁ 端子)波形,要注意,V_C = +10V(f_0 = 20Hz)时波形比较尖锐。

　　另外,V_C = 0.01V(f_0 = 20Hz)时波形比较好,如(b)所示,但输入控制电压比较低时,运算放大器的失调电压是产生频率误差的主要因素。

频率可变范围在 1000 倍以上,而且对精度有要求时,要对运算放大器 A_1 和 A_2 的失调电压进行调节。但通用双运算放大器没有失调电压的调节端子,因此,需要改为单运算放大器。

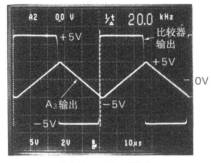 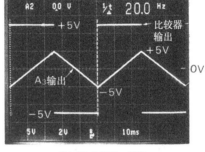

(a) V_C=+10V…20kHz (b) V_C=0.01V…20Hz

照片 7.5 函数发生器的振荡波形

(这是图 7.10 电路(R_0=10kΩ,C_0=2400pF)的振荡波形,A_3 输出三角波,比较器输出方波,由此可知,都是非常好的振荡波形。振荡频率为 20Hz~20kHz,范围非常宽,为了使最低振荡频率到 2Hz,各个运算放大器失调电压的调节非常重要)

7.3 宽带函数发生器

7.3.1 实用的函数发生器

用于低频电路实验的正弦波信号发生器有第 4 章介绍的文氏电桥振荡器等,但原理上不利于产生超低频振荡。

若考虑作为实用的振荡器,频率范围为 0.05Hz~2MHz,除正弦波以外,还有方波和三角波输出,而且变为实际需要由外部进行电压控制频率(VCF:Voltage Controlled Frequency)的振荡器。

这里考察一下设计制作具有上述功能的函数发生器。图 7.13 是这种电路的框图,它用电压控制的恒流源、充放电用定时电容 C_t 和比较器产生三角波和方波,这部分原理与 7.2 节介绍的简易型函数发生器相同。

产生正弦波可采用将三角波变换为正弦波的正弦变换方式。频率量程的切换由恒流值与定时电容决定。

输出开路时输出放大器的输出电压为 $20V_{p-p}$,50Ω 负载时输出电压为 $10V_{p-p}$,因此,电源电压要为 ±17V。另外,为了忠实地放大 2MHz 的方波,漂移一定要小,

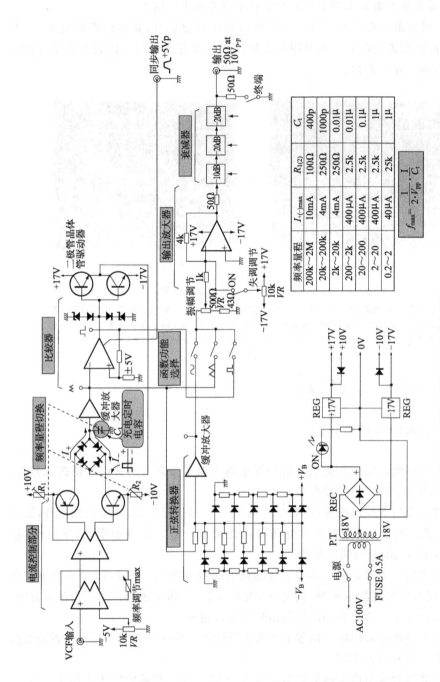

频率量程	$I_{t(-)\max}$	$R_{t(2)}$	C_t
200k～2M	10mA	100Ω	400p
20k～200k	4mA	250Ω	1000p
2k～20k	4mA	250Ω	0.01μ
200～2k	400μA	2.5k	0.01μ
20～200	400μA	2.5k	0.1μ
2～20	400μA	2.5k	1μ
0.2～2	40μA	25k	1μ

$$f_{\max}=\frac{1}{2}\cdot\frac{I}{V_{pp}}\cdot\frac{1}{C_t}$$

图 7.13　制作的函数发生器电路框图

（设计较大规模系统时，不必要详细设计，确定大概的方案非常重要，这称为框图设计）

因此,采用运算放大器与分立元件构成的宽带放大器,即复合式放大器。

失调的调节也非常方便,例如,方波的振幅为 $5V_{p-p}$,也用于驱动 TTL 集成电路。

输出是终端阻抗为 50Ω 的不平衡式衰减器,各自衰减为 $-10dB$,$-20dB$,$-20dB$,将其加在一起总衰减为 $50dB$,而且考虑前面板上可调电阻的 $20dB$ 的衰减。另外,考虑内有 50Ω 终端阻抗的衰减器,这样,波形不会出现振铃振荡。

同步输出是用于示波器测量同步,输出 $+5V_p$ 的脉冲,用 1 个 TTL 集成电路可直接驱动同步电路。

7.3.2 定时电容充放电电路

市售的函数发生器的电路结构有图 7.14 所示的积分方式(参见 7.2 节内容),以及图 7.15 的充放电电路加上高速缓冲器的方式,但原理完全相同。

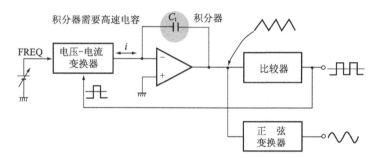

图 7.14 基本的函数发生器电路的构成

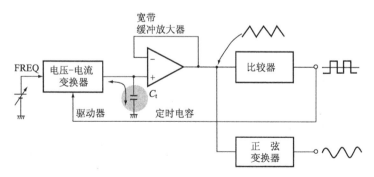

图 7.15 适用于宽带的缓冲放大器

积分方式不利于高速工作(难以构成高速积分电路),这里实现的目的是函数发生器,工作频率可到 2MHz,采用恒流源对定时电容的充放电方式。

图 7.16 是获得正负对称性非常好的恒流输出的实例,该恒流对定时电容进行充放电。电路中,运算放大器 A₁ 和 A₂ 为对称电路的工作方式,对于 ±10V 的电源可得到 V_{C1} 与 V_{C2} 控制电压。

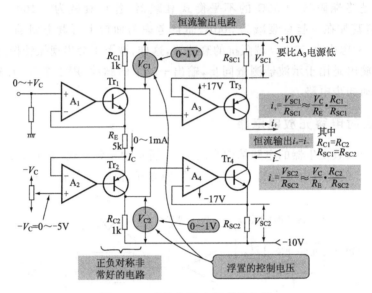

图 7.16 对称电压-电流变换电路

若晶体管的基极电流和运算放大器的输入偏置电流忽略不计,R_{C1} 和 R_{C2} 上的电压各自为

$$V_{C1} = \frac{R_E}{V_C} R_{C1}$$

$$V_{C2} = \frac{R_E}{V_C} R_{C2}$$

其电压值为 0~1V。

对于这样的对称电路结构,而定时电容充放电可以是非对称的,于是可简单得到非对称波形。这时,R_{C1} 与 R_{C2} 阻值的一部分作为可调电阻与其串联,如 $R_{C1} + VR_1 = R_{C2} + VR_2$ 那样的串联可调电阻。

运算放大器 A₃ 和晶体管 Tr₃ 构成正恒流输出电路,若 +10V 作为基准接地点,则容易理解其工作原理。

图 7.17 是得到三角波的电路,它采用二极管桥式选通电路,对恒流源的极性进行切换,从而使电容 C_t 进行正/负充放电而产生三角波。

例如,比较器输出为正电位时,流经二极管 D₁ 的电流 i_+ 对 C_t 正向充电。其后,若达到比较器的基准电压(+2.5V),则比较器输出变负,现 D₂ 流经电流 i_-,则

C_t 放电。当 C_t 上电压放电达到 $-5\mathrm{V}$ 时负向充电,比较器将反转动作。

这样,电容 C_t 电压为三角波,比较器输出方波。

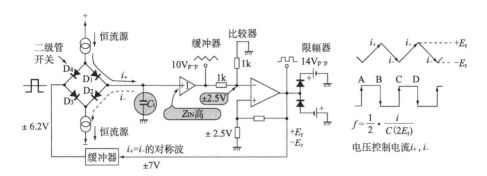

图 7.17 三角波发生电路

7.3.3 三角波变换为正弦波的折线近似法

图 7.18 是正弦变换器原理图,为了便于理解其工作原理,只示出正向部分。具有线性斜率的三角波通过二极管折线近似可以变换为正弦波。正弦波零附近为线性,电压依次逐渐增大,通过二极管 $D_1 \sim D_4$ 变为斜率小的波形。

决定偏置电压 $E_1 \sim E_6$ 时必需使波形失真最小,由正弦波形可知,相位越接近 $90°$ 偏置电压(二极管导通电压)的间隔越小。

这部分电阻值与偏置电压的计算比较复杂,因此,可引用 HP 公司函数发生器 3312A 手册中数据。

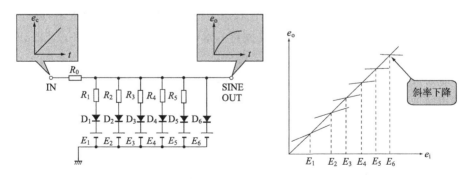

图 7.18 正弦变换器(仅正向部分)的原理

7.3.4 输出放大器与衰减器的设计

作为函数发生器的输出放大器,要求的性能是宽带性与直流漂移小,这两个要求一般是矛盾的,因此,很少有特殊的情况,一般采用集成电路与分立元件构成的复合式放大器。

图7.19是反转型宽带复合式放大器的构成。运算放大器 A_2 放大低频范围的信号,晶体管构成的宽带放大器 A_1 放大高频范围的信号。

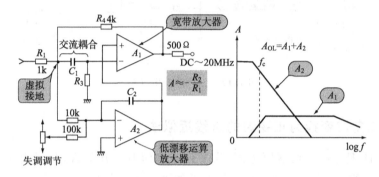

图 7.19　复合式宽带直流放大器的构成

运算放大器的虚拟接地点电位为零,这是指运算放大器 A_2 的环增益非常大时而言。对于不能响应的频率信号,A_2 的虚拟接地点的电位就不为零,因此,宽带放大器应对此信号进行反相放大。

通常用晶体管的宽带放大器 A_1 对运算放大器 A_2 的输出进行同相放大,这是增益 $A = -R_2/R_1$ 的反相放大器的工作状态。但整体上看为宽带放大器,因此,要考虑相位补偿使其不发生异常振荡或振铃。本电路采用 1pF 的电容 C_{402},3pF 的 C_{404} 构成补偿电路(参见图7.23的电路)。

宽带放大器是一种对称推挽放大器,输出级使用功率 MOS FET。各级设有偏置电路使其为有限的较大集电极电流,改善的仅是高频特性。

终端阻抗 $Z = 50\Omega$ 的输出级衰减器的参数计算如下。首先,令衰减量为 10dB,求出 k。$k = 10^{xdB/20} = 3.162$,则有

$$R_{426} = \frac{Z}{2} \cdot \frac{k^2 - 1}{k} = \frac{50}{2} \times \frac{10 - 1}{3.162} = 71.15(\Omega)$$

$$R_{424} = Z \cdot \frac{k+1}{k-1} = 50 \times \frac{4.162}{2.162} = 96.24(\Omega)$$

同样,衰减量为 20dB 时,$k = 10$,则有

$$R_{429} = \frac{50}{2} \times \frac{100-1}{10} = 247.5(\Omega)$$

$$R_{427} = 50 \times \frac{11}{9} = 61.11(\Omega)$$

实际上从 E 系列的阻值中选用最接近计算的电阻值,构成非常准确的衰减器时,有效数字到 3 位即可。

衰减器的真正的终端阻抗不是接在端头上,就不能得到准确的衰减量,要注意这一点。

7.3.5 电源的设计

本电路的电源电压为±17V(运算放大器的最大额定电压为±18V),恒流源电路的电压为±10V,但±10V 电路消耗的电流非常小,因此,与±17V 电源串联 6V 稳压管得到此电压(17-6≈10(V))。

想要说的是,输出放大器应供给近±20V 的电压,但为了简化电源,使用±17V 电压。三端集成稳压器中没有 17V 的标准,为此,采用标准的 15V 稳压器在其公共端用电阻分压注入 2V 电压,这样就得到±17V 的电压。

若集成稳压器的电压 $V_R = 15V$,R_{501} 与 R_{502} 的分压比为 n,空载时集成稳压器消耗电流为 I_Q,则集成稳压器升压时输出电压 V_O 为

$$V_O = V_R(1+n) + I_Q R_{502}$$

若 R_{501} 为 1kΩ,则 R_{502} 应为 100～150Ω。

印制电路板上可考虑实装一个可调电阻和一个固定电阻,这样,电压要比±17V 高±0.5V 以上时,稍改变固定电阻或者可调电阻(200Ω)就可得到需要的电压。

图 7.20～图 7.24 是本函数发生器各部分电路图,而照片 7.6 示出该函数发生器内部结构图。由两块印制电路板构成,每块板上元器件都标有编号。例如,"2"块板上 R_1 标为 R_{201},印制电路板的连接如图 7.25 所示。

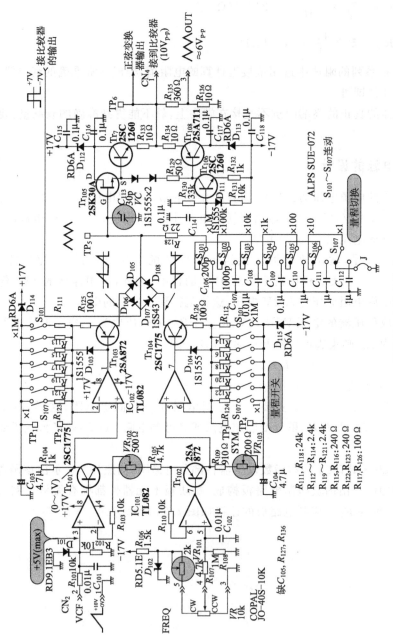

图 7.20　VCF的构成

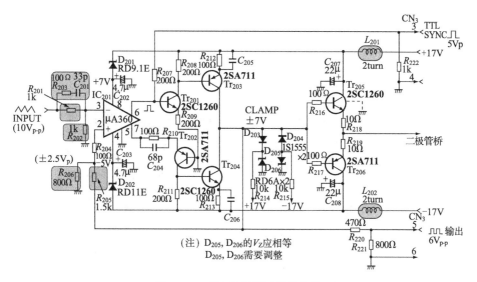

图 7.21 高速比较器及限幅电路

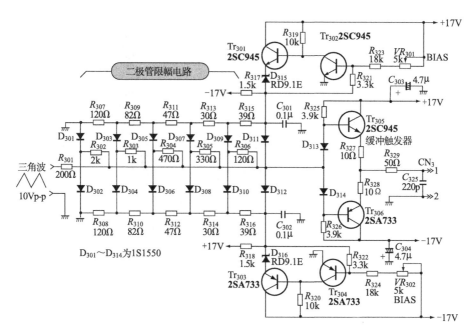

图 7.22 正弦变换器电路

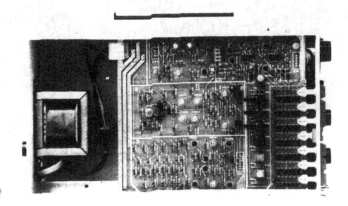

(a) 从左侧看

(b) 从右侧看

照片 7.6 制作好的函数发生器内部结构

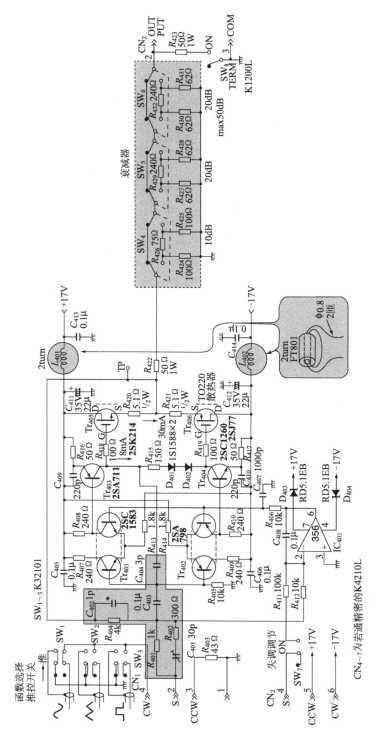

图 7.23 输出放大器电路

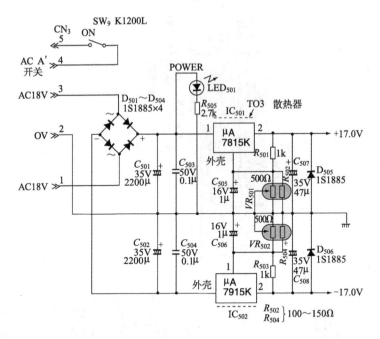

图 7.24 稳压电源的构成

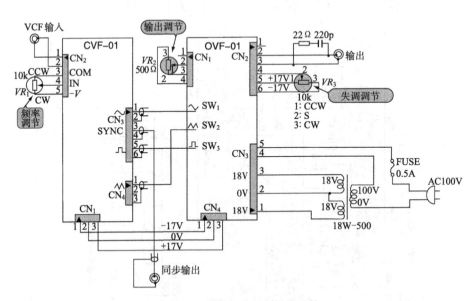

图 7.25 印制电路板之间的连接

7.3.6 频率控制器(VCF)的调整

VCF 输入 0~10V 电压,用电阻对其分得 $5V_{(max)}$ 电压加到 IC_{101} 上。

各量程的最高频率可用电阻 $R_{111} \sim R_{124}$ 进行调节,量程设定为 ×1k,在 VCF 端加上 +10.0V 电压,调节 VR_{102},使频率为 2.00kHz。这时,FREQ 度盘上电阻值为零,或将 R_{108} 短路。×1M 量程受到杂散电容的影响,因此,用 C_{113}(微调电容)调为 2.00MHz。

FREQ 度盘的调节是使电位器两端电压为 −0.5V 那样设定 VR_{101},但稳压二极管一定要使用 $V_Z \approx 5.1V$ 的器件。

各量程的最高频率有很大偏差时($C_{108} \sim C_{112}$ 电容值不准确),由 $R_{111} \sim R_{124}$ 进行微调。

调节 VR_{104} 使方波的占空比为 1:1。用量程切换开关切换定时电容时,采用的方法要考虑不包括按下按钮开关的杂散电容。尤其是 ×1MHz 量程的计算电容值约为 400pF,但加上比较器等传输延迟与响应时间,再加上杂散电容,则使用 200pF 固定电容 +30pF 微调电容。

缓冲放大器使用 JFET(2SK30A GR),其漏极电流 I_D 分散性较大,使用 $I_D =$ 3~4mA 时,TP_6 的电压应为零(这时 TP_5 接地),即使不为零,在 ±0.2V 以内也可。可用 R_{130} 调节偏置电流。

7.3.7 高速比较器与限幅电路的调整

比较器需要高速器件,这里高速比较器 LM360 中增设电平移动电路,用 ±7V 的箝位信号进行正反馈,构成滞后比较器。比较器的基准电压为 ±2.5V,R_{205} 与 R_{206},R_{201} 与 R_{202} 电阻分压得到的信号与此基准电压通过比较器进行比较。因此,输入端电压为 ±5V 时,比较器反转工作。

然而,比较器响应需要时间,因此,三角波的振幅与时间延迟成比例增大。为此,与 R_{203} 同 C_{201} 的串联电路并联电阻 R_{201} 进行补偿。

限幅电路中使用稳压二极管(RD6A),若使用 V_Z 不一致的二极管,则比较器的基准电压变为非对称,因此,要注意这个问题。

接入电源线路的线圈是在铁氧体磁环上绕 2 匝导线的线圈。由于比较器为高速开关工作,因此,电源线上混入脉冲状噪声。这里使用去耦电路,使这些噪声不影响其他电路。

7.3.8 正弦变换器与输出放大器的调整

正弦变换器调整时交互调节 VR_{301} 与 VR_{302} 使波形失真最小,但不用失真仪进行测试就不能得到正确的数据。若是非常好的正弦波,则失真率在 0.2% 以内,但用示波器边观测边调节,也可使失真率在 1% 以内。

该正弦变换器设计的输入信号电平为 $10V_{p-p}$,因此,使用时输入电压约为 $10V_{p-p}$。由于直流环路是由运算放大器构成的,因此,输出放大器的直流失调不用调节。除此以外,用相位补偿电容 C_{404} 调节开环频率的响应,用 C_{402} 调节使其与闭环特性一致。

C_{401} 为半固定微调电容,用于补偿在 VR(调节输出电平)附近接线产生的杂散电容、输出放大器本身波形的变钝。

调节输出方波,使其上升与下降产生的振铃最小那样决定电路常数。输入级差动放大器施加偏置使各自电流为 5mA,发射极接入 1.8kΩ 电阻。中间级加偏置使其电流约为 8mA,因此,R_{416} 的两端电压约为 0.4V。由 R_{415} 调节输出级的偏置,漏极允许损耗范围较大(约 30mA)。

7.3.9　各部分工作波形

为了深刻理解正弦变换器的工作原理,现说明有关照片所示的各部分波形。

函数发生器是产生三角波的基本电路,照片 7.7 示出由恒流源对电容 C_t 充放电的波形。Tr_{104} 构成负恒流源,集电极电压变为负斜率波形。

若比较器与基准电压一致,则二极管开关($D_{106\sim108}$)反转动作,切换到正恒流源从而产生正斜波。缓冲器输出(TP_6)为正负斜波合成的波形。

照片 7.8 示出正弦变换器的折线工作波形,正弦波相位角接近 0°,因此,低电压时要增设限幅器。由于低电压的斜率比 1 稍小即可,因此,串联电阻可以设定较大值。

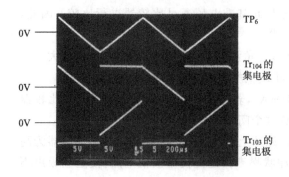

照片 7.7　正负斜波合成的波形

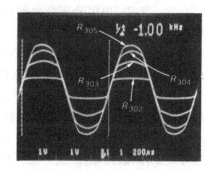

照片 7.8　正弦变换器各部分工作波形(二极管与电阻的连接点)

照片 7.9 示出 1kHz 频率振荡时各函数的波形。照片上边是主输出波形,其余是同时观测的正弦变换器输出波形、缓冲器输出波形、比较器(R_{221}两端)输出波形。主输出与比较器的输出关系为反相,为此,输出放大器为反相放大器。

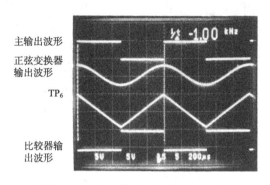

照片 7.9 1kHz 输出时各部分工作波形

照片 7.10 示出工作频率升高到 1MHz 时,方波有些地方是不同的,但正弦波和三角波都是正确波形。

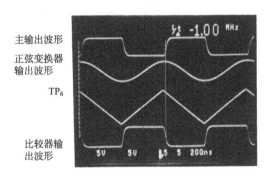

照片 7.10 1MHz 输出时各部分工作波形

照片 7.11 示出从比较器输出上升(约 20ns)到主输出(50Ω 终端时电缆长 1m)之间的关系,上升时间为 40ns,传输延迟时间为 25ns。

照片 7.12 示出主输出上升与下降之间的关系,但下降有些缓慢。输出电路本身的性能非常好,但为了减小电缆的电容与波形的振铃,在 BNC 接插件两端增设 RC 串联回路,它对输出电路的性能有些影响。

最后,考察一下 VCF 的工作情况,函数发生器的应用扩展到电压控制振荡器(VCF),这是用外部 0~+10V 控制信号控制振荡频率的电路。照片 7.13 示出输入 0~+5V 斜波时频率调制(扫频)工作波形。这时,初始设定为最低振荡频率,但一定为适当值,然而,可变频率范围变窄。

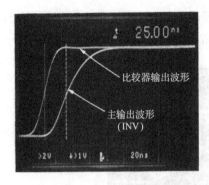
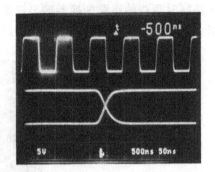

照片 7.11 比较器输出与放大器输出的时间延迟　　**照片 7.12** 主输出的上升时间与下降时间

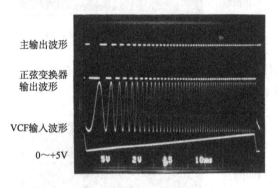

照片 7.13 VCF 工作波形(扫频时间为 100ms)

第 **8** 章 电压控制振荡电路设计

第 6 章为止介绍的振荡电路,其振荡频率是固定不变的,因此,要改变振荡频率时一定要直接改变作为电路常数的 *RC* 或 *LC* 定时元件。这里介绍一种简单地改变频率的方法即电压控制振荡电路 VCO。

然而,这种 VCO 电路的频率可变范围比较窄,很少单独使用,常用作第 9 章介绍的 PLL 频率合成器的一部分。

8.1 概　述

8.1.1 FM 与 PLL 中的应用

电压控制振荡器简称 VCO,如图 8.1 所示,它是一种由外加电压改变振荡频率的振荡电路。电压控制频率的可变范围随目的与用途不同而异。其中,图 8.1 (a)的用途是由输入电压线性宽范围改变频率(扫频),这时可选用宽范围改变频率的 VCO 电路。第 7 章介绍的函数发生器就相当于这种电路。

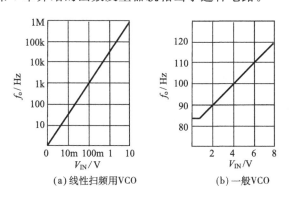

图 8.1 VCO 的两种电路形式

(VCO 电路大致可分为两类,其中,图(a)是采用与输入电压为线性比例 V/F 变换器,这是在一定频率范围内频率随电压成比例变化的电路,多用于低频领域。图(b)一般用于高频领域。若输入为交流电压,则可以进行频率调制 FM)

　　图 8.1(b)是频率锁定在某恒定值即锁相环 PLL 电路,对于这种电路,频率不需要太大的可变范围。对于 VCO,若外加交流信号,则可进行频率调制 FM,如图 8.2 所示。

　　VCO 电路有很多实用电路形式,但在低频领域的主要电路是可变频率范围达到数百倍的函数发生器。

　　如振荡电路一样 VCO 也有很多方式,然而,基本方式可归纳为两种,即控制 RC 定时振荡的阈值电压与由电压控制电容的方式。

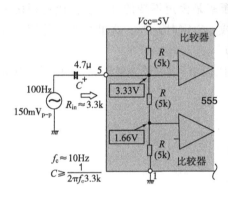 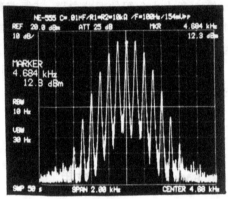

图 8.2(a)　　用于 555 的 FM 调制电路
(FM(Frequency Modulation)频率调制是由电压操作振荡频率的电路,例如,在 4.8kHz 的振荡电路中,如图所示,若在 555 的 5 脚(CV 端)加上 100Hz 的小信号,则 4.8kHz 的载波变成由 100Hz 调制的信号。FM调制与 FM 广播一样用作高质量的信号传输)

图 8.2(b)　　FM 调制时 555 振荡波形的频谱
(若要获得非常好的正弦波,则应该得到仅在 4.684 kHz 具有峰值的频谱,但由于进行 100Hz 的频率调制,因此,观察到的是每 100Hz 都具有峰值的频谱。通过示波器观察到是有较小摆动的方波)

8.1.2　控制 RC 定时振荡的阈值电压方式

　　VCO 的一种方式是第 3 章介绍的方式,这是由外部电压改变 RC 振荡电路中定时设定的阈值电压方式。例如,图 8.2 所示的由定时器 IC 555 构成的 VCO 电路就是这种方式。

　　555 的 5 脚是控制电压端子,即由电阻分得 $(2/3)V_{CC}$ 电压的端子,通常为开路,在电源噪声较大时通过 $0.01\mu F$ 左右的旁路电容接地。

　　然而,若改变 555 的 5 脚电压,则充放电时间发生变化,振荡频率也发生变化,因此,可用作 VCO,也就是可直接进行频率调制(FM)。

　　例如,555 的 5 脚的输入电阻约为 $3.3k\Omega$,若隔直电容为 $4.7\mu F$,则低端截止频率约为 10Hz。如图 8.2(a)所示,若用 100Hz,$154mV_{p\text{-}p}$ 的正弦波对 4.684kHz 振

荡频率进行调制,就可以得到图 8.2(b)所示 FM 波频谱。由此可知,对于中心频率每 100 Hz 间隔扩展频谱,就可以进行调制操作。

另外,TTL 系列中有多谐振荡器电路作为基本的 VCO 专用 IC,图 8.3 所示的 74LS624 系列等使用非常方便。

74LS624 不仅能构成 VCO 电路,也可以用作晶体振荡电路,因此,数字电路中使用时这是非常方便的 IC,人们认为这是很有实用价值的 IC。

图 8.4 示出 VCO 系列中温度补偿型 74LS628 应用实例。

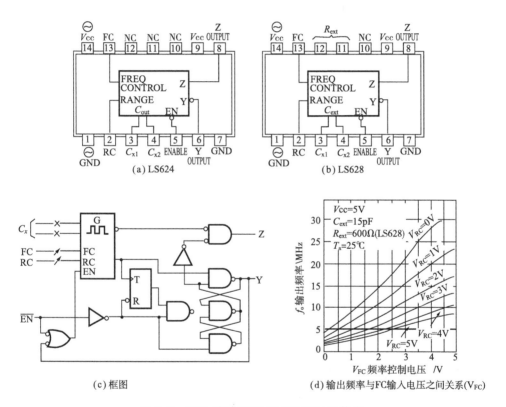

图 8.3 TTL 系列 VCO IC 74LS624 的构成

(这是 TTL 中独特类型的 IC,最近也出现了采用数字技术的 PLL IC,这种 IC 多与 VCO 一块使用。TTL 系列中有从 LS624 到 LS629 六种类型,但有 1 回路输入、2 回路输入、反转输出、使能输入、有无输入量程等的不同。这里示出的 LS624 是标准型,LS628 是温度补偿型,若外接电阻 R_{ext},则温度特性变得非常好)

(a) 晶体振荡器

RC:固定		
FC	0V	5V
f_O	500kHz	2MHz

(b) VCO

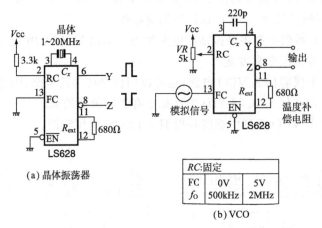

图 8.4 TTL 系列 VCO 74LS628 应用实例

(外接 R_{ext}时常温下稳定度为 5%左右,不接 R_{ext}时为 10%左右。在 FC 端加电压可使频率可变,这时加 0～5V 的直流电压即可。振荡频率范围为 1Hz～20MHz,晶体振子时为 1～20MHz)

8.1.3 电压控制电容方式

构成电压控制振荡器的另一种方式,是用电压改变决定 *RC* 振荡器及 *LC* 振荡器的振荡频率的电容量的方法,也就是使用电容量随外加电压而改变的元件,即变容二极管(varicap)。

图 8.5 示出典型变容二极管特性实例,请注意图(c)所示的外加电压与端子间电容特性。

在无线通信设备等中,经常使用 *LC* 振荡电路中增设变容二极管的 VCO 电路。但是,对于 *LC* 振荡方式的 VCO 电路,若扩大某频率的可变范围,则振荡输出电平随频率要有较大变动,这一点比较难。

作为特殊实例,也有用电压改变 *RC* 振荡器中 *R* 的方法,这时,称为电压控制电阻的方式,即利用光敏电阻 CdS 等方式(参见图 8.10)。

采用变容二极管的电压控制振荡不仅用于 *RC* 振荡与 *LC* 振荡,也用于晶体振荡电路与陶瓷振荡电路中。晶体振子振荡电路情况下,对于中心频率在 1%以下的非常窄的范围内进行控制,这称为 VCXO。

对于使用陶瓷振子的电压控制振荡器,控制范围可以到±5%左右。

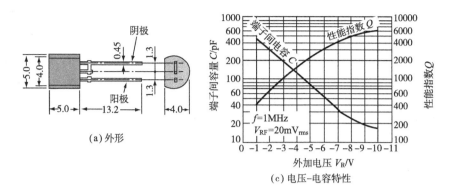

(a)外形

(c)电压-电容特性

• 绝对最大额定参数

反向电压	V_R	$-16V$
结温	T_j	100℃
保存环境温度	T_{stg}	$-55\sim+100$℃

• 电气特性

			最小值	最大值	单位
击穿电压	$V_{(BR)R}$	$I_R=-10\mu A$	-16		V
反向电流	I_R	$V_R=-9V$		-100	nA
端子间电容	$C_{1.2V}$	$V_R=-1.2V, f=1MHz$	388.1	459.1	pF
	$C_{3.5V}$	$V_R=-3.5V, f=1MHz$	144.2	192.1	pF
	$C_{6.0V}$	$V_R=-6.0V, f=1MHz$	45.71	60.91	pF
	$C_{8.0V}$	$V_R=-8.0V, f=1MHz$	20.30	27.05	pF
性能指数	Q	$V_R=-1.0V, f=1MHz$	200		
电容变化比	CR	$C_{1.2V}/C_{8.0V}, f=1MHz$	15.5		

(b)电气特性

图 8.5 变容二极管 SV321 的构成与特性(三洋电机(株))

(对于普通的硅二极管,结电容也随反偏置电压大小有一些变化。但变容二极管随其反偏置电压大小其电容量变化较大,因此,广泛用于 AM/FM 收音机中电子调谐器。替代器件有东芝的 1SV149 等变容二极管)

8.2 施密特反相器构成的简单 VCO

8.2.1 使用变容二极管的电路

第 3 章 3.1 节介绍了作为简单振荡电路使用施密特反相器 IC 的方波振荡电路,电路中振荡频率由阈值电压、电容 C 以及电阻 R 的时间常数决定。

也就是说,改变电容 C 的值就可以改变振荡频率。图 8.6 是使用电容随外加电压而变化的变容二极管的电路,即用变容二极管替代第 3 章图 8.3 的定时电容的电路。使用的施密特反相器的特性请参照第 3 章图 8.2。

这是作为 VCO 元器件最少,而且可靠振荡的电路。图 8.6 中,C_1 为隔直电容,这样,使控制电压 V_C 不能直接加到施密特反相器的输入端,与变容二极管的电

容量相比 C_1 的值非常大(10 倍以上)。

　　R_1 是变容二极管 VC_1 的直流偏置电阻,阻值低则与 VC_1 之间充放电时间常数变小,电阻 R_2 和 VC_1 的时间常数决定振荡频率,因此,需要 $R_1 \gg R_2$ 的关系。

　　变容二极管 VC_1 可以用于电容量较大的 AM 收音机电子调谐器。例如,若使用 SVC321(三洋电机)或 1SV149(东芝),则最大容量 C_{max} 为 450pF 左右。图 8.5 示出实验用的 SVC321 的特性。

　　更低频率进行振荡时,变容二极管像电容一样进行简单并联从而增大电容量,但提高了元件成本。

8.2.2　变容二极管的电容可变范围

　　图 8.6 中,$R_1 = 1M\Omega$,$C_1 = 0.01\mu F$,VC_1 使用 SVC321,施密特反相器使用高速 CMOS74HC14,反馈电阻 R_2 为 1kΩ,10kΩ,100kΩ 时,控制电压 V_C 与振荡频率特性的实测值如图 8.7 所示。

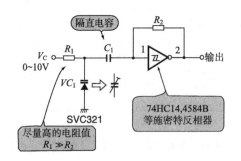

图 8.6　最简单的 VCO 电路

(这是第 3 章介绍的施密特反相器构成的方波振荡器变为 VCO 的电路。VC_1 为变容二极管,控制电压 V_C 加到 VC_1 上,该 VC_1 的等效电容量随电压而变化,于是振荡频率也跟着变化)

　　由图 8.7 可见,对数轴大致为线性特性,但控制电压 V_C 从 7V 以上开始特性有些饱和。变容二极管的电容量最小附近其变化为非线性,编者认为这是施密特反相器 74HC14 的输入电容引起的。

　　由实验可知,为了在更低频率进行振荡,R_2 应为高阻值的电阻。振荡频率降到更低时,要使用两个变容二极管并联。

　　$R_2 = 100k\Omega$ 时,两个变容二极管并联的频率特性相当于 1 个变容二极管的平行移动的特性。若振荡电路使用高速 CMOS 74HC 系列 IC,原理上也可以在 10MHz 以上频率产生振荡,但实际上定时电容值非常小,由于 IC 本身输入电容(约 5pF)与传输延迟时间等关系,不能得到线性特性。

最高振荡频率的实验情况如照片 8.1 所示。其中,8.1(a)是 $R_2 = 270\Omega$(该阻值以下波形变坏), $V_C = 10V$ 时约到 30MHz 的振荡波形。这时,若示波器的探头接到 IC 输入端,则探头的输入电容(10pF)与电路并联,因此振荡频率降低,所以不能拍摄到真正的波形。照片 8.1(b)是 3MHz 的振荡波形,上方是 IC 输入端波形,下方是 IC 输出端波形,波形都比较好。

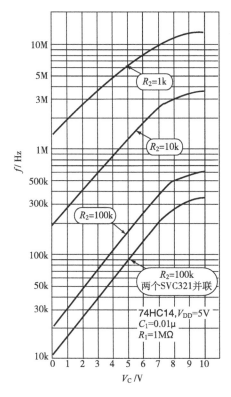

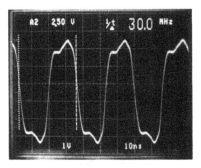

(a) f_{max} 时振荡波形

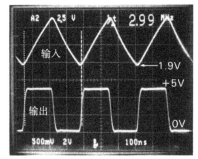

(b) f_{min} 时振荡波形

图 8.7　控制电压与振荡频率的特性

(这是图 6 电路中, R_2 的阻值分别为 1kΩ,10kΩ, 100kΩ 时,输入控制电压 V_C 与振荡频率之间的关系特性曲线。 $V_C = 0 \sim 8V$ 时得到大致为对数特性。变容二极管的电容量随外加电压而减小,因此,控制电压增大,则振荡频率变高,这就是电压控制振荡器)

照片 8.1　施密特反相器 74HC14 构成的 VCO 电路振荡波形

(这是图 8.6 电路中 IC 使用 74HC14 的波形,其中, (a)是 $R_2 = 270\Omega$ 时观察的最高振荡频率时波形,最高频率可以到 30MHz,但波形不好。(b)是 3MHz 左右时波形,波形很正常。有关施密特触发 IC 的振荡原理请复习第 3 章的内容)

8.2.3　50~100kHz 的 VCO 电路

现考察一下 50~100kHz 频率 VCO 电路的设计情况,对于这种范围的频率,不使用高速 74HC 系列,而使用 4000B 系列 CMOS 也能满足要求。当然,这里也就不用讨论 74HC 系列。

这里分析采用 4584B 的实验情况,有关 4584B 的特性请参照第 3 章图 8.2。

图 8.8 是实际的 VCO 电路的构成,控制电压的范围为 $V_C = 0 \sim 5V$,但对于变容二极管,当外加电压为 0V 时特性变坏,因此,V_C 的范围为 $V_C = 0.5 \sim 5V$。

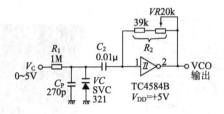

图 8.8　50～100kHz 的 VCO 电路

(这个电路的构成与图 6 相同,但这里用反馈电阻的电位器 VR 准确调节振荡频率。另外,振荡频率较低,为 50～100kHz,因此,使用施密特反相器 CMOS 4000B 系列,当然,也可以使用 74HC14。与变容二极管并联的电容 C_p 是为了使振荡频率最低为 50kHz)

振荡频率的可变范围是 50～100kHz,其量程为 2 倍,因此,与变容二极管并联一个固定电容 C_p,从而缩小可变范围。对于 VCO,振荡频率低也能稳定工作,因此,频率不能超过需要的可变范围,这点很重要。

这里说明计算并联电容 C_p 值的步骤。

首先,设变容二极管的电容量范围为 $C_{max} = 450pF,C_{min} = 85pF(V_C = 5V)$,则可求出

$$C_p \leqslant \frac{C_{max}f_{min} - C_{min}f_{max}}{f_{max} - f_{min}} = \frac{450pF \times 50kHz - 85pF \times 100kHz}{100kHz - 50kHz}$$

$$= (22.5 \times 10^{-6} - 8.5 \times 10^{-6})/50 \times 10^3 = 280 \times 10^{-12} = 280(pF)$$

实际上选用的电容量比计算值小一些,原因是元器件参数的分散性,加上 IC 输入电容、杂散电容等,频率可变范围一定比计算值窄。这里,选用比标准系列 280pF 小的电容 270pF。

反馈电阻 R_2 阻值不能准确地进行计算,这样比较麻烦。第 3 章介绍的施密特 IC 构成的振荡电路中,阈值电压非常重要,但使用 IC 的阈值电压随厂家不同有些差别。

但 $V_{DD} = 5V$ 时,对于东芝的 4584B(TC4584B),根据第 3 章的图 8.2,则 R_2 为

$$R_2 = \frac{1}{0.63(C_p + C_{max})f_{min}} = 43.5(k\Omega)$$

这与计算值一致。

但这里考虑到电路参数的分散性以及频率的宽可变范围,R_2 使用 39kΩ 固定电阻与 20kΩ 半固定电阻并联。

电路常数决定后就进行以下实验。

控制电压在 0.5～5V 之间可调,并用半固定电阻调节最高振荡频率 f_{max} 为 100kHz,最低振荡频率 f_{min} 为 50kHz。在频率达不到 2 倍量程可变范围时,可将电容 C_p 的值降低,小于 270pF。

图 8.9 是实际电路的振荡频率特性,$V_C=0.5～5V$,线性还算可以。每 $V_C=$ 1V 频率变化量约为 12kHz(表示为 12kHz/V)。

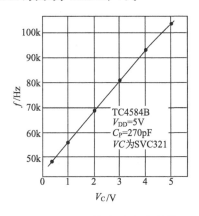

图 8.9 VCO 的电压–频率特性

(这是图 8.8 电路的电压控制特性,控制电压在 0.5～5V 范围变化时,振荡频率在 50～100kHz 范围的变化情况。大体上能满足设计所要求的特性。由于 4584B 本身阈值电压的分散性,不能达到所要求的特性时,调节与变容二极管并联的电容 C_p 或电位器 VR 即可)

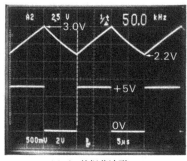

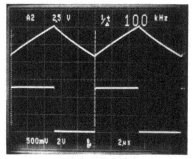

(a) f_{min} 的振荡波形   (b) f_{max} 的振荡波形

照片 8.2 施密特反相器 4584B 构成的 VCO 电路的振荡波形

(如第 3 章所示,CMOS 施密特反相器阈值电压的中心大致是 $V_{DD}/2$,由此可知,得到振荡周期的占空比为 1:1 的波形。这里大致得到电路设计 f_{min} 为 50kHz,f_{max} 为 100kHz 时的特性)

照片 8.2 是实际的振荡波形。其中,(a)是 $f_{min}=50kHz$ 时振荡波形,上方是 4584B 输入端波形,下方是 4584B 输出端波形。

若使用 CMOS 施密特 IC,阈值电压对于 $V_{DD}/2$ 是大致对称的,因此,可以得到占空比为 1∶1 输出波形,这是该电路的特征。照片(b)是 $f_{max}=100kHz$ 时振荡波形。

8.2.4　利用 CdS 改变反馈电阻的方法

对于上述的 VCO 电路,作为频率的电压控制元件使用变容二极管,但改变振荡频率不用电容,而用反馈电阻,即用电压控制电阻可以实现 VCO 电路。

然而,电压控制电阻一定要接在 CMOS IC 的输入输出之间,因此,控制端与可调电阻之间需要进行电气隔离。

进行隔离的电压控制电阻有 LED 与 CdS 组合的光电耦合器。CdS 也称为光电元件,当将光遮住时 CdS 的阻值降低,可用于照相机的照度计。若将 CdS 与发光二极管 LED 组合,就可以构成电阻值随 LED 中电流而改变的光电耦合器。

这种光电耦合器的类型不太多,图 8.10 示出摩利嘉的 MCD5218L 光电耦合器的特性。图 8.11 示出光电耦合器的正向电流与 CdS 端子间阻抗特性,由图可见,能得到 3 个量级范围的可变电阻特性。

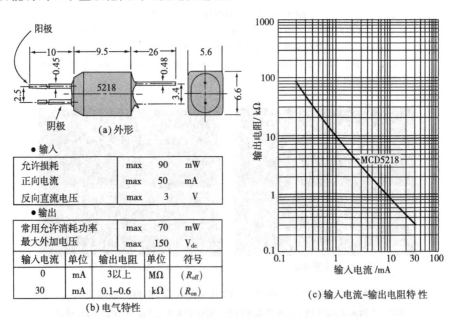

输入电流	单位	输出电阻	单位	符号
0	mA	3以上	MΩ	(R_{off})
30	mA	0.1~0.6	kΩ	(R_{on})

(b)电气特性

(c)输入电流–输出电阻特性

图 8.10　LED-CdS 光电耦合器 MCD5218L 的特性(摩利嘉(株))

(光电传感器多使用光导电体,CdS 是作为可见光器件的典型传感器。这种光电耦合器是 CdS 与 LED 组合的器件,多用作电阻值随电压/电流大小变化的隔离元件,这也是自动增益控制 AGC 中常用元件)

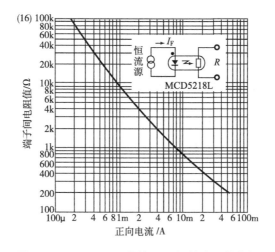

图 8.11 MCD5218L 的输入电流-输出阻抗特性

(光电元件本来其电阻绝对值的分散性就很大,因此,要由实验确认元件的阻值是多大。由图可知,在 2 个量级范围内具有良好电阻变化特性。对于模拟电路,确实要把握好每个元器件的特性,因此,进行电路实验非常重要)

CdS 光电耦合器的温度特性(温度升高时阻值增大)与长期稳定性有些问题,但用作 PLL 电路的 VCO 已经实用化。

图 8.12 是使用 CdS 光电耦合器的 VCO 实例,但与发光二极管串联电阻 R,从而对电压进行控制。

LED 的正向电压 V_F 约为 2V,低控制电压时会产生不敏感区。为此,要增加元器件数目,即增设改善线性的恒流源驱动电路即可。

图 8.12 电路中,电阻 R_1 与 CdS 并联,限制最低振荡频率,R_2 决定最高振荡频率。

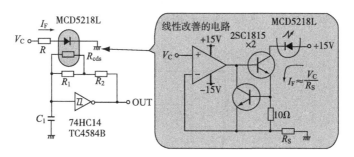

图 8.12 使用 CdS 光电耦合的 VCO 电路实例

(左边的电路是最基本的电路,但 R_1 和 R_2 是设定的总反馈电阻[$R_2 + (R_1 /\!\!/ R_{CdS})$]。当 V_C 电平较低时仅与 LED 串联一个电阻 R 就使线性变坏。右图是增设一个运算放大器,恒流驱动 LED,线性得到改善)

8.3 高频科耳皮兹 VCO 电路

8.3.1 扩大频率可变范围的措施

高频电路中使用的 VCO 有频率可变范围较窄的晶体振子 VCO(可变范围为 1%以下,称为 VCXO),以及使用可变范围最大为 1%~10%的陶瓷振子 VCO。

然而,需要超过以上的宽可变范围时,需要与 LC 振荡电路构成的对应方式。但 LC 振荡电路设计为较宽可变范围时,出现振幅变化,或波形失真等问题。

高频电路中多采用克拉普 LC 振荡电路或其改进型电路,在振荡频率稳定性来看是优良的方式,但作为 VCO 使用时,扩大频率可变范围比较难。

克拉普振荡电路如第5章图 8.1 所示,决定振荡频率需要三个电容。然而,为了构成 VCO,由于电路结构的关系只用 1 个变容二极管进行调节,因此,不能得到宽范围频率可变特性。

然而,科耳皮兹作为基本的 VCO,决定振荡频率的电容可分割成 2 个,各自使用变容二极管,可以改变并联谐振频率。为此,与克拉普电路相比,原理上可实现宽范围的 VCO。

为了扩大频率可变范围,采取相应措施,即对振荡电路中每个频率进行切换由多个 VCO 分担,然后进行合成的方式。这时,进行合理设计对最高振荡频率 f_{max} 与最低振荡频率 f_{min} 要留有余量。

8.3.2 VCO 的科耳皮兹振荡电路的工作原理

图 8.13 是基本科耳皮兹式 LC 振荡电路。电路中,改变电容 CV_1 时就能改变振荡频率,这里使用变容二极管,这样就构成 VCO 电路。

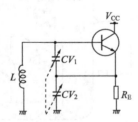

图 8.13 科耳皮兹式 VCO 的基本电路

(这也是第5章介绍的 LC 典型振荡电路,这里使用可调电容 CV_1 和 CV_2,若将它作为可调电容就变成 VCO 电路。然而,这是原理电路,与科耳皮兹电路一样稳定性不太好。为了提高稳定性要采用相应措施)

图 8.14 是 VCO 的科耳皮兹实际振荡电路,这里也包含输出缓冲器,使用

FET 替代晶体管。图 8.15 示出使用的 2SK192A 的特性。

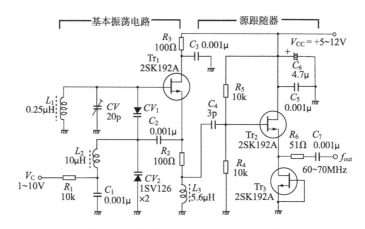

图 8.14 科耳皮兹式 VCO 的实际电路

(这是 60～70MHz 的振荡电路,使用 VHF 频段的 FET 2SK192A 替代晶体管。变容二极管也使用 VHF 频段的器件。若用 20pF 微调电容设定最高振荡频率,则变成由两个变容二极管构成的 VCO 电路。请记住,2 个变容二极管串联,因此,总电容量为其 1 个变容二极管的一半。L_2 和 L_3 不是振荡线圈,而是用于提高高频阻抗的线圈)

与振荡频率有关的是线圈 L_1 的电感、半固定电容 CV 以及变容二极管 CV_1 与 CV_2 的容量。这里,使用两个变容二极管串联,因此,其串联总电容量为一个变容二极管的一半,谐振频率 f_0 为:

$$f_o = \frac{1}{2\pi\sqrt{L_1(CV+VC/2)}}$$

式中,$VC=VC_1=VC_2$。

半固定电容 CV 用于调节 VCO 的最高振荡频率,使 VCO 的频率可变范围变窄。

(a)最大额定值($T_a=25℃$)

项 目	符 号	额定值	单位
栅-漏极间电压	V_{GDS}	-18	V
栅极电流	I_G	10	mA
允许损耗	P_D	200	mW
结温	T_j	125	℃
保存温度	T_{stg}	-55～125	℃

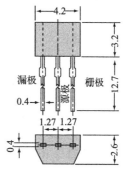

图 8.15 VHF 频段用 FET 2SK192A 的外形与特性参数

(b)电气特性(T_a＝25℃)

项　　目	符　号	测试条件	最小值	标准值	最大值	单位
栅极夹断电流	I_{GSS}	V_{GS}＝－1.0V,V_{DS}＝0	—	—	－10	nA
栅极-漏极间击穿电压	$V_{(BR)GDO}$	I_G＝－100μA,漏极接地	－18	—	—	V
漏极电流	I_{DSS}(注)	V_{GS}＝10V,V_{GS}＝0	3	—	24	mA
栅极-源极间夹断电压	$V_{GS(OFF)}$	V_{DS}＝10V,I_D＝1μA	－1.2	－3	—	V
正向传输导纳	$\|Y_{fs}\|$	V_{DS}＝10V,V_{GS}＝0,f＝1kHz	—	7	—	mS
输入电容	C_{iss}	V_{DS}＝10V,V_{GS}＝0,f＝1MHz	—	3.5	—	pF
反馈电容	C_{rss}	V_{GD}＝－10V,f＝1MHz	—	—	0.65	pF
功率增益	G_{ps}	V_{DD}＝10V,f＝100MHz	—	24	—	dB
噪声指数	NF	V_{DD}＝10V,f＝100MHz	—	1.8	3.5	—

注:I_{DSS}分类　Y：3.0～7.0,GR：6.0～14.0,BL：12.0～24.0

续图 8.15　　VHF 频段用 FET 2SK192A 的外形与特性参数

(这是用于 FM 调谐器与 VHF 频段放大的通用 FET。100MHz 时功率增益为 24dB,同时噪声指数也比较低,为 1.8dB,因此,可用于高频通用器件。反馈电容 C_{rss} 也很小,也可用于宽带高阻抗缓冲放大器)

　　L_2 和 L_3 为高频扼流圈(RFC),它与变容二极管 VC_2 并联,目的是提高电路的阻抗。L_2 也可用数十千欧电阻替代。

　　由于高频时 $\omega L_3 \gg R_2$,L_3 对变容二极管 VC_2 的影响小,能使电路可靠振荡。

　　C_1 为高频旁路电路,使控制电压不能调节到高频。C_2 为隔直电容,与周边的电容相比其电容量较大,这样,在振荡频率范围内呈现较低电抗。

　　C_4 是源跟随器的前后级耦合电容,尽量选用较小容量的电容。

　　该源跟随器为缓冲放大器的工作状态,但由于输入电容小,因此,要选用 C_{rss} 小的 FET(2SK192A 的 C_{rss} 为 0.65pF)。使用的目的是提高振荡频率稳定性(Tr_2 构成恒流源),使其负载变化不影响主振荡电路的工作。

8.3.3　60～70MHz 的 VCO 电路

　　设计 VCO 时最优先考虑的特性是振荡频率及其可变范围。这里设计的 VCO 电路,频率可变范围为 60～70MHz,控制电压 V_C 为 1～10V。因此,变容二极管最适宜用作 VHF 频段的电子调谐器中的器件,选用数皮法至数十皮法电容量的变容二极管,电路中选用日立的 1SV126 变容二极管,其外形与特性如图 8.16 所示。实测 1SV126 的电容可变范围约为 2~18pF(数皮法以下不能正确测试),如图8.16(d)所示,这能够满足本电路的要求。

项 目	符 号	条 件	最小值	标准值	最大值	单位
反向击穿电压	$V_{(BR)R}$	$I_R = 1\mu A$	30	—	—	V
反向电流	I_R	$V_R = 28V, T_a = 25℃$	—	—	10	nA
		$V_R = 28V, T_a = 60℃$	—	—	20	nA
端子间电容	C_3	$V_R = 3V, f = 1MHz$	26	—	32	pF
	C_{25}	$V_R = 25V, f = 1MHz$	4.3	—	6.0	pF
电容量变化比	n	C_3/C_{25}	5.0	—	6.5	
串联电阻	r_s	$V_R = 3V, f = 50MHz$			0.5	Ω
组内电容量偏差	$\Delta C/C$	$V_R = 1V, 25V$			3.0	%

(a) 电气特性

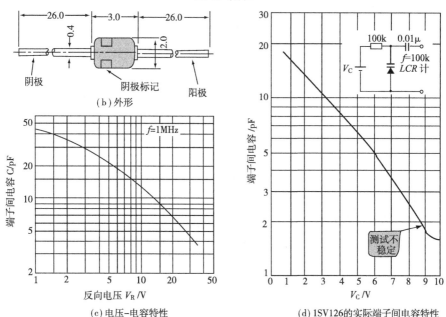

(b) 外形

(c) 电压-电容特性

(d) 1SV126的实际端子间电容特性

图 8.16 VHF 频段变容二极管 1SV126 的特性(日立制作所(株))

(这是用于 VHF 频段而手边现有的 FM 调谐用变容二极管。由规格表可知,可惜是个维修代用品。这种二极管可用东芝的 1SV147 等替代,但实际上外围参数需要有些改变。图(d)是实际使用的二极管的变容特性)

计算频率可变范围时,要注意 2 个变容二极管的串联问题。实际上电容可变范围为 1～9pF。

与线圈 L_1 并联的微调电容 CV 用于调节振荡频率的范围,CV 的电容量越大,则可变范围越窄。

电抗 XL 约 100Ω,$f_o=65\mathrm{MHz}$ 时,则线圈 L_1 的电感量为

$$L_1=XL/(2\pi f_o)=100/(6.28\times65\times10^6)=0.244(\mu\mathrm{H})\ (\rightarrow0.25\mu\mathrm{H})$$

$f_{\min}=60\mathrm{MHz}$ 时总电容量 $C_{T\min}$ 为:

$$C_{T\min}=1/\omega^2L_1=1/(6.28\times60\times10^6)^2\times0.25\times10^{-6}=28.17(\mathrm{pF})$$

$f_{\max}=70\mathrm{MHz}$ 时总电容量 $C_{T\max}$ 为:

$$C_{T\max}=1/(6.28\times70\times10^6)^2\times0.25\times10^{-6}=20.67(\mathrm{pF})$$

这里,若总电容量中减去变容二极管的电容,则要并联一个 20pF 的电容 Cp。实际上不采用较小的电容就不能得到所需要的可变范围,因此,使用半固定电容进行调节。

L_2 为高频扼流圈,振荡频率时其电抗 XL_2 为 $1\mathrm{k}\Omega$ 至数千欧即可。而电感量要求不那么严格,$XL=5\mathrm{k}\Omega$ 时,L_2 为:

$$L_2=XL/2\pi f_{\min}=5000/6.28\times60\times10^6=13.2(\mu\mathrm{H})$$

因此,选用 $10\sim15\mu\mathrm{H}$ 的扼流圈。

L_3 是振荡频率时为高阻抗(为 L_1 电感量的 10 倍左右)的高频扼流圈。图 8.17 为高频扼流圈的工作原理。若不增设这个扼流圈,由于源电阻 R_2 与变容二极管并联,因此,电路的 Q 值降低,较难产生振荡。

若 $XL_3=1\mathrm{k}\Omega$,则 L_3 为

$$L_3\geq XL_3/2\pi f_{\min}=2.65(\mu\mathrm{H})$$

选用比上述计算值高的电感,即 $5.6\mu\mathrm{H}$。

输出缓冲放大器是在 Tr_2 的源极增设恒流电路(由 Tr_3 的 I_{DSS} 决定的恒定电流为数毫安),因此,电路的直流电平使 R_4 和 R_5 电阻上电压约为 $1/2V_{CC}$,设定 $R_4=R_5$ 即可。

栅极几乎没有电流,电阻(R_4 和 R_5)设定为数十千欧,但也没有必要设定太高的输入电阻,这里选用 $10\mathrm{k}\Omega$。

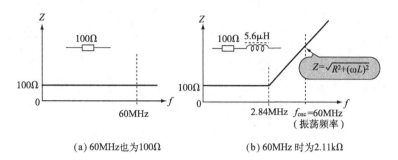

(a) 60MHz 也为 100Ω　　　　(b) 60MHz 时为 2.11kΩ

图 8.17　RF 扼流圈的工作原理

(电源电压与控制信号电压都是直流。处理的高频信号位于 VHF 频段时,为了使高频信号不影响直流～低频信号,为此,使用扼流圈。线圈的阻抗(电抗)为 ωL,因此,高频时元件的阻抗增大,这样,对直流部分的影响减小)

8.3.4 电路的调整与实际特性

现考察一下电路的实际振荡情况。

首先,将微调电容 CV 大致调在中间位置,输入控制电压 V_C 也位于中间值,约为 5V,这时电路产生振荡。这种状态下改变线圈 L_1 与微调电容 CV,验证振荡频率的变化情况。

其次,将控制电压 V_C 设为 1V,调节线圈 L_1 即改变电感值来调节频率,设定最低振荡频率 f_{min} 为 60MHz。

控制电压 V_C 为 10V 时,调节微调电容 CV 的容量使最高振荡频率 f_{max} 为 70MHz。这时,f_{min} 有些变化,因此,再次重复对 f_{min} 进行调节。

若 VCO 频率范围一般没有 5%～10% 的富余量,就不能覆盖环境温度等变化的范围,也就不能用 PLL 电路进行频率锁定。要进行更正确的调节,设定时留有适当的富余量也非常重要。

照片 8.3 是实际的振荡波形,其中,照片 8.3(a) 是 $V_C = 5V$ 时 Tr$_1$ 的源极波形。若接上示波器的探头进行测试,振荡频率由 65.4MHz 降到 64.1MHz,输出振幅为 $2.5V_{p-p}$,波形也很正常。

最终源跟随器 Tr$_2$ 输出的振幅进一步降低,这是由于振荡输出与缓冲放大器经由电阻 R_2 进行耦合,再有 C_4 的电容量变得很小,为 3pF 的缘故。Tr$_2$ 输出如照片 8.3(b) 所示,振幅约为 $0.45V_{p-p}$。

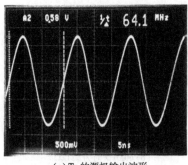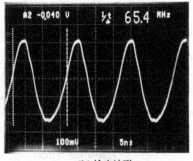

(a) Tr₁ 的源极输出波形　　　　　　　　(b) 输出波形

照片 8.3　科耳皮兹式 VCO 电路的振荡波形

((a)是科耳皮兹电路振荡输出,即 Tr₁ 的源极波形。这里若接上示波器的探头,振
荡频率发生变化,这是由于受到探头电容影响的缘故。Tr₂ 源极输出波形不是这样,
其波形振幅由隔直电容 C_4 与 R_4 之比决定,振幅可由该比值设定)

　　进一步降低输出振幅时,与电阻 R_4 并联 10～20pF 的电容,构成电容分压型衰
减网络。

　　图 8.18 示出振荡频率对于控制电压 V_C 的变化情况,低控制电压(1～3V)范
围内线性稍有些弯曲,但对于 PLL 电路不会有问题。

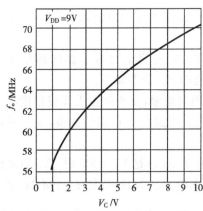

图 8.18　科耳皮兹式 VCO 电路的振荡
频率对控制电压的特性

(这是图 8.14 电路的特性,可以实现预定 60～
70MHz 频率的 VCO 电路特性,由图可见在低频率范
围内线性有些问题,这是由于变容二极管的特性引起
的。然而,这样的 VCO 用与 PLL 相位同步的环路
中,线性本身很少成为问题)

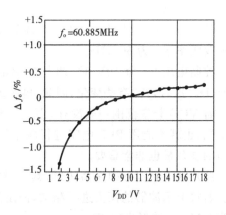

图 8.19　VCO 电路的电源电压变化特性

(这种特性不限于 VCO 电路,而且对于一般的 LC 振
荡电路频率也随电源电压而变化。这种 VCO 电路
在 V_{DD}=5～18V 范围内频率变化也只为 1%。电源
电压降到 2V 时电路也能产生振荡,但电源在 2～5V
期间变化时频率变化较大)

改变 L_1 与 CV 的值可以改变振荡频率的可变范围,但重要的是,对于 VCO 电路不必具备以上的可变范围。

该电路的电源电压 V_{DD} 为 9V 左右,但 2V 电压时电路也能产生振荡。图 8.19 示出 $V_{DD}=2\sim18V$ 变化时测试的振荡频率的变化情况。

电源电压为 9V 左右时,每 1V 电压变化其振荡频率变化约为 0.05%,但与总的频率可变范围(60～70MHz)相比,这些变化可忽略不计。

8.3.5 电感线圈

L_1 是用漆包线绕制成的空心线圈,但要使用外径粗的漆包线,以免机械振动使电感量发生变化,调整好后将石蜡等牢固地封住。

市售产品(东光制品而型号不明)是容易买到的绕在线圈骨架上的线圈,从中选用电感量为 $0.25\mu H$(4.5 匝)的线圈。由于这是内有磁心的线圈,因此,电感量可以调节,结构也很结实牢固。

线圈 L_2 和 L_3 是固定电感器,从 TDK 产品中分别选用 $10\mu H$ 和 $5.6\mu H$ 的电感线圈。

8.4 晶体管多谐振荡器构成的宽带 VCO 电路

8.4.1 宽带特性与电流模发射极耦合的 VCO 电路

高频 VCO 电路中,电压控制振荡频率多采用改变电容的方式,变容二极管经常用于这种目的。然而,这种方式的频率可变范围不太宽,由式

$$f_o = 1/2\pi\sqrt{LC}$$

可知原因在于,为了得到 2 倍振荡频率的变化,若改变电容 C,则就需要有 4 倍容量的变化。

另外,在低频 VCO 电路中,经常利用电容充放电现象的 VCO(7.3 节介绍的 V-F 转换器也称为宽范围的 VCO)采用改变积分电路中 C 的充放电电流,即改变周期 T 的方式,对于这种方式频率可变范围非常宽。

图 8.20 是晶体管自激多谐振荡器的基本电路,这与晶体管电路的教科书中见到的电路一样。频率固定或半固定用途的场合,该电路变为 VCO 电路就会出现问题。

图 8.20 电路的振荡频率由基极电阻 R_{B1},R_{B2} 以及电容 C_1,C_2 决定,但频率宽范围变化时,电阻 R_{B1} 与 R_{B2} 的阻值变化就非常大。然而,为了改变 R_{B1} 和 R_{B2} 的阻值,电容 C_1 和 C_2 的充电电流就会发生变化。这里考虑的方法是用恒流源控制定时电容的充电电流。也就是,为了使多谐振荡器变成 VCO 电路,如图 8.21 所示,

在晶体管 Tr_1，Tr_2 的发射极增设恒流偏值电路（Tr_3，Tr_4），定时电容 C 应接在 Tr_1 和 Tr_2 的发射极之间。这种结构电路一般称为电流模发射极耦合的 VCO 电路。

图 8.21 电路的振荡周期与电容 C 中的电流有关，因此，由外部控制电压 V_C 改变电路的恒流值，由此构成 VCO 电路。

晶体管 Tr_5 与电路振荡工作无关，这里用于补偿 Tr_3 和 Tr_4 的基极-发射极间电压 V_{BE} 的温度系数。

D_1 和 D_2 是用于输出电压箝位（使输出电压约为 $0.6V_{p-p}$）的二极管。这样，振幅变小，达到所设定电压的时间加快，起到加速的效果，这是高频化时必要的器件。

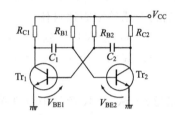

图 8.20　自激多谐振荡器的基本电路

（这是用定时元件 R_{B1} 与 C_1，R_{B2} 与 C_2 使 Tr_1 和 Tr_2 交互通/断的振荡电路。晶体管
多谐振荡电路是老式的著名电路。然而，这种电路原封不动可较难构成 VCO 电路）

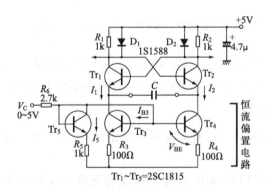

图 8.21　电流模发射极耦合的 VCO 电路

（上部电路是发射极耦合多谐振荡器，下部电路是电压 V_C 控制的恒流电路。若 V_C
的电压升高，则 Tr_3 和 Tr_4 的集电极电流 I_1 和 I_2 变大，电容 C 中蓄积的电荷很快泄
放，即振荡频率变高。Tr_5 用于补偿 Tr_3 与 Tr_4 恒流电路 V_{BE} 的温度特性）

8.4.2　振荡频率的计算方法

图 8.21 电路的振荡频率由恒流偏置值与电容 C 的容量以及晶体管 Tr_1，Tr_2

通/断工作的阈值电压决定,在这电路实例中,恒流值随外加控制电压 V_C 而变化,振荡频率也就跟着改变。

图 8.22 是说明电路工作原理图,首先,以 Tr_1 为截止状态,Tr_2 为导通状态(T_1 的定时时间)进行说明。

Tr_2 导通时,有基极电流 I_{B2} 经集电极电阻 R_{C1} 流通。另外,集电极-发射极间电压 V_{CE2} 仅为饱和电压(约为 50mV),因此,Tr_2 的发射极电位 V_{E2} 为

$$V_{E2} = V_{CC} - (I_{B1}R_2 + V_{CE2} + V_{F2})$$

在 Tr_1 截止瞬间,该电压加在 Tr_1 的发射极。

另外,电容 C 上电压(Tr_1 的发射极)以恒定电流 I_1 进行放电。因此,电容上电压线性下降(斜率 $\Delta E = I_1/C$),当电压达到 $V_{CC} - (V_{F2} + V_{BE1})$ 时,Tr_1 的基极-发射极为导通状态,Tr_1 变为饱和导通,其饱和电压为 V_{CE1}。这样,Tr_2 的基极电位降低,于是,Tr_2 截止。以后的工作状态变得与 Tr_1 截止时相同。

该电路的振荡频率 f_o 是周期 T_1 与 T_2 之和的倒数。因此,先计算 T_1 值为

$$T_1 = C \frac{V_{THH} - V_{THL}}{I_1} \approx C/I_1$$

式中,$V_{THH} - V_{THL} \approx V_F + V_{BE} = 1.1 \sim 1.3V$。

若 $T_1 = T_2$,则可求出振荡频率 f_o 为:

$$f_o = 1/(T_1 + T_2) = I_1/2C$$

现考察一下决定振荡频率的电容 C 值。

这里,若最高振荡频率 f_{max} 为 50kHz,电路的恒流最大值 $I_1 = I_2 = 10mA$,则 C 为:

$$C = I_1/2f_{max} = 10 \times 10^{-3}/2 \times 500 \times 10^{-3} = 10 \times 10^{-9} = 0.01(\mu F)$$

该值是切换非常适宜的值,电路的振荡频率范围可由切换电容值来达到。

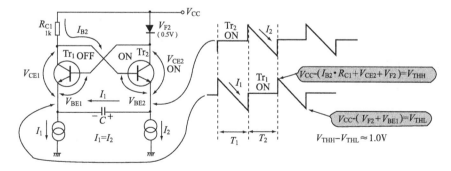

图 8.22 电流模发射极耦合式 VCO 工作原理说明图(T_1 的定时时间)
(Tr_2 导通时,电容 C 的电荷以恒流 I_1 放电,若电容 C 上电压变为 $V_{CC} - (V_{F2} + V_{BE1})$,则 Tr_1 导通,电容 C 的电荷以电流 I_2 放电。由于 $I_1 = I_2$,电容 C 上交互产生三角波信号。因此,若二极管的 V_{F2} 小,则可构成良好的高速切换开关)

8.4.3 晶体管外围电路的常数

晶体管 Tr_3 和 Tr_4 的发射极电阻 R_3 和 R_4 为高阻值电阻,用于补偿晶体管各自 V_{BE} 的分散性。然而,这部分要产生($I_1 \times R_3$)的损耗电压。$V_{CC} = 5V$,因此,这部分损耗不会太大。

假设 $I_1 = 10mA$,允许的损耗电压为 1V,则有 $R_3 = R_4 = 100\Omega$。Tr_1 和 Tr_2 的集电极电阻 R_1 和 R_2 的阻值,应保证供给对方晶体管基极足够大的电流使其充分饱和,但频率较高时尽量选用较低阻值。Tr_2 导通时是经 R_1 驱动其基极,因此,若驱动阻抗不降低,则导通时间就会变慢。

若 $V_C = 5V$ 时,流经 Tr_5 的电流为 1mA(这与 Tr_3 和 Tr_4 的基极电流相比足够大),则恒流电路 R_5 的阻值为

$$R_5 = 1V/I_5 = 1(k\Omega)$$

电阻 R_6 的阻值由最大控制电压决定,这里,控制电压为 $0 \sim 5V$,$V_C = 5V$ 时,考虑 $I_1 = I_2 = 10mA$,因此,Tr_3 和 Tr_4 的基极电位 V_B 为:

$$V_B = I_1 R_4 + V_{BE3}$$

这里 $I_1 = 10mA$,V_{BE3} 约为 0.7V,由此求出电阻 R_6 的阻值为

$$R_6 = \frac{V_c - V_B}{I_5 + 2I_{B3}} = (5 - 1.7)/1.2 \times 10^{-3} = 2.75 \times 10^3$$

式中,$I_{B3} = I_1/h_{FE}$,$h_{FE} = 100$ 左右。

以上求出 $R_6 = 2.7k\Omega$,但为了使频率与 f_{max} 准确一致时,使用 $2.4k\Omega$ 固定电阻 $+1k\Omega$ 可调电阻 VR 进行微调。

8.4.4 恒流偏置电路与振荡电路的特性

在进行振荡电路特性实验之前,首先,考察一下恒流偏置电路的特性。

图 8.23 示出控制电压 V_C 为 $0 \sim 5V$ 时,Tr_3 的发射极电流(用数字电压表测试 R_3 的两端电压,换算为 $E/100\Omega$ 的电流)的变化情况,但 $V_C = 1V$ 以上大致为线性关系。

原因是该电路的 Tr_3 和 Tr_4 的 V_{BE} 约为 0.7V,这样,若提供的控制电压不超过该值,则晶体管就不会有电流流通。因此,实际上使用的控制电压的范围 $V_C = 1 \sim 5V$。

那么,$f_{max} = 500kHz$,选用 $C = 0.01\mu F$ 电容。试考察一下 $I_1 = 1mA$($V_C \approx 1.2V$)的振荡情况。振荡波形($f = 50kHz$)如照片 8.4 所示,照片(a)从上至下为 Tr_2 的集电极波形,Tr_1 的发射极波形,Tr_2 的发射极波形,都是纯真的波形,但照片(b)是通道 2(CH_2)反转与通道 1(CH_1)合成(相加)的波形。

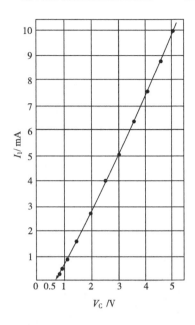

图 8.23　控制电压与 Tr_3 的恒流特性

（这是图 8.21 电路的控制输入电压 V_C 与恒流电路 Tr_3 的发射极电流之间的关系。晶体管导通需要 $V_{BE} = 0.6V$ 左右的电压，开始有恒定电流流时，V_C 也要高于 V_{BE}，其后 V_C 与恒流 I_1 的关系为良好的线性）

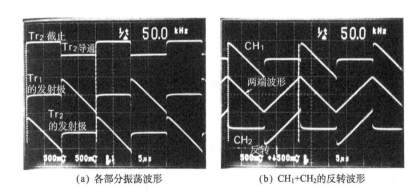

（a）各部分振荡波形　　　　　（b）$CH_1 + CH_2$ 的反转波形

照片 8.4　电流模发射极耦合型 VCO 电路的波形

（这是图 8.21 电路中 $C = 0.01\mu F$ 时振荡波形。$V_C = 1.2V$ 时进行约 50kHz 频率振荡。照片（a）中间和下边分别是 Tr_1 和 Tr_2 的发射极波形，斜线处就是电容的电流减去恒定电流。照片（b）是电容两端的波形，CH_2 即为 Tr_2 发射极波形反转进行合成（相加）的波形）

　　照片 8.4（b）见到的是电容 C 两端波形，由此可见这是两个晶体管发射极波形之差，因此，为连续的三角波形。

　　然而,观察这种电路的波形时,示波器的探头不能直接接到电容的两端,原因是探头的地接到电容的一端,振荡工作就会不稳定。

　　要观察电容两端波形时,如照片 8.4(b)所示,将示波器的 CH$_1$ 输入端接 Tr$_1$ 的发射极,CH$_2$ 的输入端接 Tr$_2$ 的发射极。若对各自波形进行减法运算(CH$_2$ 的波形反相,再将 CH$_1$ 和 CH$_2$ 的波形相加),则得到 8.4(b)中间所示波形。

　　照片 8.5 示出 $V_C=5V$ 时(f_{max} 振荡)Tr$_1$ 发射极的电压波形。上升波形变钝,但电容 C 两端的波形正常。Tr$_2$ 波形也一样变钝,因此,差电压波形变钝,呈现的不是三角波。

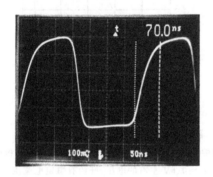

照片 8.5　$C=0.01\mu F$,最高振荡频率
时电容两端波形($V_C=5V$)

(C 值大,则波形变钝。振荡频率约为 500kHz。然而,注意到电容充放电部分保持
为较好的线性关系,因此,考虑在正常范围工作即可)

　　图 8.24 是图 8.21 电路 VCO 的控制电压特性。$C=0.01\mu F$ 时振荡频率对于恒定电流值是线性变化(纵轴为对数刻度,因此,数据曲线有些弯曲)。

　　现考察一下电容值的变化情况,$C=1000pF$ 时线性比较差,振荡频率 2MHz 以上,晶体管各自集电极输出波形上升变慢。频率进一步提高则输出振幅降低,8MHz 频率时振幅约为 $0.25V_{p-p}$(通常为 $0.5V_{p-p}$)。

　　照片 8.6 是 $f_o=3MHz$ 时输出波形。上升时间约为 70ns,若仅考察波形,频率界限为 3MHz 左右。作为参考,图 8.25 中示出对应 100MHz 的 VCO 电路的构成,请研究一下如何高频化的问题。

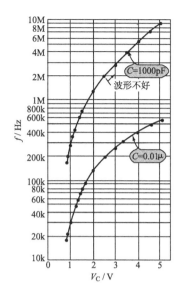

图 8.24 控制电压与振荡频率特性

(在图 8.21 中,$C=0.01\mu F$ 时 $V_C=0\sim5V$ 的范围变化,在频率 $30\sim500kHz$ 可得到较好线性的 VCO 特性。而 $C=1000pF$ 时线性变坏,尤其是 2MHz 以上频率振荡特性变钝。对于原来的电路约 3MHz 为其界限)

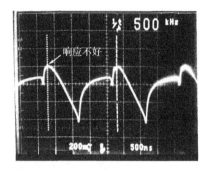

照片 8.6 $C=100pF,f=3MHz$ 时输出波形

(这是 3MHz 的振荡波形,波形变钝。振荡频率可考虑为正常范围的界限。即使是晶体管振荡电路,也可以预测到 MHz 量级的振荡,波形变钝)

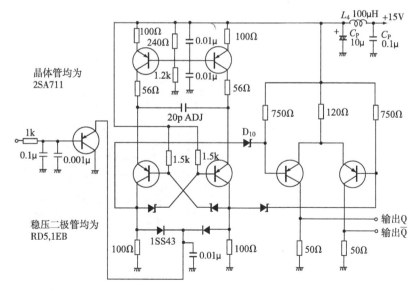

图 8.25 100MHz 的 VCO 参考电路

8.5　使用陶瓷振子的 VCO 电路

8.5.1　陶瓷振子低 Q 值的利用

如前所述,陶瓷振子与晶体振子相比较,机械的 Q 值不太大。因此,利用其低 Q 值可构成宽频率可变范围(若与 LC 振荡器相比较,可变范围较窄)的 VCO 电路。

尤其构成 VCO 电路时,陶瓷振子的 Q 值可以小到数百,使用的效果可得到 10% 左右的频率可变范围。现在用于电视水平同步信号的发生等。

当然,对于一般时钟振荡用的陶瓷振子,增设与其串联变容二极管,可以得到百分之几的频率可变范围。

使用陶瓷振子 VCO 电路的特征:与 LC 振荡器相比可以得到相当稳定的振荡频率,几乎不需要调整,小型而低价格等。

陶瓷等机械振子的自谐振频率是固定的,它由构造与材质决定。一般利用此谐振频率可以产生稳定频率的振荡。反之,若外加电抗元件(电容或电感)使谐振频率稍微有些变化,则可以构成频率可变范围较窄的 VCO 电路。

照片 8.7 示出陶瓷振子的负载电容与串联谐振频率之间关系。陶瓷振子如照片 8.7(a)所示,串联谐振频率(f_r 或 f_s)随陶瓷振子两端接的负载电容而变化,因此,这里若增设一个变容二极管就可构成 VCO 电路。

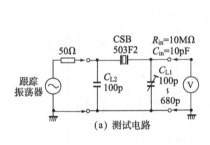

(a) 测试电路

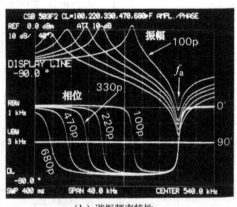

(b) 谐振频率特性

照片 8.7　陶瓷振子的负载电容与谐振频率的特性

(使用陶瓷振子时可知,若负载电容值发生变化,则振荡频率也发生变化。这时,考察一下陶瓷振子的变化情况,如照片(b)所示,由此可知,负载电容量增大,串联谐振频率降低)

照片 8.7(b)是测量实际用于 VCO 电路的陶瓷振子 CSB503F2(村田制作所)的负载电容特性。请浏览一下输入输出间振幅衰减量与相位特性。

照片 8.7(b)示出振幅特性(上方)与相位特性(下方),串联谐振时振子阻抗只是等效串联阻抗,因此,衰减量较小,而并联谐振频率(f_a 或 f_p)时衰减量较大。

试观察一下负载电容 C_L 分别为 100pF,220pF,330pF,470pF,680pF 时振荡波形,按照电容量从小到大的顺序,串联谐振频率向低频率方向移动,而并联谐振频率几乎不变化。另外,相位特性在振幅峰值附近急剧变化,即在 0°~180°范围内变化。

8.5.2　陶瓷振子两端子间阻抗的变化情况

使用陶瓷体振子的 VCO 电路几乎都是采用改变串联谐振频率的方式。那么,为了分析其工作原理,适当的方法就是关注振子两端的阻抗。

观察一下与振子串联一个电容改变频率时,实测其阻抗的频率特性。

图 8.26 是振子两端子间阻抗测试电路。这是用等效恒流驱动,在与信号源之间串联 10kΩ 电阻的简单方式。若电路采用恒流驱动方式,测试其端子电压就可知振子两端子间阻抗。

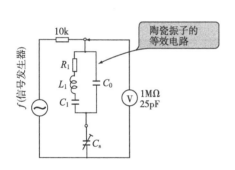

图 8.26　振子两端子间阻抗的测试方法

(由照片 8.7 可知,用陶瓷振子构成 VCO 电路中,串联谐振频率发生变化,具体考察一下包括串联电容 C_s 网络在内的阻抗测试情况。希望采用真正的恒流驱动方式,但为了观察阻抗变化趋势,测试时在电压源中接入 10kΩ 电阻)

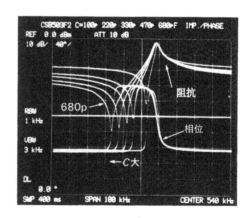

照片 8.8　陶瓷振子串联电容时
阻抗与相位特性

(这是 VCO 电路中采用 CSB503F2,频率为 500kHz,串联 100~680pF 时的特性。由此可见,串联谐振频率按照串联电容值从小到大的顺序降低,这就证实了照片 8.7 所示特性)

照片 8.8 示出分别与陶瓷振子 CBS503F2 串联 100pF,220pF,330pF,470pF,680pF 电容时阻抗特性(上方)与相位特性(下方)。由此可见,串联谐振频率(阻抗最小时频率)按照串联电容 C_s 值从小到大的顺序降低。

C_s＝100～680pF 变化时,串联谐振频率变化约 20kHz(对于 540kHz 约变化 3.7%)。对于不需要频率可变范围的用途时,可以采用这种方式。对于 VCO 电路需要用电压控制串联电容 C_s,为此目的使用变容二极管最合适。

例如,1SV149(东芝)是 AM 电子调谐用变容二极管,图 8.27 示出 1SV149 的特性,但这是加 1～8V 的反偏置电压时可得到 435～20pF 电容的器件。三洋电机的 SVC321 等变容二极管也具有同样特性。

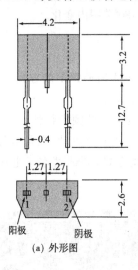

(a) 外形图

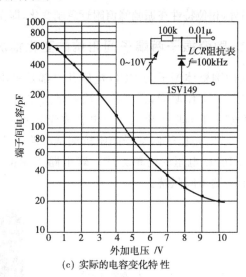

(c) 实际的电容变化特性

项　　目	符　号	测试条件	最小值	标准值	最大值	单位
反向电压	V_R	$I_R=10\mu A$	15	—	—	V
反向电流	I_R	$V_R=15V$	—	—	50	nA
电容	C_{1V}	$V_R=1V, f=1MHz$	435	—	540	pF
电容	C_{8V}	$V_R=8V, f=1MHz$	19.9	—	30.0	pF
电容比	C_{1V}/C_{8V}	—	15.0	19.5	—	
性能指数	Q	$V_R=1V, f=1MHz$	200	—	—	

(b) 电气特性(Ta＝25℃)

图 8.27　变容二极管 1SV149 的外形与电气特性(东芝)

(这是经常用作 AM 电子调谐器的变容二极管。用于 AM,因此,电容变化比即 C_{1V}/C_{8V} 也接近 20,这个电容变化比相当大。但是,这种元件特性的分散性很大,因此,要实际测试其电压-电容量变化特性,如图(c)所示)

8.5.3　频率可变范围的扩大

百分之几左右的频率可变范围对应上述的改变串联电容 C_s 的方式。然而,需要更宽可变范围时,可采用图 8.28 所示的串联电感 L_s 的方式。

这时,串联电感 L_s 与振子等效电感 L_1 相比,其值不小就不能稳定振荡工作。

另外,频率可变范围与 L_s 的值成比例地扩大,若频率可变范围过宽,就会产生异常振荡。若与此并联具有 Q 值的阻尼电阻 R_d,有时会进行正常振荡。

若串联电感 L_s,则作为电路的串联谐振频率降低,但同时包括陶瓷振子的总 Q 值也降低,因此,频率稳定性变差。若将 VCO 接到 PLL 环路中使用就不会出问题。

照片 8.9 是 $L_s=330\mu H$,$C_s=220pF$ 时阻抗和相位特性。串联谐振频率降到 525kHz,但谐振特性变得更平坦(照片中 $C_s=220pF$ 时为 535kHz)。

这样,不尖锐的谐振特性表示 Q 值较低,振荡频率的稳定性变坏。

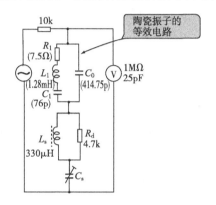

图 8.28 串联电感线圈 L_s 得到宽变化范围的方式

(由图可见,对于陶瓷振子的 VCO 电路,为了扩大可变范围要串联接入电感 L_s。但是,该 L_s 电感值与陶瓷振子等效电感相比要足够小。另外,若 L_s 值大有时也会产生异常振荡。R_d 就是为此接入的,称为阻尼电阻。本图()内的数值是 CSBS03F2 产品目录中的数值)

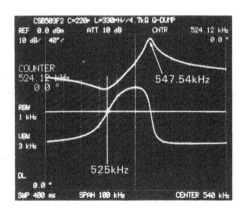

照片 8.9 陶瓷振子串联电容 C_s 与串联电感 L_s 时阻抗特性

(这是与 CSB503F2 串联电容 $C_s=220pF$ 与串联电感 $L_s=330\mu H$ 时阻抗特性,由照片可见,串联谐振频率降到约 525kHz。另外,谐振特性曲线也尽量接近照片 8.8。这时,谐振频率的稳定性变坏)

8.5.4　串联谐振频率变化的 VCO 电路

图 8.29 是一般陶瓷振子的 VCO 振荡电路中增设固定电感 L_1 与变容二极管的电路实例。电路中,科耳皮兹电路为基本振荡电路。这里,振子的谐振频率低到 500kHz,因此,为了扩大频率可变范围,将 2 个变容二极管并联。

使用的线圈 L_1 的电感由需要的频率可变范围决定,为了得到宽可变范围,L_1 值要大,实例中 L_1 选用 $470\mu H$ 左右电感。然而,使用的线圈电感量太大,则会产生异常振荡。这时,可与线圈 L_1 并联 Q 值阻尼电阻 R_2($4.7k\Omega$),使电路稳定振荡工作。

与线圈 L_1 并联的 Q 值阻尼电阻 R_2 的阻值可按 L_1 的电抗的 $5\sim10$ 倍进行计算,即 $L_1 = 330\mu H$,$X_L \approx 1k\Omega$,因此,计算出 R_2 阻值为 $5\sim10k\Omega$。

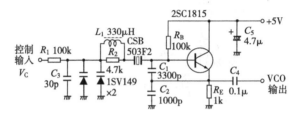

图 8.29　串联电感而扩大可变范围的 VCO 具体电路

(科耳皮兹振荡电路为基本电路。2 个变容二极管并联,从而扩大频率可变范围,再增设电感 L_1,进一步扩大可变范围。但是,L_1 为 $330\mu H$ 时产生异常振荡,因此,要与 L_1 并联阻尼电阻 R_2)

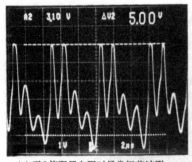

(a) 无 Q 值阻尼电阻时异常振荡波形

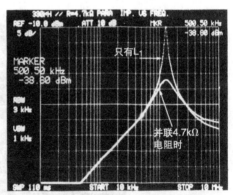

(b) 有 Q 值阻尼电阻谐振时 Q 值降低的情况

照片 8.10　串联电感时 VCO 电路的波形

(照片(a)是图 8.29 电路中 L_1 没有并联阻尼电阻 $R_2 = 4.7k\Omega$ 时异常振荡波形。L_1 并联 R_2 时就能正常振荡。照片(b)示出有无 R_2 时测试的阻抗频率特性,由照片可见,只有 L_1 时为锐谐振特性)

照片 8.10 示出使用 $330\mu H$ 的电感线圈,而没有 Q 值阻尼电阻时振荡波形,由照片可见,为异常振荡波形。若与 L_1 并联 $4.7k\Omega$ 的 Q 值阻尼电阻就不会产生异常振荡,可得到非常好的振荡波形。

照片 8.10(b)示出与 L_1 并联 Q 值阻尼电阻时阻抗频率特性。没有并联电阻时示出的为锐谐振特性(与寄生电容产生并联谐振),约 $1MHz$ 以上的频率时不是纯电感特性。

然而,若与 L_1 并联 $4.7k\Omega$ 的 Q 值阻尼电阻,则不是锐特性而变成宽频带响应。这就是 Q 值降低的状态,但几乎没有影响到振荡频率(约 $500kHz$)。

图 8.30 是线圈 L_1 的值分别为 $0,330\mu H,470\mu H$ 时振荡频率的变化特性。对于 $L_1=0$ 时变化特性,频率可变范围向低频方向扩大。

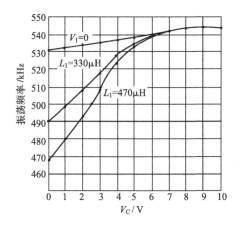

图 8.30 线圈 L 的电感量改变时振荡频率的变化情况

(这是在图 8.29 电路中,改变与陶瓷振子串联的电感 L_1 的值时,测量的频率可变范围的变化情况。由图可见,不接 L_1 时频率可变范围只有 2%,当 $L_1=470\mu H$ 时频率可变范围为 15% 左右)

频率可变范围由使用目的与用途决定,但重要的是不要超出所需要以上的范围。根据场合不同,L_1 为 $100\sim220\mu H$ 时范围较窄即可。

照片 8.11 示出控制电压 V_c 为 $0V$ 与 $10V$ 时振荡输出波形,波形也随振荡频率不同而异。由于阻抗特性也包括振子阻抗大幅度地变化(宽可变范围的 VCO 电路),因此,振荡条件也跟着变化。

要得到较好的振荡波形,若选用最佳值电容 C_1 和 C_2,则控制电压 V_c 变化时振荡有时停止,请注意这个问题。

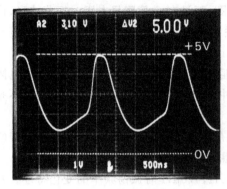 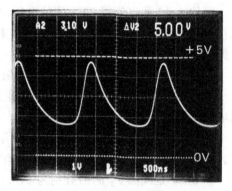

(a)f_{min}=491.66kHz时振荡输出波形 　　　(b)f_{max}=545.13kHz时振荡输出波形

照片 8.11　图 8.29 电路的振荡波形

(照片(a)是 V_c＝0V 时振荡波形,(b)是 V_c＝10V 时振荡波形,波形都不好,但作为
VCO 使用时问题不太大。为了得到较好的波形,可采用第 5 章的 LC 振荡电路,重
要的是选用 C_1 和 C_2 的值。可采用折衷选择方案,但要注意防止振荡停止的问题)

8.5.5 CMOS 反相器构成的陶瓷振子 VCO 电路

前述晶体管的 VCO 电路,振荡频率在 1MHz 以下,其波形为方波,为要得到
非常好的波形时可采用 CMOS 反相器构成的振荡电路。

图 8.31 是高速 CMOS(74CHU04)的模拟工作状态,这是反馈环中接有陶瓷
振子的振荡电路。实例中,线圈 L_1 与振子串联,由一端接地的变容二极管改变振
荡频率。

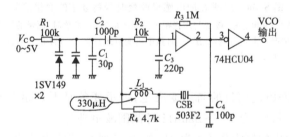

图 8.31　使用 CMOS 反相器的陶瓷振子 VCO 电路

(基本电路与图 8.29 所示使用晶体管的 VCO 电路相同。若以几兆赫以下频率进行
振荡,使用晶体管 VCO 电路输出为方波,为得到非常好的波形时可采用 CMOS
反相器构成的 VCO 振荡电路。使用 PLL 与数字 IC 组合时使这种电路更为简单。
电源电压为 5V)

另外,在反相器输入端接电阻 R_2 和电容 C_3 构成相移电路,这样可在宽范围内
更加稳定地改变频率。

电容 C_2 用于设定频率可变范围。由于采用 2 个变容二极管并联$(C_{max}=1000pF)$,因此,可考虑在 $V_C=0V$ 附近环增益下降,振荡停止,为此,设定 $C_2=1000pF$,控制最大电容量。

使用的陶瓷振子是用于 VCO 电路中的 CSB503F2,在约 500kHz 频率产生振荡。频率可变范围与串联线圈 L_1 的电感成比例,但其电感量要由实验求出。

图 8.31 是使用 CSB503F2 陶瓷振子实例,但改为其他振荡频率时可以增减相移电容 C_3 的值。大致值是

$$C_3 \approx 1/2\pi f_o R_2$$

的 5 倍左右。

图 8.32 是线圈 L_1 的电感分别为 $220\mu H, 330\mu H, 470\mu H$ 时振荡频率的变化特性。控制电压 V_C 以 2.5V 为基准(括号内记载 $V_C=2.5V$ 时的频率)。

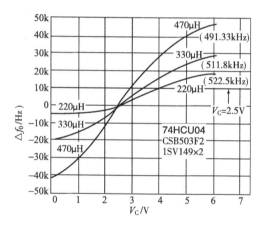

图 8.32 $V_c=2.5V$ 作为基准时频率变化特性

(这是图 8.31 电路的控制电压与频率特性。为使频率可变范围宽,串联一个电感线圈,测试线圈 L_1 的值为 $220\mu H, 330\mu H, 470\mu H$ 时振荡频率的变化特性。$L_1=470\mu H$ 时频率变化范围非常宽,由图可知,可以扩大频率可变范围。但 $L_1=470\mu H$ 是其界限值)

由特性可知,$L_1=330\mu H$ 时得到的频率偏移 Δf_o 约为 45kHz,这相对于 $f_o=500kHz$ 偏移约 10%,因此,可以构成非常宽频率可变范围的 VCO 电路。

另外,$L_1=470\mu H$ 时得到的频率偏移 $\Delta f_o \approx 80kHz$,该值是大致的界限值,若周围常数设定不合适,则不能产生稳定振荡(尤其是控制电压 V_C 变化时)。

照片 8.12 是电路的振荡波形,其中,(a)是示波器观察的 CMOS 反相器输入输出波形。$L_1=470\mu H, V_C=2.5V$ 时电路以约 491kHz 频率进行振荡。

输入是 $1/2V_{DD}$ 为中心而振幅约为 $1V_{P-P}$(随 V_C 值不同多少有些变化)的波形。由于使用 74HCU04,输出波形多少有些边沿。然而,该电路不能使用缓冲器类型

的 74HC04。

照片(b)是振荡输出有噪声,以 3Hz 带宽分析 500kHz 变化范围的情况。×处示出的峰值是由于使用的电源等影响,混入的 50Hz 及谐波的缘故。

对于 VCO 电路要增强电源电路的去耦作用,需要对交流成分有足够的衰减。

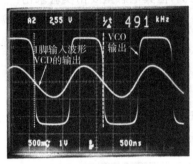

(a) $L_1=470\mu H, V_C=2.5V$
时的振荡波形

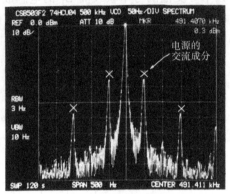

(b) VCO的噪声(50Hz/div)

照片 **8.12** CMOS 反相器构成的陶瓷振子 VCO 电路的振荡波形

(这是图 8.31 电路的振荡波形与输出噪声谱。频率为 50kHz,它适合 IC 所用的频率,因此,输出为非常好的方波。但观察输出噪声可知出现 50Hz(交流)噪声,这是来自电源的噪声。使用噪声小的电源非常重要)

8.6 使用晶体振子的 VCO 电路(VCXO)

8.6.1 频率可变范围为 1% 的电路

对于保持高频率稳定性的 VCO 电路,使用电压控制晶体振荡电路即 VCXO 电路最适宜。然而,这种电路的振荡频率可变范围在 1% 以下。

VCO 本来用于改变振荡频率精度与稳定性都非常高的晶体振荡电路的频率。因此,若频率可变范围设计太宽,就会产生异常振荡并使振荡停止,或使频率稳定性变坏。

对稳定性没有要求时,采用前面介绍的陶瓷振子的振荡电路即可。一般的晶体振荡电路的频率变化为数至数十 ppm(1ppm 为 10^{-6},即百万分之一)。要求的频率稳定性超过此值时,采用与标准电波(JJY)及视频电波的副载波(3.58MHz)同步的 PLL 方式最有效,VCXO 就是作为这样 PLL 电路应用的 VCO。

另外,最近市场上销售有振荡频率稳定度高的温度补偿振荡电路模块(称为 TCXO)。TCXO 作为整个系统中的主振荡电路(或系统时钟频率),其他频率也有应用与此同步的 VCXO 进行振荡的场合。

8.6.2 晶体振子特性之研究

作为 VCXO 电路主要使用晶体振子,现观察一下测试的晶体振子的电气特性(串联与并联谐振频率及其相位)随负载电抗不同的变化情况。

图 8.33 是与晶体振子串联电容时阻抗与相位特性的简易测试方法(观察到趋势即可)。电路中,串联电阻 R_s 为高阻值电阻,由此可作为恒流源处理。另外,与电阻 R_s 并联的 20pF 电容用于补偿杂散与测试探头输入电容的影响。使用晶体振子时,该电容值使其相位为平坦特性。

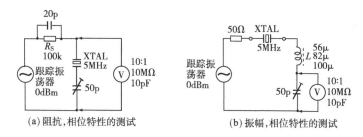

(a)阻抗,相位特性的测试　　　　(b)振幅,相位特性的测试

图 8.33　晶体振子特性的测试方法

(用跟踪振荡器与频谱分析仪组合的网络分析仪,可以观察到所有电子元器件在高频领域的阻抗特性。这样,在高频电路中也不需要反复试验,理解每个元器件特性之后就可进行实验。测试阻抗特性时,最理想的是元件采用恒流驱动方式)

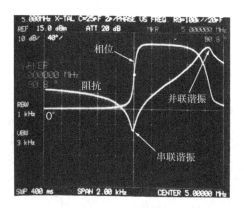

照片 8.13　5MHz 晶体振子的阻抗-相位特性(200Hz/div)

(由图 8.33 测试的晶体振子的阻抗可知,串联谐振频率时阻抗最小,并联谐振频率时阻抗最大。实际上晶体振子以比串联谐振频率稍高的频率进行振荡。因此,晶体振荡时也要采取措施使串联谐振频率移动)

照片 8.13 示出标称 5MHz 晶体振子串联 25pF 电容(50pF 的微调电容)时阻抗-相位特性。串联谐振时阻抗最小,并联谐振时阻抗最大(恒流驱动方式,因此,

为锐特性),其频率差约 8kHz。

相位特性是以串联谐振频率为分界线,急剧从 0°到 180°偏移,到并联谐振频率保持感抗性质。为了根据此特性了解振荡频率,最适宜的是了解振荡电路整体的环特性,但振荡频率比串联谐振频率稍高一些(若电容发生变化,则串联谐振频率稍微有些变化)。

对于使用 CMOS 反相器的科耳皮兹振荡电路,根据这种阻抗特性测试的实际振幅与相位特性如图 8.33(b)所示。

8.6.3　增设线圈时的阻抗特性

现考察一下实际采用图 8.33(b)的方式测试晶体振子的阻抗特性。照片 8.14 就是采用这种方式测试晶体振子的阻抗特性。

照片 8.14(a)是线圈 L 被短路时特性,也就是串联电容(并联在 CMOS IC 输入端)值在 20～50pF 范围变化时,位于串联谐振频率附近的振幅及相位特性。测试时满度频率为 2kHz,由此可变频率为 200Hz。

200Hz 的可变频率其频率偏移很小,因此,串联 $56\mu H$ 电感 L 时,特性变成宽频带响应特性,如照片 8.14(b)所示。原因是串联电感 L 时 Q 值比振子的 Q 值低(频率稳定度变差)。串联谐振频率约有 700Hz 偏移。

照片 8.14(c)是串联 $82\mu H40$ 电感 L 的实例。为了便于观察其特性,测试满度变化频率为 5kHz。于是,频率偏移约为 1kHz,但特性变为宽频带响应特性。

照片 8.14(d)是串联电感 $L=100\mu H$ 时特性。测量满度为 10kHz,但由照片可知,特性变为相当的宽频带响应特性。这就是串联电感的界限值。

由以上的实验可知,为了扩大频率可变范围,设定 L 的电感值要较大,则晶体振子的振幅及相位特性变为宽频带响应,因此,频率稳定性也变坏。

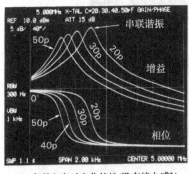 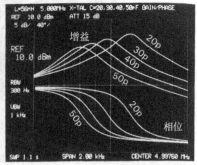

(a) 串联电容时变化特性(没有接电感L)　　(b) L=56μH,串联电容时变化特性

照片 8.14　晶体振子串联电感与电容时阻抗特性

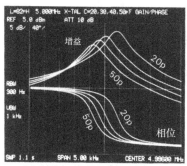 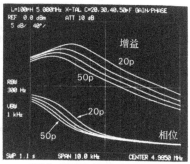

(c) L=82μH,串联电容时变化特性　　　　(d) L=100μH,串联电容时变化特性

续照片 8.14 晶体振子串联电感与电容时阻抗特性

(这是采用图 8.33(a)的测试电路,测试晶体振子串联电感与电容时,串联谐振频率
的变化特性。由照片可见,串联电容值增大,则谐振频率降低,串联电感值增大,则
振幅特性变成宽带响应特性)

8.6.4 晶体管的 VCXO 电路

图 8.34 是利用改进型科耳皮兹的 VCXO 电路实例,电路基本常数的计算方
式同前,因此,这里说明电路的关键问题。

$f=5$MHz,电抗为 100Ω 左右时决定主振荡电路的电容 C_3,因此,C_3 的容量为

$$C_3 \approx X_L/2\pi f = 100/6.28 \times 5 \times 10^6 \approx 330\text{pF}$$

C_4 容量在 $C_3 \sim C_5/5$ 范围内比较适宜,但作为 VCO 的用途,包括振子电容,特
性变化较大,因此,要设计较大比率。例如,若 C_4 为 $C_3/5$,则 C_4 为:

$$C_4 = 330 \times 10^{12}/5 = 68\text{pF}$$

变容二极管适宜使用 $C_{\max}$ 较大的 AM 电子调谐用 SVC321 或 1SV149,但这是
AM 电子调谐用,$C_{\min}$ 时振荡不容易稳定,因此,并联 27pF 的电容,频率可变范围
稍有些变窄。串联电感 L 值通过实验求出即可。

图 8.35 示出 L_1 为 56μH,82μH,100μH 时振荡频率的变化特性。L_1 为 56μH
时频率偏移 Δf.约为 1kHz(0.02%);82μH 时 Δf.约为 1.5kHz(0.03%),变化范
围很窄;$L_1=100\mu$H 时可得到 $\Delta f.=4.2$kHz(0.084%)的频率偏移。

图 8.36 是控制电压与振荡频率的特性。请注意,振荡频率一定低于晶体振子
固有的频率(5MHz)。

由上可见,$L_1=100\mu$H 时电路比较实用。

图 8.15 是振荡电路中晶体管发射极输出波形,设定 $C_3=5C_4$,其比率较大,因
此,波形出现失真。

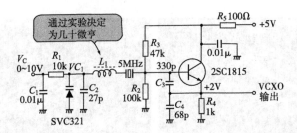

图 8.34　串联谐振频率可变的 VCXO 电路
(基本上是改进型科耳皮兹电路。这与使用陶瓷振子时一样,为了得到非常好的波形,可调节接在晶体管基极的 C_3 与 C_4 之比。另外,串联电感 L_1 的值也与使用的晶体振子的等效电感有关,因此,需要通过实验求出)

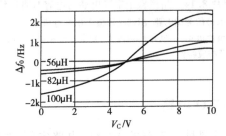

图 8.35　串联谐振频率可变 VCXO 电路的频率变化特性
(这是在图 8.34 的电路中,串联电感 L_1 为 56～100μH 时频率可变特性。并示出 V_C =5V 为中心时的特性。基准频率为 5MHz,因此,可变频率最大也只有 1% 左右。对于晶体振子,若要扩大频率可变范围,也会在一定程度上牺牲稳定度,需要注意这一点)

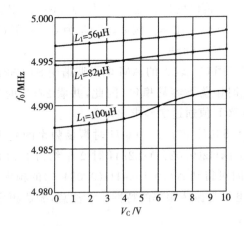

图 8.36　串联谐振频率可变 VCXO 电路的控制电压与频率特性
(晶体振子串联电感时,使串联谐振频率变化的 VCXO 电路其频率变化一定低于原来的振荡频率的变化,需要注意这一点。这里,使用 5MHz 的晶体振子,因此,L_1 =100μH 的 VCXO 电路的频率范围为 4.988～4.992MHz)

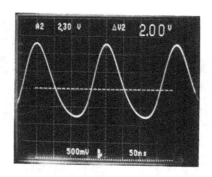

照片 8.15 VCXO 电路中晶体管发射极的输出波形

(对于多次示出的科耳皮兹振荡电路,由反射极到基极的反馈电容之比率决定波形
的优劣与振荡强度。这里,有 $C_3 = 5C_4$ 的关系,因此,振荡强度非常强,但波形失真
大)

8.6.5 使用高速 CMOS 的 VCXO 电路

对于图 8.34 的电路方式,由于与晶体振子串联反馈电容 C_3 和 C_4,因此,振荡
频率的可变范围变窄,但使用 CMOS 反相器的电路在这点上显得优越。

图 8.37 是使用 CMOS IC 构成的 VCO 具体电路实例。

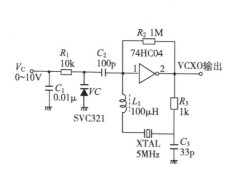

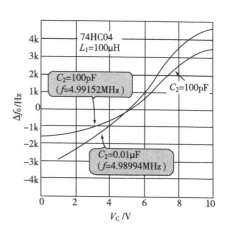

图 8.37 CMOS 反相器构
成的 VCXO 电路

(基本上与图 8.31 所示的陶瓷振子构成的 VCO 电
路相同,但该电路中振荡频率为 5MHz,采用变容二
极管调节频率使其一致。SVC321 变容二极管特性
参照图 8.5)

图 8.38 CMOS 反相器构成 VCXO
电路的频率变化特性

(这是图 8.37 电路的控制电压-频率特性。示出作为
VCXO 电路有非常好的特性,但要注意,这时振荡频
率比原来的低。若 C_2 值增大,则频率可变范围变
宽)

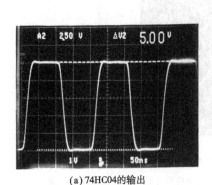
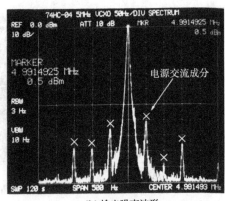

(a) 74HC04的输出   (b) 输出噪声波形

照片 8.16   CMOS 反相器构成的 VCXO 电路的输出波形

(74HC04 是高速 CMOS 逻辑反相器,若频率约为 5MHz 时,这时输出可得到非常好
的方波。使用 IC 的优点是确实能构成这样的电路,但使用 74HC 系列 CMOS 反相
器时实用频率为 10MHz 左右)

反相器输入端的 C_2 是决定变容二极管电容量的可变范围的电容,对于这种
方式,若接地间的电容大,则反相器输入端电压衰减大。若衰减量较大,则环增益
变得不够大,有时不会产生振荡。

为了扩大频率可变范围,由前述实验可知,线圈 L_1 电感量为 $100\mu H$。

对于控制电压 V_c 的频率偏移如图 8.38 所示,$C_2 = 100pF$ 时得到约 5kHz
(0.1%)的频率偏移,$V_c = 5V$ 时振荡频率(括号内表示的数字)为 4.991 52MHz。
作为参考,也测试了变容二极管全范围变化($C_{max} = 450pF$)时($C_2 = 0.01\mu F$)的特
性。

使用 CMOS 反相器电路的输出波形如照片 8.16 所示,其中,(a)是用示波器
观测的波形,输出波形为方波。这种电路特征是元器件少,工作也非常可靠。照片
8.16(b)示出作为 VCO 的波形纯度。由于测试系统中混入电源交流噪声,可以观
测到 50Hz 间隔频谱,若减小电源交流噪声,则不会出现这个问题。

第**9**章 PLL频率合成器设计

振荡电路应用之一有振荡频率宽范围可变,数字式可变等情况,但这时经常使用的电路称为 PLL 频率合成器。通过实验介绍第 8 章说明的 VCO 应用电路及其扩展电路。

基本电路方案称为倍频电路。

9.1 PLL 构成的倍频振荡器

9.1.1 PLL 构成的倍频器

作为前面介绍的 VCO 电路的应用有使用 PLL(Phese Locked Loop,锁相环)的电路,即为倍频电路。

例如,如图 9.1 所示,每 1 转得到 1 个脉冲输出的旋转体,这时,为要使旋转体的转速用每分钟的转数(rpm:revolutions per minute,r/min)表示,输入脉冲(每 1 秒的脉冲数目=频率)的 60 倍即可。这时使用的是倍频,即 60 倍频的电路。

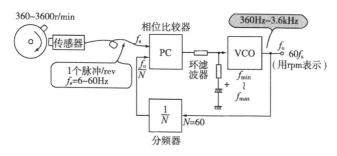

图 9.1 用 rpm 表示转速的 60 倍频电路

(转速多用 r/min,即每分钟的转数来表示,为此,需要 60 倍的旋转脉冲。这时使用的倍频电路中经常采用 PLL 的电路方式。这种方式的关键部分是相位比较器 PC,它是这样的一种反馈电路结构,即经常保持二个频率输入 f_s 与 (f_o/N) 相等)

倍频电路是产生输入频率 N 倍信号的电路,典型应用电路有广泛用于机械转速控制即电机转速控制以及 AM/FM 收音机的数字调谐器等。另外,数字设定频率可变的频率合成器也采用这种电路。

PLL 是倍频电路的最具有代表性的技术。

对于图 9.1 电路的构成,若作为 PLL 电路的基准频率提供输入信号 fs,则 VCO 电路的振荡频率为 60fs,即 60 倍频,若用频率计数器测量该输出信号,则可以直接读出转速即 r/min。

反之,若转速范围为 360～3600r/pm,则用 60 除转速传感器相应的频率,即得到 6～60Hz 的频率。也就是说,VCO 的振荡频率是基准频率的 60 倍,因此,在 360Hz～3.6kHz 范围需要用电压控制振荡。

倍频的设定由可编程分频器即计数器进行,实例中,设定为 60 分频即可。

9.1.2 通过相位比较进行反馈的 PLL 基本工作方式

图 9.1 中 PC 是 Phase Comparator 的简称,称为相位比较器。PLL 电路中这个相位比较器的工作非常重要。

实例中,相位比较器的输出控制 VCO 电路的振荡频率,使其 f_s 与 f_o/N 二个信号输入的频率与相位相同。当 $f_s = f_o/N$ 时,PLL 电路称为锁定状态,这时可以得到准确的 $f_o = Nf_s$ 的输出。

相位比较器与 VCO 之间接入称为环滤波器的低通滤波器(具有时间延迟要素),为相位信号设定直流电平,决定整个环路的响应速度。实际上,环滤波器的设定是非常重要的技术。

现公布的几种 PLL IC 如表 9.1 所示,但作为通用品用得最多的是 CMOS 4046B PLL IC。这种 IC 用于 FM/FSK 解调器、频率合成器、倍频器、定时同步等目的。

表 9.1 主要的通用 PLL IC

型　　号	外　　形	功　　能		厂　　家
TC9181P	DIP18	频率合成器	12 位计数器	东芝
TC9223P	DIP16	频率合成器	14 位计数器	东芝
NE564	DIP16	PLL	$f = 50\ MHz_{max}$	飞利浦
NE565	DIP16	PLL	$f = 500\ kHz_{max}$	飞利浦

9.1.3 通用 PLL 4046B 的概况

4046B 是 4000B 系列的 CMOS IC,但属于原厂家的 RCA 公司半导体部门现已经变成哈里斯半导体部门。现在,经常使用的属于第二供应商的莫托罗拉公司的 IC MC14046B 以及高速 CMOS 型 74HC4046 就是这种器件。

　　MC14046B 是 CMOS 工艺器件，因此，消耗功率非常小，除可编程分频器以外，构成 PLL 必要的电路都集成在 1 块芯片中。

　　图 9.2 是 MC14046B/74HC4046 的内部框图，片内有方波输出的 VCO 电路与 2 组相位比较器。

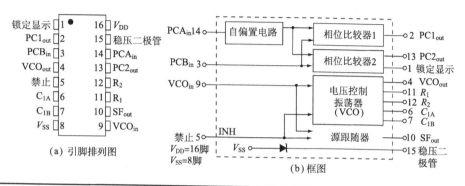

		V_{DD}	typ	单位
最大频率 $\left(\begin{array}{l}VCO_{in}=V_{DD}, C_1=50pF,\\ R_1=5k\Omega, R_2=\infty\end{array}\right)$	f_{max}	5.0 10 15	0.70 1.4 1.9	MHz
温度-频率稳定度 $(R_2=\infty)$	—	5.0 10 15	0.12 0.04 0.015	%/℃
线性$(R_2=\infty)$ $(VCO_{in}=2.50V\pm0.30V, R_1\geqslant10k\Omega)$ $(VCO_{in}=5.00V\pm2.50V, R_1\geqslant400k\Omega)$ $(VCO_{in}=7.50V\pm5.00V, R_1\geqslant1000k\Omega)$	—	5.0 10 15	1 1 1	%
输出占空比	—	5～15	50	%
输入电阻	R_{in}	15	1500	MΩ

（c）电压控制振荡器（VCO）的特性

$$f_{min}=\frac{1}{R_2(C_1+32pF)}$$
$$(VCO_{in}=V_{ss})$$
$$f_{max}=\frac{1}{R_1(C_1+32pF)}+f_{min}$$
$$(VCO_{in}=V_{DD})$$

式中　　$10k\Omega\leqslant R_1\leqslant1M\Omega$
　　　　$10k\Omega\leqslant R_2\leqslant1M\Omega$
　　　　$100pF\leqslant C_1\leqslant0.01\mu F$

（d）VCO 的输出频率

图 9.2　CMOS 通用 PLL　MC14046B 的构成（莫托罗拉）

（PLL IC 最初推出的称为 NE565，它是用作定时的著名 NE555 的同类 IC。其后，PLL IC 中首次出现的而最通用和普及的是 4046B，原是 RCA 公司 4000B 系列逻辑 IC 的成员之一，但现在也由各公司的第二供应商推出。但最近推出了很多大规模的 PLL IC，它是将其他的外围电路集成于芯片内的 PLL 频率合成器的 LSI。4046B 也有高速 CMOS 型 74HC4046 先进的互换产品）

　　相位比较器输入 PCA_{in} 是 CMOS IC 中增设的自偏置电路，因此，若通过电容耦合，则可以直接输入正弦波。若电平为 $100mV_{P-P}$ 以上，就能正常工作。

　　片内有 2 组相位比较器，可根据用途不同使用。图 9.3（a）是相位比较器的构成，但相位比较器（1）是由异-或电路构成的，$PC1_{out}$ 输出端得到与输入波形占空比成比例的波形。

　　而相位比较器(2)是用输入信号边沿判别相位的电路,这种相位比较器的特征是不需要考虑输入波形的占空比,PC2$_{out}$ 输出中的纹波也非常小。通常的 PLL 电路使用这路输出即可。

　　图 9.3(b)和 9.3(c)是相位比较器的输出波形,PC1$_{out}$ 同步时其相位差在 VCO 的中心频率时常为 90°,输入波形需要 50％的占空比。

　　PC2$_{out}$ 与输入波形的占空比无关,波形上升沿工作。而且,锁定时各自输入信号的相位差接近零。

　　4046B 的 VCO 电路需要外接用于设定内部工作电流的 2 个电阻,以及决定振荡频率的定时电容。

　　VCO 的最高振荡频率 f_{max} 与电源电压有关。$V_{DD}＝5V$ 时最高振荡频率约 700kHz,$V_{DD}＝10V$ 时约 1.4MHz。这以上的频率工作时如 10MHz,使用高速 CMOS 型 74HC4046 即可。

　　作为参考,4046B 的基本使用方法如图 9.4 所示。源跟随器电路用作 FM 解调器的输出电路非常方便。

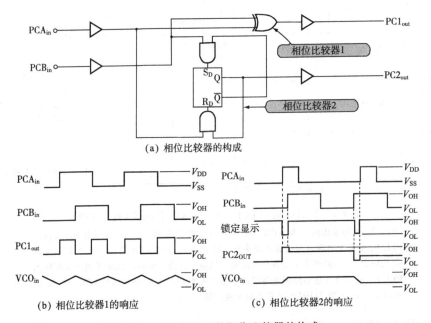

(a) 相位比较器的构成

(b) 相位比较器1的响应　　　　(c) 相位比较器2的响应

图 9.3　MC14046B 的相位比较器的构成

(PLL 电路的关键部分是相位比较器,这种电路一般由异或(Ex-OR)电路,或者由 D 型触发器构成。4046B 的关键部分是片内有 2 组相位比较器,用户可自由选用,但一般使用 D 型触发器的相位比较器 2 比较方便。经常是 PCA$_{in}$ 与 PCB$_{in}$ 的相位角为 0 时(上升沿)PLL 处于锁定状态)

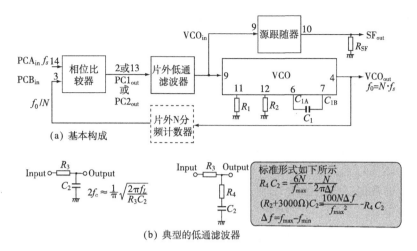

图 9.4　MC14046B 的基本使用方式

(VCO 的控制电压是将相位比较器输出的高或低逻辑电平信号进行积分的模拟电压,该电压对 VCO 进行控制。对 VCO 的输出进行 N 分频,相位比较器对 f_s 与 (f_0/N) 二个信号进行比较,经常使其相位保持一致那样控制的就是 PLL 电路。关键仅是相位比较器后级的低通滤波器与 VCO 的设计)

9.1.4　1～99 倍输入频率的电路

图 9.5 是 1～99 倍输入频率的倍频电路,电路中,可编程分频器使用十进制 CMOS 4522B 分频器。图 9.6 示出 4522B 的构成,若使用同类 CMOS 4526B,也可以设定 1～255 倍输入频率的倍频电路。

这里,考虑使用 2 位 BCD 码开关设定倍频。若 $N=60$,可以将 6～60Hz 输入频率变换为 360Hz～3.6kHz,最适合用于图 9.1 所示的转速测量电路中。

VCO 的振荡频率范围为 360～3600Hz,但考虑到元器件的误差及变化,要设计宽频率可变范围。

9.1.5　输入耦合电容与 VCO 电路常数

C_3 是交流波形输入时的隔直电容,因此,设定常数要留有足够余量。

图 9.5 实例中 MC14046B 的 14 脚输入电阻约 1MΩ,若最低输入频率为 6Hz,则 C_3 为:

$$C_3 \gg 1/2\pi \times 10^6 \times 6 = 0.026(\mu F)$$

但使用该电容值时振幅变为 −3dB,相位超前 45°,实际上选用的电容值为其 10 倍以上($0.47\mu F$)。

VCO 的外接电阻 R_1 和 R_2 根据 4046B 的产品目录在 10kΩ～1MΩ 范围内选

择,由此定时电容值受到限制。例如,$R_1 = 10\text{k}\Omega$,则需要 C_1 为:

$$C_1 \leqslant 1/(f_{\max} - f_{\min})R_1 \leqslant 0.03(\mu\text{F})$$

这里选用 $0.01\mu\text{F}$。

电阻 R_1 与 $f_{\max}$ 有关,但

$$R_1 \leqslant 1/(f_{\max} - f_{\min})C_1 = 1/3.24 \times 10^3 \times 0.01 \times 10^{-6} \leqslant 30.86(\text{k}\Omega)$$

从标准 E12 系列中选用 $27\text{k}\Omega$。

R_2 是决定 $f_{\min}$ 的电阻,这可根据下式进行计算。

$$R_2 \leqslant 1/f_{\min}C_1 = 1/360 \times 0.01 \times 10^{-6} \leqslant 277(\text{k}\Omega) \to 1(\text{M}\Omega)$$

这是大致的数值。该阻值随 IC 种类不同其分散性非常大,留足 2~4 倍余量,然后由实验确定。

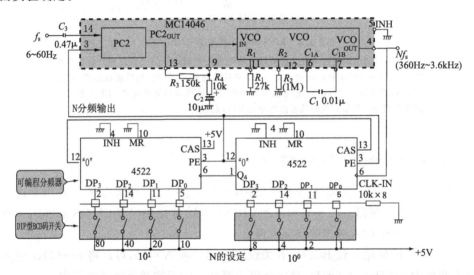

图 9.5 1~99 倍输入频率的倍频电路

(这是将 6~60Hz 的输入频率变换为 360Hz~3.6kHz 的倍频电路,若只与图 9.1 所示转速传感器相对应,则使用 60 倍频电路即可。但广泛使用方便为 1~99 倍的任意倍频电路。该电路是 VCO 变为 360Hz~3.6kHz 的电路,因此,要根据用途改变 VCO 的频率。VCO 频率设定请参考图 9.2(d),其参数应由实验确定)

9.1.6 决定响应特性的环滤波器

决定 PLL 电路响应时间(锁定时间与衰减特性的最佳化)的是相位比较器后级的环滤波器。这种环滤波器有 1 阶无源型、进行相位补偿的滞后与超前组合型及有源型等滤波器,图 9.7 示出这种滤波器的构成。

由于滤波器是 RC 网络,因此,具有振幅与相位特性,要在频域与时间轴上研究这种特性。

首先,截止频率 f_1 与环响应时间有关,为此可假定需要的响应时间。

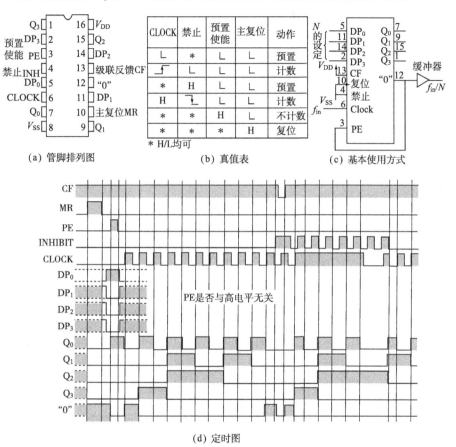

(a) 管脚排列图　　　　(b) 真值表　　　　(c) 基本使用方式

(d) 定时图

图 9.6 可编程分频器 4522B 的构成

(PE 输出由低电平变为高电平时,4522B 读入设定的数据 N 并锁存,计数器在时钟
作用下递减(−1)计数。计数器内为"0"时"0"输出为高电平。例如,N 设定为"9",
第 9 个计数时钟时"0"输出变为高电平。4522B 是适用于 PLL 及频率合成器中可编
程分频器的计数器 IC,也可以级联,引脚也与十六进制(二进制 4 位)的 4526B 兼容)

截止频率 f_2 决定超前相位量,由此决定环衰减特性(设计时要考虑抑制过冲
与振铃),但也与 VCO 的灵敏度有关,因此,观察响应来决定电阻 R_4 的阻值。

由于电路是 CMOS 结构,因此,VCO 输入端的输入阻抗非常高,电阻 R_3 和 R_4
的阻值范围较大。为此,设定滤波器的常数时先决定电容 C_2。滤波器响应时间为
1 秒左右也不会出现问题,因此,C_2 选用较大容量($10\mu\text{F}$)的电容。

其次,若截止频率 f_1 选 0.1Hz,则 VCO 的频率随输入的变化从 $f_{\min}$ 变到 $f_{\max}$
时,阶跃响应时间 t 为:

$$t = 0.35/f_1 = 3.5(s)$$

但一般来自传感器的转速信号不能得到从 0～360r/min 这样急剧的变化,因此,这种响应特性已足够。电阻$(R_3 + R_4)$阻值为

$$R_3 + R_4 = 1/2\pi f_1 C_2 = 159(k\Omega)$$

考虑衰减特性决定电阻 R_4 的阻值,若基于 4046B 产品目录提供的数据进行计算,则有

$$R_4 C_2 = \frac{6N}{f_{max}} - \frac{N}{2n(f_{max} - f_{min})} = (100 - 2.947) \times 10^{-3} = 97(ms)$$

式中,N 为分频比,这里按 60 计算。由于 $C_2 = 10\mu F$,由此可求出 R_4 为:

$$R_4 = 97 \times 10^{-3}/10 \times 10^{-6} = 9.7(k\Omega) \rightarrow 10(k\Omega)$$

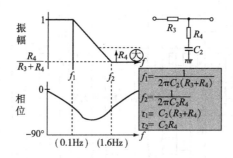

图 9.7　相位滞后与超前型环滤波器的构成

(这是相位滞后(lag)与超前(lead)组合滤波器。$(R_3 + R_4)C_2$ 部分是时间滞后要素,而 $R_4 C_2$ 部分是时间超前要素。对于这种滤波器,f_1 决定环路的主要响应时间,f_2 决定反馈环的衰减特性。这种参数要严格选定,不能简单确定,但实例中,要求的响应速度不太高,可通过实验根据图 9.4 所示 4046B 特性进行简易设计)

9.1.7　滤波器频率特性的验证

作为参考,照片 9.1 示出计算的环滤波器的频率特性(0.025～10Hz)。虚线所示部分特性是滞后滤波器(一阶无源 LPF)。

若以截止频率 f_c 为基准,则对于滞后滤波器相位特性,相位滞后$-\phi$可用下式计算出:

$$\phi = -\text{avctan}(f/f_c)$$

式中,f 为输入频率。但 $f = f_c$ 时 ϕ 为$-45°$,照片 9.2 是其实测实例。照片 9.2(a)所示特性表明输入频率 f 越高,相位滞后越大,相对 f_c 为足够高的频率时接近$-90°$。然而,若使用这种滞后滤波器时,响应时间变长,环增益增大,则会产生振铃现象。其对策就是使用滞后超前型滤波器。照片 9.2(b)是相位超前补偿(滞后超前滤波器)时的相位特性,但示出的是从0.5Hz开始超前相位反转的特性。

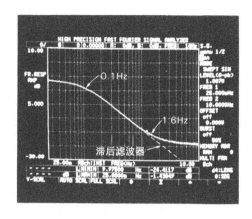

照片 9.1　图 5 中使用滞后超前滤波器的特性

(不限于此例,在电路原理难以理解时,若分解为较小部分电路对其特性进行分析,则变得很容易理解。这里,用网络分析仪验证图 7 中 $R_3 = 150\text{k}\Omega$,$R_4 = 10\text{k}\Omega$,$C_2 = 10\mu\text{F}$ 的网络特性。由照片可知,变成 $f_1 = 0.1\text{Hz}$,$f_2 = 1.6\text{Hz}$ 计算那种情况)

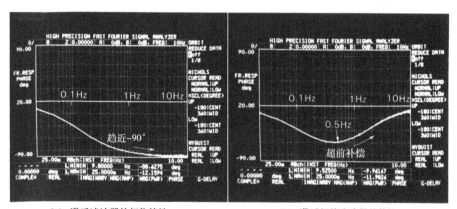

　　(a)　滞后滤波器的相位特性　　　　　　　　　　(b)　滞后超前滤波器的特性

照片 9.2　滞后超前滤波器的相位特性

(这是验证图 9.7 所示滤波器的相位旋转情况。照片(a)是 $R_3 = 150\text{k}\Omega$,$R_4 = 0\Omega$,$C_2 = 10\mu\text{F}$ 时,即滞后滤波器的特性,由照片可见,频率越高,相位滞后越大。照片(b)是 $R_4 = 0\Omega$ 到 $R_4 = 10\text{k}\Omega$ 变化时特性,验证了从约 0.5Hz 开始相位超前,即滞后超前型滤波器)

9.1.8　VCO 特性与相位时钟的验证

　　不接环滤波器,从分析 VCO 本身特性开始对 PLL 电路进行调整。图 9.8 示出 VCO 的频率特性。其中,图 9.8(a)是由外部电源对 VCO 提供 0～5V 的输入电压,测量振荡频率 f_0 的特性。4046B 的输入电压为 1.5V 以下时振荡频率 f_0 几乎不变,因此,考虑到余量,设定范围为 2～4.5V 即可。

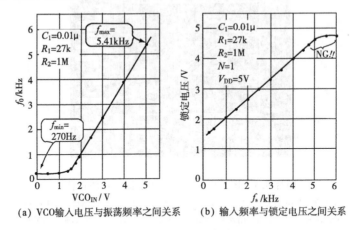

(a) VCO输入电压与振荡频率之间关系　　　(b) 输入频率与锁定电压之间关系

图 9.8　VCO 的频率特性

(图(a)是图 9.5 电路中,VCO 输入端(9 脚)加直流电压时的特性,频率偏移稍比设
　计值大。另外,输入电压在 1.5V 以下时不能使用。图(b)是 PLL 闭环时输入信号
　f_s 与锁定电压即 VCO 输入电压的特性。由图可见,若 f_s 为 5MHz 以上,则锁定电
　压达到饱和,因此,需要对设计稍作修改)

　　振荡频率与 360～3600Hz 设定值相比,偏移高频范围,若以原来的频率振荡
就要改变电路常数,但这里还是原来的参数($C_1 = 0.015\mu$F)。

　　其次,闭环时,分频比 N 设定为 1(输入频率 f_{in} 与 VCO 输出频率相同),观察
f_{in} 在 300Hz～6kHz 范围变化情况,这时测量 VCO 控制输入电压如图 9.8(b)所
示。输入频率 5kHz 以上时锁定电压即锁定时 VCO 输入电压达到饱和,因此,
VCO 的控制电压也可以设计为 $4.5V_{max}$($V_{DD} = 5$V)。

　　PLL 电路中,输入频率范围若不在 VCO 可能振荡的频率范围内,则不能进行
锁相。可用双踪示波器观察输入与输出波形,从而判断相位是否锁定。若观察到
任何输入时都同步,就立即得到结论。

　　照片 9.3 示出各种设定时输出波形。其中,照片 9.3(a)是 $N = 1$ 时输入输出
波形。$N = 1$ 时输入频率等于 VCO 频率,因此,认为不能用于任何目的,但可用于
包含一定程度噪声信号作为相位同步信号的目的。

　　照片 9.3(b)是 $N = 10$ 时输入输出波形,因此,锁相的频率范围为 VCO 输出
频率范围的 1/10。这里,若输入为 100Hz,则可得到 1kHz 的 VCO 输出。

　　由照片可见,相位能稳定锁定,因此,也可以用于由输入信号的任意相位角获
得定时脉冲的场合。例如,获得 30°阶跃信号时 $N = 12$。

　　照片 9.3(c)是 $N = 60$ 时输入输出波形,由照片可见,若输入 60Hz,则可获得

3600Hz 输出。也可用频率计数器进行测量,但精度相当高。

照片 9.3(d)是 $N=10$ 时 VCO 输出噪声。这是带宽为 3Hz,变化范围为 10Hz 进行测量,但没有出现问题的特殊波形。

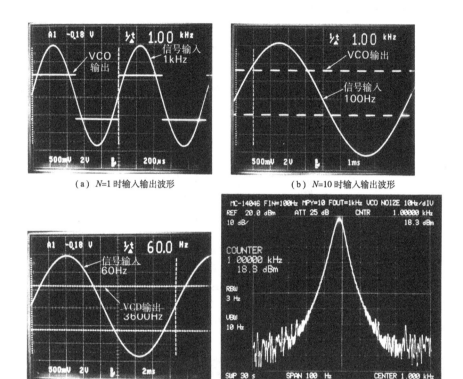

(a) $N=1$ 时输入输出波形   (b) $N=10$ 时输入输出波形

(c) $N=60$ 时输入输出波形   (d) $f_0=$1kHz 时VCD的噪声

照片 9.3 制作的倍频电路输出波形

(这是对输出波形进行验证。由照片(a)可见,在输入端加 1kHz 正弦波时取得非常好的相位同步,从而电路稳定工作。同样,照片(b),(c)也是很好的工作波形。注意到,观察到这样的波形,不仅用于直接读出转速,而且能有更广泛的应用。照片(d)是研究波形噪声以及摆动的情况,但大体上考虑为完善工作即可)

9.1.9 缩短响应时间的方法

对于 PLL 电路,若环响应的稳定性主要是决定环滤波器的常数,则响应时间必定变长。这里,考察一下简单地加快响应时间的方法。

这种方法如图 9.9 所示,与电阻 R_3 并联二极管 D_1 和 D_2 以及电阻 R。这样,若 PC2$_{out}$ 与 VCO$_{in}$ 的电位差(这是输入频率瞬时较大变化时及 N 大幅度变化时产生的电位差)超过二极管的正向电压(约0.6V),则电阻R_3可看为低电阻,从而使充放电时间常数减小。

另外,锁定状态时环滤波器的输入输出间电位差大致为零,因此,与不接二极管时相同,即为原来的时间常数。

照片9.4是测量增设通常超前滞后滤波器的阶跃响应时的响应特性。照片9.4(a)示出0→5V变化约为4秒时间,但若与增设二极管电路(照片9.4(b))比较可见,阶跃响应得到大幅度地改善。

电阻R与R_3并联,但常数的计算与R_4有关,首先设定$R=R_4$,然后由实验确定。

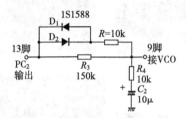

图9.9　改善环滤波器的响应特性

(在图9.5电路中,采用$f_1=0.1Hz$的滤波器常数,因此,不能太快跟踪输入信号的阶跃频率的变化。为此,需要改善这种特性,这时不能减小R_3,最简单的方法是与R_3并联二极管及$10k\Omega$电阻R。这样,充放电初期时R_3可看成低电阻,这就减小了滤波器的时间常数。这种方式正如RC电路中微调时使用的方式一样)

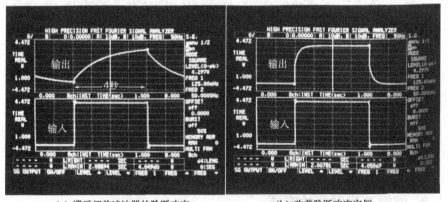

(a) 滞后超前滤波器的阶跃响应　　　　(b) 改善阶跃响应实例

照片9.4　滞后超前滤波器的阶跃响应特性

(这是图9.9所示的单节环滤波器的响应特性。输入(相当于13脚)加上方波(照片的下方),观察这时输出(相当于9脚)波形,不接二极管D_1,D_2及R时电压为稳定状态,需要4秒以上的响应时间。然而,若采取图9.9所示的改善措施,由此可见,约1秒时间就达到稳定状态。为了进行细微改善,重要的是通过实验来实现)

9.2　4位 BCD 码设定的频率合成器

9.2.1　分频器一体化的 LSI

如前所述,用 PLL IC 4046B 构成简单的 PLL 电路非常方便,但用于倍频电路时,除此之外还需要分频器即可编程分频器。

然而,PLL 电路与可编程分频器组合的电路多用于可编程频率发生器即频率合成器的场合,市售的 PLL IC 与分频电路一体化的 LSI 也有很多类型。

其中,莫托罗拉公司的 MC145163 需要外部增设 VCO 电路,但其余部分都是使用方便的单片 IC,外接元件也很少,经常用于高频信号发生器或无线通信机中。

对于最近的频率合成器 LSI,使收音机与电视机等小型化的专用产品成为主流,MC145163 这样高通用性的 LSI 比较少。生产量少,对于普通人来说是一种可惜的状况。

对于频率合成器 LSI,若片内没有 VCO 电路则使用非常不方便,但实际上这增加了设计的自由度。不仅是方波振荡,而且与正弦波振荡的 VCO 组合,或与高频 LC 振荡方式的 VCO 电路组合,这样可以产生波形失真小的信号。

这里,考察一下,将基极调谐式反耦合振荡电路(参见第 5 章 LC 振荡电路)进行 VCO 化,步进频率为 1kHz,振荡频率为 455 ± 50kHz 的频率合成器的实验情况。

9.2.2　MC145163 的功能

频率合成器 IC MC145163 的构成如图 9.10 所示。这种 IC 片内没有 VCO 电路,但有晶体振荡电路,因此,若外接振子与负载电容,则能产生基准频率用的时钟信号。

基准频率 f_r 变成 VCO 振荡频率的步进频率,这是用 13 位 R 计数器的分频比除外接晶体振子频率而得到的频率。

R 计数器的分频比由 RA_0 与 RA_1 的 2 位输入进行设定,可选择 512 分频、1024 分频、2048 分频、4096 分频。这由需要的步进频率与容易得到的晶体振子的关系进行选择,将这些关系归纳示如图 9.10(d)中。

频率合成器的步进频率随应用目的不同而异,但无线通信机等应用中步进频率为 5kHz,AM 收音机等中为 9kHz,即选择下列分频比就能实现此目的。

$\quad$ 5.12MHz÷1024＝5kHz

4.608MHz÷512＝9kHz

外接 VCO 的输出接到 MC145163 的 f_{in} 输入端,但由于片内有自偏置电阻,因此,这输入端必需通过电容进行交流耦合。

4 位 BCD 计数器由 VCO 频率的分频决定输出频率,这就是基准频率乘设定数据即为输出频率。当然是这样,因此,设计 VCO 电路时需要能覆盖设定数据的范围。

设定分频比的 4 位输入端子都内有下拉电阻,因此,接点输入简单,可直接接由 BCD 码构成的热敏开关等。

IC 本身的规格表中记载的数据设定的范围可能为 0003～9999。但这里为 0400～0500,1 步进频率为 1kHz,因此,可变范围变为 100kHz。

与 4046B 一样,片内有 2 组相位比较器,但一般使用边沿比较的相位比较器 A 输出(PD$_{out}$)。

当 PLL 锁定时,锁定检测输出(LD)端变为高电平,因此,利用该端子接发光二极管非常方便。PLL 锁定时输出频率进入稳定状态。

MC145163 电源电压 V_{DD} 的范围为 3～9V,电源电压为 5V 时对应 30MHz 左右的 VCO。消耗电流也非常小,为数毫安数量级。

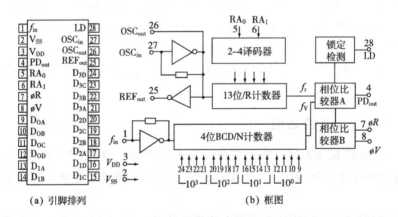

(a) 引脚排列　　　　　　　　　(b) 框图

图 9.10 PLL 频率合成器 LSI MC145163 的构成

(这不能替代 VCO,而是包括能进行(512,1024,2048,4096)切换的基准振荡频率用的 R 计数器,以及在 3～9999 之间任意设定的可编程分频器的 CMOS LSI。它与 4046B 一样,片内有 2 组相位比较器,可以选择满意的一组,可编程分频器的输入级内也有下拉电阻,因此,若在 VCO 外部接入下拉电阻,就构成 PLL 频率合成器)

f_{in}(1 脚)	频率合成器的可编程计数器(/N 计数器)的输入端,通常由 VCO 得到 f_{in},经交流耦合到 1 脚。标准 CMOS 逻辑电平那样大的振幅信号时,也可以采用直接耦合方式		
V_{SS}(2 脚)	电路的地	V_{DD}(3 脚)	正电源(+5V)
PD_{out}(4 脚)	VCO 控制信号用的相位比较器的三态输出 频率 $f_v > f_r$ 或 f_v 相位超前:负脉冲 频率 $f_v < f_r$ 或 f_v 相位滞后:正脉冲 频率 $f_v = f_r$ 及同相位:高阻状态		
RA_0,RA_1 (5 脚,6 脚)	该脚输入设定基准分频器(R 计数器)的分频比,如本表(d)所示		
ϕR,ϕV (7 脚,8 脚)	相位比较器的输出与低通滤波器的组合变成 VCO 的控制信号。 • 频率 $f_v > f_r$ 或 f_v 相位超前时: 　ϕ_v 产生低电平脉冲,ϕ_R 维持高电平 • 频率 $f_v < f_r$ 或 f_v 相位滞后时: 　ϕ_v 维持高电平,ϕ_R 产生低电平脉冲 • 频率 $f_v = f_r$ 及同相位时: 　ϕ_v 与 ϕ_R 都产生窄低电平脉冲,除此之外为高电平		
BCD 输入 (9 脚～24 脚)	N 计数器的内容变为 0 时,这些输入数据使 N 计数器预置 9 脚是 10^0 位的 LSB,24 脚是 10^3 位的 MSB,由于片内有下拉电阻,因此,输入开路时变为低电平。使用热敏开关可设定 3～9999 的任意分频比		
REF_{out}(25 脚)	内部基准振荡器或外部基准输入信号的缓冲输出		
OSC_{out},OSC_{in} (26 脚,27 脚)	若将晶体振子接到 26 和 27 脚就变成基准振荡器 在 OSC_{in} 与地及 OSC_{out} 与地之间接入适当值电容。OSC_{in} 也就变成外部-产生基准信号的输入 该信号通常与 OSC_{in} 采用交流耦合,但大振幅信号(CMOS 逻辑电平)时采用直流耦合方式 外部基准方式时不接到 OSC_{out}		
LD (28 脚)	PLL 环锁定时(f_v,f_r 频率及相位都相同时),PLL 锁定检测信号变为高电平,否则产生低电平脉冲		

(c)各引脚的功能

			晶体振子的频率		
RA_1	RA_0	分频比	1.024M	2.048M	4.096M
0	0	512	2000	4000	8000
0	1	1024	1000	2000	4000
1	0	2048	500	1000	2000
1	1	4096	250	500	1000

(d)分频比与阶跃函数

续图 9.10　PLL 频率合成器 LSI MC145163 的构成

9.2.3　步进 1kHz 频率的 400～500kHz 电路

　　图 9.11 是步进频率为 1kHz,频率范围为 400～500kHz 可变的 PLL 频率合成器电路的构成。大部分功能由 LSI 的 MC145163 担任,具体设计主要是环滤波器和 VCO。

采用图 9.12 所示的小型旋转开关的 4 种连接设定振荡频率的数据。开关的公用端 C 接＋V_{DD}＝5V，采用正逻辑工作方式。另外，1MHz 位也是用于其他目的而增设的。

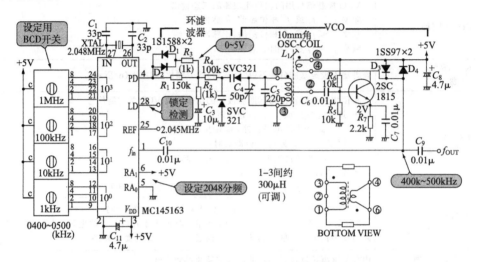

图 9.11 400～500kHz 的 PLL 频率合成器的构成

(基本部分几乎都是由频率合成器 IC MC145163 完成。这里基准计数器使用2.048 MHz 的晶体振子，R 计数器设定为 2048 分频，由此，可产生 1kHz 步进的基准频率。若 VCO 允许的话，以 1kHz 步进产生 0～2048kHz 的频率，但 VCO 使用 AM 收音机用的调谐电感线圈，也可以用作 400～500kHz 间的频率合成器)

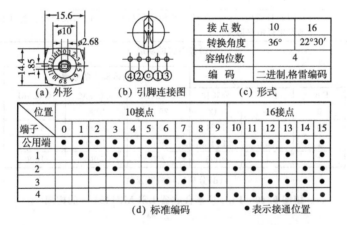

接点数	10	16
转换角度	36°	22°30′
容纳位数	4	
编码	二进制、格雷编码	

(a) 外形　　(b) 引脚连接图　　(c) 形式

位置	10接点										16接点					
端子	0	1	2	3	4	5	6	7	8	9	10	11	12	13	14	15
公用端	●	●	●	●	●	●	●	●	●	●	●	●	●	●	●	●
1		●		●		●		●		●		●		●		●
2			●	●			●	●			●	●			●	●
3					●	●	●	●					●	●	●	●
4									●	●	●	●	●	●	●	●

(d) 标准编码　　●表示接通位置

图 9.12 BCD 设定用 DIP 型旋转开关实例(阿尔卑斯电气(株)SSRQ 系列)

(这是经常用于数字电路、微机设备等各种设定的小型开关，有 BCD 用(10 个接点)与 4 位二进制用(16 个接点)，但这里使用的设定范围为 0～9，因此，为 BCD 用。公用端一般接 V_{DD}(＋5V)，多采用电阻使 1，2，3，4 为下拉方式。但这里使用的 MC145163 其片内有下拉电阻，因此，可节省 16 个电阻)

晶体振子采用 2.048MHz 的器件,因此,R 计数器的分频比设定为 2048,这样可产生 1kHz 的基准频率。

不采用片内时钟振荡电路而由外电路提供 1kHz 时钟信号时,直接接到 OSC_{in} (27 脚)即可。

环滤波器使用高速响应的滞后超前滤波器,这可参考 4046B 构成的电路常数,但更改电阻 R_2 和 R_3 的常数,可以改善阶跃响应。

9.2.4　与基极调谐式反耦合 VCO 组合的电路

VCO 电路是过去作为 AM 收音机的本振电路较多使用的基极调谐式反耦合振荡电路,详细情况已在第 5 章作了介绍。

这里,振荡线圈使用 AM 收音机用的线圈(磁心为红色的线圈)。

VCO 电路需要变容二极管,但这里是可变范围的情况,使用 2 个 AM 电子调谐用 SVC321 变容二极管。SVC321 的特性请参照第 7 章图 9.5。

交流时变容二极管为串联工作方式,但与线圈 L_1 并联时电容量为其一半。为了使 VCO 输出波形失真小,变容二极管使用这种连接方式。

另外,线圈 L_1 的反馈绕组(4-6 间)与肖特基二极管并联,用于限制输出振幅。这样,振荡频率可变时输出电平变化小。

图 9.11 电路中,若 VCO 的振荡频率范围为 $f_{min}=400kHz$,$f_{max}=500kHz$,振荡线圈 L_1 的电感为 $300\mu H$,则并联总电容量如图 9.13 所示,即为

$$C_{max}=1/(6.28\times400\times10^3)^2\times300\times10^{-6}=527.7(pF)$$
$$C_{min}=337.7pF$$

变容二极管 SVC321 的电容量变化范围为 $500\sim80pF(V_c=0.5\sim5V)$,因此,需要并联 $C_{max}-250pF=277.7pF$(使用 50pF 微调电容+220pF 固定电容)。实际上若使用的电容值低于计算值,则可变范围就会不足。

C_{min} 与 VCO 的最高振荡频率有关。若变容二极管的电容量为 40pF(2 个变容二极管并联,因此,其电容量为 1 个二极管的一半),并联电容量为 270pF,则并联总电容量 C_{min} 为 310pF,因此,有一定的富余量。

振荡晶体管的频率为 500kHz,选用通用 2SC1815 即可。直流偏置使 $I_c=1mA$,若 $R_5=R_6$,考虑晶体管发射极电位约为 $1/2V_{CC}-V_{BE}$,因此,求出

$$R_7=(2.5-0.6)/10^{-3}=1.9(k\Omega)$$

实际上从标准的 E6 系列中选用 $1.8\sim2.2k\Omega$ 电阻。

由于电路的输入阻抗高,因此,隔直电容 C_6 及 C_{10} 的电抗 X_C 为数十欧以下即可,这里使用 $0.01\mu F$ 电容(400kHz 时 $X_C=40\Omega$)。

由于晶体管的发射极输入阻抗低,因此,发射极旁路电容 C_7 与级间耦合电容

相比,需要较大容量的电容。这里,电抗为数欧数量级,因此,选用 $C_7 = 0.1\mu F$ 电容(400kHz 时 $X_C = 4\Omega$)。

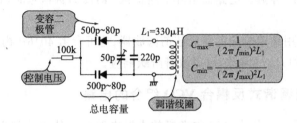

图 9.13 VCO 电路调谐频率的可变方法

(这里使用的 VCO 是基极调谐式反耦合 LC 振荡电路,其中,一部分是使用变容二极管的 VCO 电路。为了使 VCO 频率有合适的可变范围,半固定微调电容与变容二极管的组合非常重要。这里,为了使 VCO 频率可变范围为 400~500kHz,使用 2 个 SVC321 变容二极管串联)

电抗 X_C 的值越小越好,若晶体管发射极接入大容量(μF 数量级)的旁路电容,则有时要产生间歇振荡或异常振荡。

9.2.5 设计的 VCO 电路的特性

首先,需要对 VCO 振荡频率范围进行调节,为此,将 MC145163 的相位检波器输出 PD 同电路分离,并为环滤波器交互提供 0.5~5V 的直流电压。

这样,转动磁心调节线圈 L_1 的电感量,并微调电容 C_4 使 $f_{min} \leqslant 400kHz$,$f_{max} \geqslant 500kHz$,这时,通过线圈 L_1 调节 f_{min},通过微调电容 C_4 调节 f_{max}。

其次,相位检波器输出的外接线恢复原样,设定中心频率为 450kHz,测量 VCO 的输出频率。若输出频率为 400.00kHz,则说明电路工作正常。另外,用数字万用表测量这时电容 C_3 上电压,证实是电源电压的一半即为 2.5V(由于一般的模拟万用表阻抗不高,因此,不能指示其真正的值)。

图 9.14 是用 BCD 开关设定的频率数据为 400~500kHz,而步进为 10kHz 时,测量 VCO 的锁定电压即输入电压与设定频率之间关系曲线不是线性关系,但在 PLL 电路中没有任何问题。

照片 9.5 是 $f_{out} = 450kHz$ 时 VCO 输出波形。振幅由二极管 D_3 和 D_4 限制为 $800mV_{p-p}$,但可根据需要增设具有电压增益的放大器。作为参考,图 9.15 示出电压增益约为 2.5 倍的简单放大器实例。

振荡频率在 400~500kHz 范围可变时,输出电平变化约为 +1dB,但该电路中无 AGC 环路,因此,振幅不具有平坦特性。振幅具有平坦特性时请参考第 4 章介绍的正弦波振荡电路中的 AGC 环路。

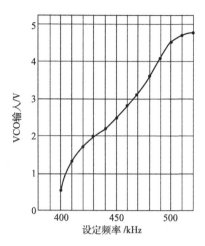

图 9.14 VCO 设定频率与锁定电压之间关系曲线

(在调节 VCO 时,对 VCO 本身通过调节微调电容 C_4 及调节线圈 L_1 的磁芯位置设定其 f_{min} 与 f_{max},考察调节后闭环时设定频率与 VCO 输入电压即锁定电压之间关系,由图可知设定参数为 400~500kHz 的 VCO 电路。VCO 变化特性不必是非常好的线性关系,实际上这种弯曲在表面上是看不出来,这是反馈的效果)

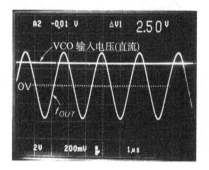

照片 9.5 VCO 的输出波形

(这是图 9.11 电路的输出波形。频率设定为 450kHz,基准时钟频率使用 2.048MHz 的晶体振子而步进频率为 1kHz,这样,1kHz 的 450 倍就得到准确的 450kHz 信号。为使输出振幅失真小,增设二极管限幅电路将其振幅限制为 800mV$_{p-p}$。必要时可增设外部放大器即可)

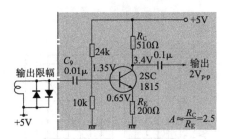

图 9.15　简单的晶体管交流放大器

(将图 9.11 的 VCO 输出很小的信号电平(照片 5 所示的 0.8V$_{p-p}$)放大到一定幅度,使用这里所示晶体管放大器比较适宜。由于频率为 500kHz,因此,不可能使用运算放大器,但使用带宽稍宽的 IC 时,就会出现失真问题。这样使用晶体管放大器较好)

9.2.6　使用的优质电源

　　照片 9.6 是制作的 VCO 电路的噪声电平的测试情况,其中,照片(a)是使用某公司实验用稳压电源测试 VCO 噪声实例。噪声电平很小,因此,能确认的主要是电源频率的高次谐波(3 次,5 次的奇次谐波)的频谱。

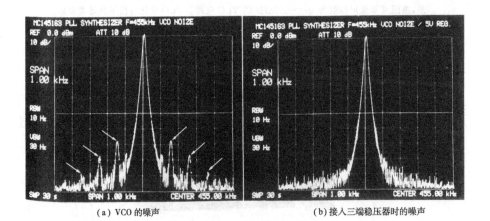

(a) VCO 的噪声　　　　　　　　　　　　　(b) 接入三端稳压器时的噪声

照片 9.6　VCO 的输出噪声电平

(在很多情况下 VCO 的输出用作信号源,这时重要的是不能含有噪声。然而,观察实验使用的 VCO(图 9.11 的电路)的输出噪声,发现有很多工频电源的高次谐波与可能出现的噪声。为减小电源噪声可接入三端稳压器,这样,噪声减小情况如照片(b)所示。对电源噪声要引起足够的注意,这一点非常重要)

　　若在 5V 电源线路中接入三端稳压器 78M05 试作电源,由照片 9.6(b)可见,波形有很大改善。

　　PLL 频率合成器的 VCO 噪声,包括 VCO 控制电压的噪声(基准频率抑制不够与电源交流)变为调制信号源而受到 FM 调制,因此,使电路电源低噪声化的同时,需要注意环滤波器的设计与实装。

另外,PLL 电路与其他数字电路同在时,逻辑电路的电源线上有很多噪声,因此,需要与 PLL 电路明确地分开,采用如图 9.16 所示的电源电路。

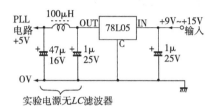

图 9.16　使用的电源噪声较多时接入的三端稳压器
(PLL 电路与模拟电路都容易受噪声的影响,因此,使用开关电源等噪声较大的电源时,对 PLL 电路要采取相应措施减小噪声的影响,这一点非常重要,措施如图所示,接入三端稳压器,这不仅提高电压的稳定性,而且抑制噪声的效果也非常好。当然,输出的 LC 滤波器也非常重要)

第 **10** 章　数字频率合成器设计

用数字方式制作电路也是昔日电路设计人员的梦想,若确立了数字方式的电路技术,就能制作稳定的数字电路。

振荡器的领域从古至今都在研制开发数字方式的电路,这里介绍较容易实现的数字方式的波形发生器,以及进一步发展的直接数字合成方式的频率发生器,即直接数字频率合成器。

10.1　数字式波形发生电路

10.1.1　数字方式的概念

上一章介绍的 PLL 频率合成器的特点是以较小步进使振荡频率可变。然而,对于不要求较小步进频率的用途,使用数字方式就非常简单,如图 10.1 所示。计数器,EPROM 和 D 锁存器都是数字 IC,仅输出端接入的 D/A 转换器是模拟 IC,因此,电路中几乎没有较难的要素,实现起来非常方便。

在这样的电路结构中振荡输出频率 $f_。$ 由二进制计数器的位数 N 与时钟输入频率 f_{CLK} 决定。EPROM 是决定发生波形形式的电写入读出专用存储器。若 EPROM 中写入正弦波的数字数据,则 D/A 转换器输出 EPROM 中写入形式的正弦波。

这时,输出频率 $f_。$ 为:

$$f_。= \frac{f_{CLK}}{2^N}$$

计数器的位数 N 越大,则时间轴即相位分割的越多,因此,产生纯度高的波形;反之,振荡输出的频率不会太高。

若 D/A 转换器的位数固定为 8 位,计数器的位数即使增加到 $N=12\sim16$,也不可能获得所期望纯度的波形。

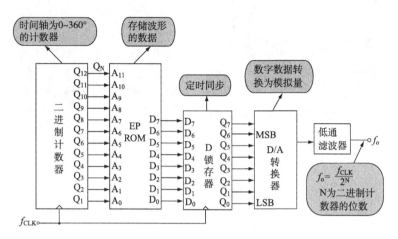

图 10.1 数字方式的波形发生电路

(这是以前就已知晓的高精度波形发生方式。若在 EPROM 存储器中写入产生波形的数字数据,用计数器顺序读出数据,并经 D/A 转换,则可高精度产生任意波形。时间轴的分辨率由计数器的长度决定,振幅方向的分辨率由 D/A 转换器的分辨率决定,这是非常方便的方式。但缺点是时间轴的分辨率小,能产生的最高频率较低)

10.1.2 高频振荡的问题

这种数字式频率合成器的振荡频率的上限由电路的工作原理可知,受到 EPROM 存取时间的限制。因此,最高时钟输入频率为 5MHz 左右(一般的 EPROM 存取时间为 150～200ns)。

那么,若需要的最高振荡频率为 $f_{o\,max}$,则有

$$2^N \leqslant \frac{f_{CLK}}{f_{o\,max}} = \frac{5 \times 10^6}{f_{o\,max}}$$

假定 $f_{o\,max} = 100$kHz,则有 $2^N \leqslant 50$,因此,N＝5 时 $2^5 = 32$,若选用 5 位二进制计数器,则最高振荡频率 $f_{o\,max}$ 可以到

$$f_{o\,max} = 5 \times 10^6 / 32 = 156 \text{(kHz)}$$

作为参考,照片 10.1 示出地址的步进为 $2^N = 16 \sim 64$ 时 8 位 D/A 转换器的输出波形。

由照片可见,对于 $2^N = 16$(4 位地址),时间轴分辨率较低,不能称为正弦波形,但在 D/A 转换器的输出端接入低通滤波器,采取补偿时间轴的措施,就可得到能够实用的波形。

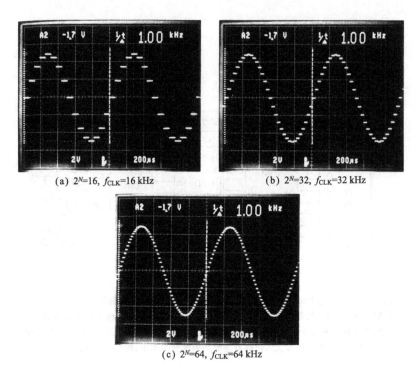

(a) 2^N=16, f_{CLK}=16 kHz　　　　　(b) 2^N=32, f_{CLK}=32 kHz

(c) 2^N=64, f_{CLK}=64 kHz

照片 10.1 改变时间轴的步进数时输出波形

(这是使用 8 位 D/A 转换器,仅时间轴的步进分割为 4 位(16 分割)～6 位(64 分割)时参考波形。由照片可见,16 分割时不能称为是完好的正弦波形,但 64 分割时得到较好的正弦波形。最终是 8 位为 256 分割,若与低通滤波器并用,则可得到非常好的波形)

10.1.3　0～25kHz 的波形发生电路

图 10.2 是除了 D/A 转换器外都是由数字电路构成的波形发生电路。波形 ROM 中写入任意的波形数据,这样,可以产生任意波形(地址 10 位＝1024 相位分割,数据 8 位＝256 振幅分割)。

地址计数器使用 12 位二进制 74HC4040A,Q_1～Q_{10} 的 10 位输出(000H～3FFH)接到 EPROM 的 A_0～A_9。这样,正弦波 0～360°的相位角可分解约 0.35°的步进。图 10.3 是二进制计数器 74HC4040A 的构成。

图 10.4 是为了产生正弦波而写入 EPROM 的内容。由此可知,这种数据的变化变为 sin$X$ 的加权。

输出频率 f_0 是 1 个周期 PROM 寻址需要时间的倒数,例如,输出 1kHz 波形时,需要的时钟频率 f_{CLK} 为 $f_0 \times 2^{10}$＝1.024(MHz)。

但是,这里使用的地址计数器是简单的异步二进制计数器,因此,像后级那样需要传输延迟时间,EPROM 寻址时数据延迟引起的尖峰噪声,以及存取时间产生的延迟。这里,为了使电路构成简单,仍使用异步计数器。

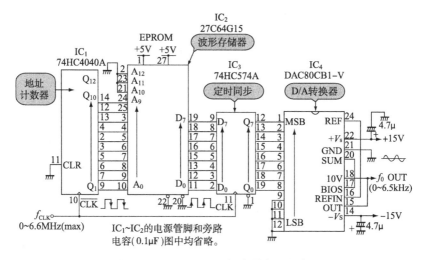

图 10.2 0~25kHz 的波形发生电路

(该电路都用 IC 来实现,因此,从电路图看与图 10.1 类似,其构成像图 10.1 那样简单。但是,决定时间轴的地址计数器为 10 位,即使时钟 f_{CLK} 为 6.6MHz,输出频率的最大值也只有 6.5kHz 左右,这种慢速度是这种电路的最大缺点。反之,若产生低频信号,则这是一种可获得最高精度的波形发生方式)

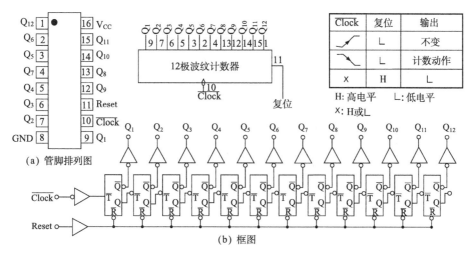

图 10.3 12 位二进制计数器 74HC4040 的构成

(方便起见,这是将 4000B 系列 CMOS 类型升级为 74HC 系列的 IC。触发计数器仅是 12 级简单的 IC,但作为分频器是 12 位输出,因此,这是非常方便的 IC。但只是并列的异步计数器,因此,有延迟累积的缺点。引脚与同步计数器兼容)

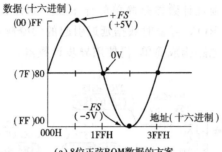

(a) 8位正弦ROM数据的方案

地址	00	01	02	03	04	05	06	07	08	09	0A	0B	0C	0D	0E	0F	地址	00	01	02	03	04	05	06	07	08	09	0A	0B	0C	0D	0E	0F
0000	7F	80	81	81	82	83	84	84	85	86	87	88	88	89	8A	8B	0200	7F	7E	7D	7D	7C	7B	7A	7A	79	78	77	76	76	75	74	73
0010	8B	8C	8D	8E	8F	8F	90	91	92	92	93	94	95	95	96	97	0210	73	72	71	70	6F	6F	6E	6D	6C	6C	6B	6A	69	69	68	67
0020	98	99	99	9A	9B	9C	9C	9D	9E	9F	9F	A0	A1	A2	A2	A3	0220	66	65	65	64	63	62	62	61	60	5F	5F	5E	5D	5C	5C	5B
0030	A4	A5	A5	A6	A7	A8	A8	A9	AA	AB	AB	AC	AD	AD	AE	AF	0230	5A	59	58	57	56	56	55	54	53	53	52	51	51	50	50	4F
0040	B0	B0	B1	B2	B2	B3	B4	B4	B5	B5	B6	B7	B7	B8	B9	BA	0240	4E	4E	4D	4C	4C	4B	4A	4A	49	49	48	47	47	46	45	45
0050	BB	BC	BC	BD	BE	BE	BF	C0	C0	C1	C2	C2	C3	C4	C4	C5	0250	43	42	42	41	41	40	40	3F	3E	3E	3D	3C	3C	3B	3A	3A
0060	C6	C6	C7	C7	C8	C9	C9	CA	CB	CB	CC	CD	CD	CE	CE	CF	0260	38	38	37	37	36	35	35	34	33	33	32	31	31	30	30	2F
0070	D0	D0	D1	D1	D2	D3	D3	D4	D5	D5	D6	D7	D7	D8	D8	D8	0270	2E	2E	2D	2D	2C	2B	2B	2A	2A	29	29	28	27	27	26	26
0080	D9	D9	DA	DA	DB	DC	DD	DD	DE	DE	DF	DF	E0	E0	E1	E1	0280	25	25	24	24	23	22	22	21	21	20	20	1F	1F	1E	1E	1D
0090	E1	E2	E2	E3	E3	E4	E4	E5	E5	E6	E6	E7	E7	E8	E8	E8	0290	1D	1C	1C	1B	1B	1A	1A	19	19	18	18	17	17	16	16	16
00A0	E9	E9	E9	EA	EA	EB	EB	EC	EC	ED	ED	EE	EE	EE	EF	EF	02A0	15	15	15	14	14	13	13	12	12	11	11	10	10	10	0F	0F
00B0	EF	EF	F0	F0	F0	F1	F1	F1	F2	F2	F2	F3	F3	F3	F4	F4	02B0	0F	0F	0E	0E	0E	0D	0D	0D	0C	0C	0C	0B	0B	0B	0A	0A
00C0	F4	F5	F5	F5	F5	F6	F6	F6	F7	F7	F7	F7	F8	F8	F8	F8	02C0	0A	09	09	09	09	08	08	08	07	07	07	07	06	06	06	06
00D0	F9	F9	F9	F9	F9	FA	FA	FA	FA	FA	FB	FB	FB	FB	FB	FB	02D0	05	05	05	05	05	04	04	04	04	04	03	03	03	03	03	03
00E0	FC	FC	FC	FC	FC	FC	FD	FD	FD	FD	FD	FD	FD	FD	FD	FD	02E0	02	02	02	02	02	02	02	01	01	01	01	01	01	01	01	01
00F0	FD	FD	FE	FE	FE	FE	FE	FE	FE	FE	FE	FE	FE	FE	FE	FE	02F0	01	01	00	00	00	00	00	00	00	00	00	00	00	00	00	00
0100	FE	FE	FE	FE	FE	FE	FE	FE	FE	FE	FE	FE	FE	FE	FE	FD	0300	00	00	00	00	00	00	00	00	00	00	00	00	00	00	00	01
0110	FD	FD	FD	FD	FD	FD	FD	FD	FD	FC	FC	FC	FC	FC	FC	FC	0310	01	01	01	00	00	01	01	01	01	01	01	02	02	02	02	02
0120	FC	FB	FB	FB	FB	FA	FA	FA	FA	FA	F9	F9	F9	F9	F9	F9	0320	02	03	03	03	03	04	04	04	04	05	05	05	05	05	05	05
0130	F9	F8	F8	F8	F8	F7	F7	F7	F7	F6	F6	F6	F6	F5	F5	F5	0330	06	06	06	07	07	07	08	08	08	09	09	09	0A	0A	0A	0A
0140	F4	F4	F4	F3	F3	F3	F2	F2	F2	F1	F1	F1	F0	F0	F0	EF	0340	0A	0A	0A	0B	0B	0B	0C	0C	0C	0D	0D	0D	0E	0E	0E	0F
0150	EF	EF	EE	EE	EE	ED	ED	EC	EC	FB	EB	EA	EA	E9	E9	E9	0350	0F	0F	10	10	10	11	11	12	12	12	13	13	14	14	15	15
0160	E9	E8	E8	E7	E7	E6	E6	E5	E5	E5	E4	E4	E3	E3	E2	E2	0360	15	16	16	17	17	18	18	19	19	19	1A	1A	1B	1B	1C	1C
0170	E1	E1	E0	E0	DF	DF	DE	DE	DD	DD	DC	DC	DB	DA	DA	D9	0370	1D	1D	1E	1E	1F	1F	20	20	21	21	22	22	23	24	24	25
0180	D9	D8	D8	D7	D7	D6	D5	D5	D4	D4	D3	D3	D2	D1	D1	D0	0380	25	26	26	27	27	28	28	29	2A	2A	2B	2B	2C	2D	2D	2E
0190	D0	CF	CE	CE	CD	CD	CC	CB	CB	CA	C9	C9	C8	C7	C7	C6	0390	2E	2F	30	30	31	31	32	33	33	34	35	35	36	37	37	38
01A0	C6	C5	C4	C4	C3	C2	C2	C1	C0	C0	BF	BE	BE	BD	BC	BC	03A0	38	39	3A	3A	3B	3C	3C	3D	3E	3E	3F	40	40	41	42	42
01B0	BB	BA	B9	B9	B8	B7	B7	B6	B5	B5	B4	B3	B2	B2	B1	B0	03B0	43	44	45	45	46	47	47	48	49	49	4A	4B	4C	4C	4D	4E
01C0	B0	AF	AE	AD	AD	AC	AB	AA	A9	A8	A8	A7	A6	A5	A5	A5	03C0	4E	4F	50	51	51	52	53	53	54	55	56	56	57	58	59	59
01D0	A4	A3	A2	A2	A1	A0	9F	9F	9E	9D	9C	9C	9B	9A	99	99	03D0	5A	5B	5C	5C	5D	5E	5F	5F	60	61	62	62	63	64	65	65
01E0	98	97	96	95	95	94	93	92	92	91	90	8F	8F	8E	8D	8C	03E0	66	67	68	69	69	6A	6B	6C	6C	6D	6E	6F	6F	70	71	72
01F0	8B	8B	8A	89	88	88	87	86	85	84	84	83	82	81	81	80	03F0	73	73	74	75	76	76	77	78	78	7A	7A	7B	7C	7D	7D	7E

(b) ROM 中的数据(十六进制)

图 10.4　EPROM 中写入正弦波数据

(ROM 中如(a)所示那样顺序写入 sinX 的数据。这里,示出时间轴分辨率的地址是
10 位,即 1024 步进时实例。数据为 8 位正弦波数据,将该数据固化到 PROM 写入
器中即可。有关 PROM 写入器的原理,对于微机应用人员来说非常简单,说明省
略)

10.1.4 振幅进行 8 位分割的情况

若提高振幅轴(电压)的分辨率,则可以产生更精密的波形,但容易得到的是 8 位数据的 EPROM,因此,振幅分辨率为 8 位即 256 步进。为此,D/A 转换器使用 12 位器件,其中,低 4 位不用。图 10.5 是使用的 D/A 转换器 DAC80CBI 的构成。

产生高精度信号波形时,使用 2 个 EPROM 并联从而获得 10 位或 12 位分辨率即可,但 EPROM 中 sinX 数据也需要更改。

这里使用的 DAC80CBI 是无需外接元件的完整 D/A 转换器 IC。通过引脚跳线设定单极输出/双极输出,输出振幅可设定为 $\pm 5V/\pm 10V$。

有 8 位 D/A 转换器时也可以这样做。

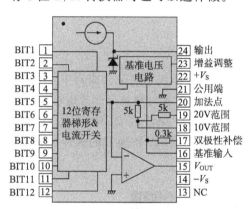

数字输入		模拟输出
MSB	LSB	COB(互补式补偿型二进型)
0 0 0 0 0 0 0 0 0 0 0 0		+全标度
0 1 1 1 1 1 1 1 1 1 1 1		零
1 0 0 0 0 0 0 0 0 0 0 0		−1LSB
1 1 1 1 1 1 1 1 1 1 1 1		一全标度

(a)框图与引脚排列　　　　　　(b)输入输出关系

图 10.5 12 位 D/A 转换器 DAC80CBI 的构成

(这是最一般的运算放大器内有的 D/A 转换器。由于片内有运算放大器和基准电压源,因此,不用外接任何元件就可构成完整的 D/A 转换器。但这里用途不需要 12 位分辨率,8 位就足够了。为此,使用时低 4 位为固定电平。产生高精度信号波形时使用 12 位转换器即可,但价格高,因此,这里实验只使用后面介绍的 DAC08)

10.1.5 EPROM 存取时间的影响

对于该电路,时钟信号 f_{CLK} 下降沿到来时,地址发生用计数器结束计数,下一个时钟上升沿到来时从 ROM 中读取的数据保存在 8 位 D 锁存器中。

这样,时钟频率的上限受到 EPROM 存取时间的限制,例如,这里使用的 27C64G15 EPROM 的 $t_{ACC} = 150 ns_{max}$,因此,

$$f_{CLKmax} = 1/t_{ACC} = 6.6(MHz)$$

不限于此例,ROM 数据的输出直接送到 D/A 转换器时,若输入数据 $D_0 \sim D_7$ 的定时不一致,则产生称为狭脉冲的尖峰波形,这样使波形产生失真。

因此,为了使数据变化的定时与时钟信号同步,可在 D/A 转换器的输入端增设 8 位 D 锁存器(74HC574A)。这在波形发生等中使用 D/A 转换器时非常重要。

存储波形数据的 ROM 使用能更改数据的 EPROM 非常方便。该电路基本上使用(8 比特×1024 比特＝1024 字节)容量存储器即可,但考虑到扩展性与 ROM 容易买到等因素,使用 64KB 的 27C64G15。

波形数据如图 10.4 所示,在地址 000H～3FFH 之间写入正弦波数据。数据的形式由使用的 D/A 转换器的规格决定。

这里使用的 D/A 转换器 DAC80CBI-V 称为互补型补偿式二进制输入型转换器,因此,输入代码的高低电平反转。然而,这对于地址其输出波形相位只是 180°反转,因此,连续波的振荡不会出问题,可原样使用。

10.1.6　验证波形的定时

现考察一下实验情况。

在这种 ROM 与 D/A 转换器的波形发生器即数字频率合成器中,使用存取时间延迟的 EPROM 时波形的定时很重要,因此,首先对照波形照片进行说明。

照片 10.2 从上至下依次为地址计数器 74HC4040 的 Q_{10} 输出(ROM 的 A_9 输入)信号,ROM 的 D_7 输出(数据 MSB 时输入到 D/A 转换器的极性反转信号)信号,D 锁存器 Q_7 输出与时钟信号。

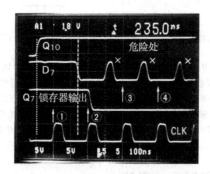

照片 10.2　数字波形发生电路的定时

(这是图 10.2 电路的实际工作定时图。用地址计数器的 Q_{10} 进行同步,但观察到 CLK 波形上升时刻可知,仅计数器在 Q_1 到 Q_{10} 之间有 50ns 时间延迟。也就是说,地址计数器为异步方式,因此,加到 PROM 的地址变化的定时不一致。由于增加 PROM 的延迟,因此,D_7 输出产生尖峰噪声,为消除此影响,增设锁存器 IC_3)

由照片可见,74HC4040 的 Q_1 与 Q_{10} 之间的延迟时间约 50ns。因此,产生波形数据的 ROM 的所有地址输入不能在同一时间变化。为了改善这种定时,若地址计数器使用同步型计数器 74HC161 等,则定时就会有所改善。

回到照片 10.2,二进制计数器的 Q_{10} 输出上升到 ROM 输出 D_7 的上升也需要约 235ns 时间。也就是说,这期间即使有时钟脉冲①输入,Q_7 的输出不变,下一个时钟②上升时反转为低电平。

这里,若输入时钟频率 $f_{CLK}=5MHz$,地址 A_0 变化(反转)的周期为 $1/f_{CLK}=200ns$。那么,若存取时间加上计数器与 ROM 的延迟时间为 200ns 以下,就不会出问题而正常工作,但这里若存取时间加上 74HC4040A 的延迟与时钟脉冲宽度,则如照片 10.2 所示,时钟①就可以忽略。

这样,作为输出波形相位仅延迟 1 个时钟(约 3.5°),输出频率 f_0 维持准确值。

10.1.7 D 锁存器的定时效果

再回到照片 10.2,在 ROM 输出数据的×处由于并行数据间的时间差出现尖峰波形,但实际上对于锁存器定时常有一定的时间差(约 100ns),因此,将其错开并进行锁存就不会出现这种情况(参见波形的↑③与↑④)。

照片 10.3 是实际的 D/A 转换器波形,其中,(a)是输入为 $f_{CLK}=1.024MHz$ 时 D/A 转换器输出与 ROM 数据的 MSB 输出(CMOS 电平)波形,由照片可见,输出为非常好的接近正弦波的波形。作为参考,照片 10.3(b)示出高次谐波频谱,由此可见,2 次以上的高次谐波抑制接近—80dB。

然而,若时钟频率 f_{CLK} 进一步提高,则由于电路延迟时间的影响不能进行同步定时,9.14MHz 时钟频率时 D/A 转换器的输出出现很多细须状脉冲噪声,如照片 10.3(c)所示(输出称为正弦波形,时钟频率约为 7.5MHz)。

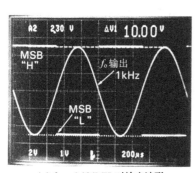

(a) f_{CLK}=1.024MHz时输出波形

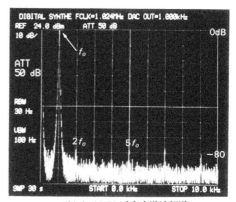

(b) f_0=1 MHz时高次谐波频谱

照片 10.3   数字波形发生电路的输出波形

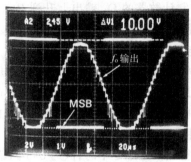

(c) f_{CLK}=9.4MHz时工作不稳定

续照片 10.3　数字波形发生电路的输出波形

(这是图 10.2 的输出波形。照片(a)是 f_{CLK} 为 1.024MHz 时,输出为 1kHz 的正弦波形,由此可见得到非常好的波形。由照片(b)频谱可见,2 次以上高次谐波抑制接近−80dB,这是非常好的特性。然而,若时钟频率很高,则得到不稳定的波形,如照片(c)所示。这是 PROM 或地址计数器等的延迟所引起的)

10.1.8　数字频率合成器的效果

　　数字方式的振荡电路产生与时钟频率无关(上限有限制)的正弦波,若时钟源使用可变频率的电路,就能实现可变范围非常宽(低频没有界限)的扫描振荡器。

　　简单的可变频率振荡电路可参考第 3 章介绍的方波振荡电路,例如,若使用第 2 章图 10.6 所示的内有晶体振子可编程振荡模块,则可以构成简单的振荡电路。

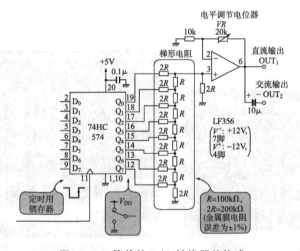

图 10.6　简单的 D/A 转换器的构成

(有人不使用 D/A 转换器,也有人不容易弄到 D/A 转换器,这时,也可以使用图示的梯形电阻构成的 D/A 转换器。74HC574 是 CMOS IC,其输出低/高电平近似为 0V/5V(电源电压),若输出通过高阻值电阻进行模拟合成,就可构成 D/A 转换器。根据 D/A 转换器本身就可以理解其工作原理)

在该电路实例中,D/A 转换器的价格很高,若使用低价格化的 CMOS 乘法运算的 D/A 转换器,精度要求不高时,可使用图 10.6 所示电路,即在 8 位 D 锁存器(74HC574)的输出端增设 R-$2R$ 梯形电阻,就可以替代 D/A 转换器

但这里介绍的电路是输出电压为 $0 \sim +5V$ 的单极性电路,因此,为了得到交流输出,要在 D/A 转换器与输出电路之间接入耦合电容,隔断直流成分(EPROM中数据更改为 $\sin 0° = 7FH, \sin 90° = FFH, \sin 270° = 00H$)。

10.2 直接数字频率合成器

10.2.1 直接数字频率合成器的概念

前面介绍的 ROM+D/A 转换器方式的电路是最近人们关注的数字方式的信号发生电路,这种数字方式具有很多特征,是传统的模拟方式与 PLL 频率合成器中所没有的。

最大特征是可以瞬时对振荡频率进行切换(无环滤波器等,响应速度快),因此,适宜用作自动测试装置等信号源。另外,作为时钟信号源时由于使用晶体振荡电路,因此,可以得到频率稳定性非常高的信号,用作计测用信号源非常有价值。

再有,波形数据发生中使用 PROM 存储器,可以简单产生除正弦波等一般波形外的任意波形。但是,波形纯度有要求时需要较大存储器容量,振荡频率高频化较难,实用频率一般为数兆赫以下。

这种方式的缺点除难以高频化外,还有电路构成复杂的趋势。然而,由于电路的高度集成化这个问题在不久的将来就能解决。

这里,介绍最近能实现的直接数字频率合成器,这种方式一般称为 DDS(Direct Digital Synthesizer),图 10.7 是其基本构成图。

这种直接数字频率合成器跟传统的模拟方式振荡器与 PLL 频率合成器的工作原理不同。

累加器由 $16 \sim 32$ 位全加器与数据锁存电路(相位累加器)构成,每个时钟周期进行 $A + B = F$ 的运算,A 为频率数据,其值越大,溢出的时间越短(从 $F = 0$ 到溢出为输出波形的 1 个周期)。

这时输出 F 值是数字式斜波,因此,进行原样的 D/A 转换也只能得到斜波。为此,需要得到必要波形的数据存储器。

波形数据存储器一般使用 PROM,高速工作应用时将波形数据装载在 ECL-RAM 中。当然,输出频率 f_{OUT} 较低时,也可用 EPROM。

波形数据存储器的地址空间越大,产生的波形越精密,但输出频率的上限受到

限制,D/A 转换器的位数再多也无意义,若考虑对波形失真的影响,选用 10～12 位比较实用。

　　另外,波形数据长度(位数)越长,就能产生精密波形,但比较实用的也为 10～12 位。8 位时若在输出增设低通滤波器,实用上没有问题,也可以产生波形。

　　D/A 转换器时刻将变化的波形数据转换为模拟电压。这里使用的 D/A 转换器不是低速用途的器件,而是选用交流特性优良的单片器件。要注意的问题是单调增加性、电压尖峰脉冲、稳定时间与输出波形对称性(上升与下降时间相等)等。

　　即使使用低电压尖峰脉冲的器件,若输入数据位间的定时有偏差(数字电路的传输延迟时间),则波形纯度变差,因此,需要在 D/A 转换器的数据输入端增设所需位数的锁存器(也有的 D/A 转换器片内有锁存器的器件)。

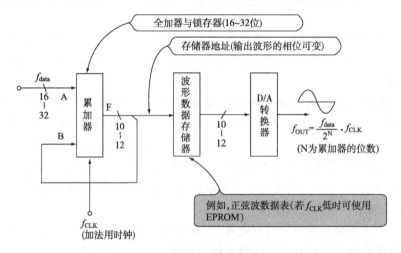

图 10.7　直接数字频率合成器

(这是最近推出的新型频率合成器,其原理也与以前的相同,普及的原因是 LSI 实现高速加法器的功能。这种方式的特征是在数字设定的步进频率中使用累加器,因此,可以以任意小的数字步进频率使频率可变)

10.2.2　步进频率的确定

　　图 10.8 是波形存储器的地址输入图,图中若 $A=1$ 作为基准,$A=3$ 时地址的 1 个步进变化时间为 1/3,因此,振荡输出频率是 $A=1$ 时的 3 倍。

　　振荡频率 $f_。$ 是波形存储器的地址循环一周时间的倒数,例如,存储器地址为 2^A(A 位),累加器的位数为 2^B(B 位)时,振荡频率 $f_。$ 为:

$$f_。=\frac{f_{CLK}}{2^A+2^B}\times 频率数据\ A$$

　　步进频率为 $f_{CLK}/2^{(A+B)}$。例如,累加器总的位数(包括存储器地址)为 15 位,

步进频率为 $500\mathrm{Hz}$ 时 f_{CLK} 可用下式表示：

$$f_{\mathrm{CLK}}=500\times 2^{15}=16.384(\mathrm{MHz})$$

为使步进频率越细小，累加器的位数就越多，但最高可能振荡频率 $f_{\mathrm{o\,max}}$ 要降低。

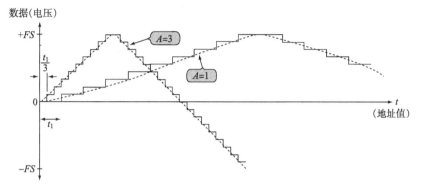

图 10.8　累加运算使频率可变的原理

（累加运算就是将 2 组数字数据相加时，每个差分（步进）数据累积起来而进行反馈的工作形式。这样，若加法器的位数为 15 位，则变成时钟频率为 16.384MHz，步进频率为 500Hz 的频率可变的计数器）

这样，通信设备中应用时步进频率较大（也可以用方波），用低通滤波器将其转换为正弦波。

DDS 最大不足之处是原理上就存在寄生频率（不需要的谐波）的问题。图 10.9 示出 DDS 的寄生的频谱。以时钟频率 f_{CLK} 的整数倍的频率为中心，仅输出频率 f_{OUT} 偏移处存在寄生频率，若用数学表达式表示，即 $Nf_{\mathrm{CLK}}\pm nf_{\mathrm{OUT}}$，但 n 为 2 以上，电平就非常小，因此，可以忽略，实用上也不会有问题。

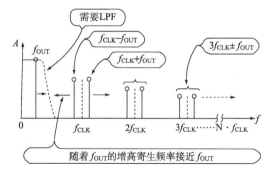

图 10.9　DDS 的寄生频率

（DDS 的缺点是寄生频率发生在时钟频率 f_{CLK} 的整数倍频率附近，需要增设滤波器）

对于时钟频率 f_{CLK}，输出频率 f_{OUT} 非常低时，寄生电平也非常小，因此，用简单的低通滤波器就可滤除。然而，随着 f_{OUT} 的增高而越接近折叠失真成分的频率，因此，后级滤波器需要很严格的截止特性。

实用的最高输出频率 $f_{o\,max}$，接有低通滤波器时为 $f_{o\,max} \leqslant f_{CLK}/8$，而无滤波器时为 $f_{o\,max} \leqslant f_{CLK}/16$，这是不太困难的。

10.2.3 500Hz～1.024MHz 的 DDS 电路

图 10.10 是振荡频率为 500Hz～1.024MHz，步进频率为 500Hz，频率连续可变的直接数字频率合成器电路。

这里，累加器不使用通用全加器与数据锁存器构成，而是使用 NPC 公司的 LSI SM5833AF（可以进行 16 位加减运算与累加运算），目的在于电路构成简单，有关这种 LSI 将在后面介绍。

图 10.10 中，D 锁存器（74HC574）与图 10.2 时一样，接入的目的是使定时一致，这样，就不会由地址数据的传输延迟等在 D/A 转换器的输出中产生电压尖峰脉冲（尤其是 MSB 反转时产生的较大脉冲）。

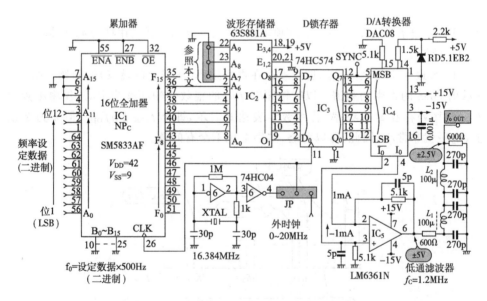

图 10.10　500Hz～1.024MHz 的 DDS 电路

（这是步进频率为 500Hz，产生频率可到 1.024MHz 正弦波的直接数字频率合成器电路。除了累加器外，基本上就是图 10.2 所示的数字波形发生器，但对应高速化，因此，波形存储器 PROM 与 D/A 转换器都使用高速器件。全加器是特殊的 IC，仅这样的电路就可以构成频率合成器）

D/A 转换器使用容易买到的高速乘法运算的 D/A 转换器(DAC08),DAC08 的稳定时间非常短约为 85ns。另外,为了获得双极输出,增设高速运算放大器(LM6361N),并兼作输出缓冲放大器。有关 LM6361 的内容请参看第 4 章图 10.19。

输出信号接近 $f_{o\,max}$ 时,地址步进变化较大,由此产生很多高次谐波,为了减少波形失真,在输出级增设低通滤波器。这是一种截止频率 f_c 为 1.2MHz 的无源滤波器。$f_{CLK}=$ 16.384MHz 时为使 $f_o=1.024$MHz,需要 16(2^4)步进地址,请参照照片 10.1(a)。

10.2.4 16 位高速加法器 SM5833AF

图 10.11 是累加运算使用的 SM5833AF 的构成,这种 LSI 的运算速度非常快,为 25MHz(周期为 40ns),因此,波形存储器也选用存取时间快的双极型 PROM(约 30ns),最高振率频率 $f_{o\,max}$ 为 1MHz。

图 10.11 中,用 A 和 B 寄存器锁定输入的数据,但这里应用的是 B 输入接地。方式选择(28 脚 MOD_0,29 脚 MOD_1)设定为[00],由此可以直接进行($A+F=F$)的累加运算。

累加运算的数据经由 F 寄存器的 $F_0\sim F_{15}$ 输出,其中,$F_8\sim F_{14}$ 的 7 位作为波形存储器的地址。

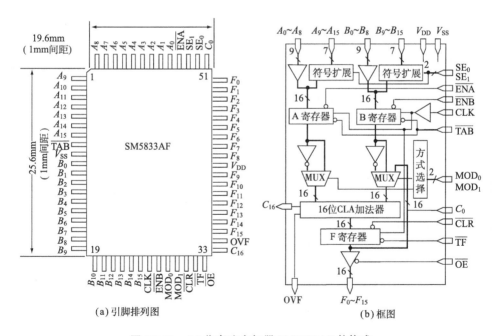

(a)引脚排列图　　　　　(b)框图

图 10.11 16 位高速全加器 SM5833AF 的构成
(日本精密电子(株))

引脚序号	引脚名称	i/o	功能	引脚序号	引脚名称	i/o	功能
1	A_9	ip	输入 A(位 9)	33	C_{16}	o	进位输出
2	A_{10}	ip	输入 A(位 10)	34	OVF	o	溢出检测标记
3	A_{11}	ip	输入 A(位 11)	35	F_{15}	o	运算输出(MSB)
4	A_{12}	ip	输入 A(位 12)	36	F_{14}	o	运算输出(位 14)
5	A_{13}	ip	输入 A(位 13)	37	F_{13}	o	运算输出(位 13)
6	A_{14}	ip	输入 A(位 14)	38	F_{12}	o	运算输出(位 12)
7	A_{15}	ip	输入 A(MSB)	39	F_{11}	o	运算输出(位 11)
8	$\overline{\text{TAB}}$	ip	A、B 寄存器透明功能的选择	40	F_{10}	o	运算输出(位 10)
				41	F_9	o	运算输出(位 9)
9	V_{SS}	—	GND 端子	42	V_{DD}	—	电源端子(5V)
10	B_0	ip	输入 B(LSB)	43	F_8	o	运算输出(位 8)
11	B_1	ip	输入 B(位 1)	44	F_7	o	运算输出(位 7)
12	B_2	ip	输入 B(位 2)	45	F_6	o	运算输出(位 6)
13	B_3	ip	输入 B(位 3)	46	F_5	o	运算输出(位 5)
14	B_4	ip	输入 B(位 4)	47	F_4	o	运算输出(位 4)
15	B_5	ip	输入 B(位 5)	48	F_3	o	运算输出(位 3)
16	B_6	ip	输入 B(位 6)	49	F_2	o	运算输出(位 2)
17	B_7	ip	输入 B(位 7)	50	F_1	o	运算输出(位 1)
18	B_8	ip	输入 B(位 8)	51	F_0	o	运算输出(LSB)
19	B_9	ip	输入 B(位 9)	52	C_0	i	进位输入
20	B_{10}	ip	输入 B(位 10)	53	SE_0	ip	符号扩展位的选择
21	B_{11}	ip	输入 B(位 11)	54	SE_1	ip	
22	B_{12}	ip	输入 B(位 12)	55	$\overline{\text{ENA}}$	ip	A 寄存器使能
23	B_{13}	ip	输入 B(位 13)	56	A_0	ip	输入 A(LSB)
24	B_{14}	ip	输入 B(位 14)	57	A_1	ip	输入 A(位 1)
25	B_{15}	ip	输入 B(MSB)	58	A_2	ip	输入 A(位 2)
26	CLK	i	时钟输入:上升沿	59	A_3	ip	输入 A(位 3)
27	$\overline{\text{ENB}}$	ip	B 寄存器使能	60	A_4	ip	输入 A(位 4)
28	MOD_0	ip	运算功能的选择	61	A_5	ip	输入 A(位 5)
29	MOD_1	ip		62	A_6	ip	输入 A(位 6)
30	$\overline{\text{CLR}}$	ip	输出寄存器的清除	63	A_7	ip	输入 A(位 7)
31	$\overline{\text{TF}}$	ip	输出寄存器透明功能的选择	64	A_8	ip	输入 A(位 8)
32	$\overline{\text{OE}}$		输出使能				

i:为输入端　　　　　ip:为有上拉电阻的输入端　　　　　o:为输出端

(c)端子的说明

续图 10.11　16 位高速全加器 SM5833AF 的构成

(日本精密电子(株))[23]

(这是最高频率可用到 25MHz 的全加器集成电路。由方式选择可选择加法/减法/累加等运算,但这里使用累加运算方式。另外,若用 2 个这种 16 位全加器 IC 级联可构成 32 位全加器。输入输出各为 16 位,因此,使用 64 引脚的扁平封装。观察一下用这种 IC 进行一次实验的情况) (日本精密电子 电话 03-3555-7521)

SM5833AF 是 64 引脚的扁平 IC,这是较难使用的形状,但多引脚趋势的高功能 LSI 不用这种规格。其中输入端需要接地的有 27,28,29,32,52,55 等 6 个引脚,除此之外的引脚,若为开路,则内部要接入上拉电阻,因此,变为高电平。

64 引脚的扁平封装的 LSI 很难进行锡焊,实验时要使用专用管座进行接线。

10.2.5　高速 PROM 与高速 D/A 转换器

DDS 的最高振荡频率 $f_{o\,max}$ 为数百千赫以下即可,波形发生用存储器可使用容易买到的普通 EPROM,但这里介绍的是使用最高工作时钟频率为 20MHz 而存储时间快的双极型 PROM。

这种双极型 PROM 的功能与普通的 EPROM 相同,但数据写入后不能更改。可是速度快,地址的存取时间典型值为 26ns。电源电压为 5V 时消耗电流典型值为 92mA,其值稍大。

图 10.12 是使用的双极型 PROM 63S881A 的构成。存储器容量为 1024×8 比特(8K 字节),剩余的地址端子 $A_7 \sim A_9$ 用于地址的扩展(特殊波形的发生与倍频等)。24 脚的小型 DIP 封装其宽度非常窄,为 0.3 英寸。

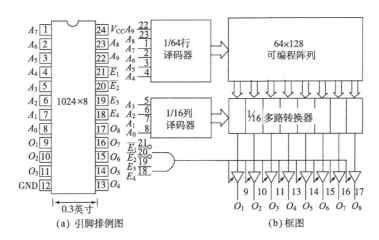

(a) 引脚排例图　　　　　　　　(b) 框图

图 10.12　$1K \times 8$ 高速双极型 PROM 63S88A(先进微型器件公司 AMD)
(PROM 是由 NMOS 或 CMOS 构成的电擦除的 EPROM 中有名的 ROM,若速度变快,这 EPROM 就不顶用。那么,就推出了双极型 PROM,这种 PROM 的存取时间最快为 25ns,若与 EPROM 相比是其 1/5 以下。但用普通的 EPROM 不能写数据,需要专用写入存储器)

写入 PROM 的波形数据不能使用一般的 EPROM,要使用双极型 PROM 的专用器件。

波形数据是用于发生正弦波,因此,存储器内容与前面介绍的 PROM 时相同,请参照图 10.4。

　　该 DDS 的最高振荡频率 $f_{\text{o max}}$ 为 1.024MHz（$f_{\text{CLK}}=16.384\text{MHz}$ 时），这也就是说，每 61ns 的周期需要对 D/A 转换进行一次刷新。

　　若 D/A 转换器的响应迟缓，则变成低通滤波器所示的特性，因此，需要选用高速 D/A 转换器，这里使用模拟器件公司的 DAC08。这种单片乘法型 D/A 转换器将外部供给的基准电流 I_{REF} 与数据（8 位）进行乘法运算，以电流方式输出。图 10.13 是 DAC08 的构成。

　　将电流输出转换为电压时需要外接运算放大器，这里用高速运算放大器构成电流/电压转换电路。

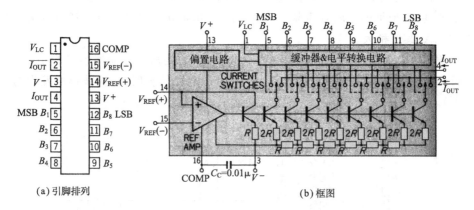

(a) 引脚排列　　　　　　　　　　　　　　　　　(b) 框图

图 10.13　高速 8 位 D/A 转换器 DAC08（模拟器件公司）

（这是典型的 8 位 D/A 转换器，其特征是速度快（稳定时间为 85ns）而价格低，但片内没有输出放大器，因此，使用时要保持高速度，需要增设高速运算放大器。图 10.10 使用的就是这种方式。另外，决定输出信号的振幅是输入基准电压（V_{REF}），因此，这里需要通过电阻提供稳定电压）

10.2.6　DDS 的工作情况

　　首先，考察一下使电路稳定工作重要的存储器 PROM 与锁存器间的定时问题。为此，观察一下 $f_{\text{CLK}}=16.384\text{MHz}$，振荡输出频率 $f_{\text{o}}=1.024\text{MHz}$（仅位 12 为高电平）时的工作情况。若以存储器的 MSB（A_{6}）为基准，则就较容易观察到这种波形。照片 10.4(a) 是 PROM 输出与时钟输入信号。

　　由波形可见，时钟 → A_{6} 的上升沿有些迟缓，若忽略这种迟缓，则约 15ns 时 MSB 信号反转输出（每波形的半个周期 MSB 输出反转）。

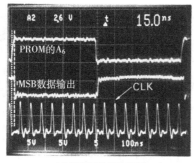 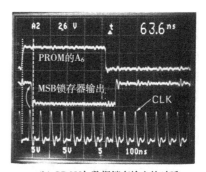

(a) PROM的存取时间　　　　　　　　(b) PROM与数据锁存输出的时延

照片 10.4　工作定时情况

（这是高速数字电路,确认工作定时的余量非常重要。由照片(a)可知,时钟输入到
A_6 上升需要的时间为 15ns,工作不会出现问题。由照片(b)可见,定时用锁存器能
正常工作。高速数字电路时,可知不能获得这样好的波形)

照片 10.4(b)是减小定时误差引起的电压尖峰脉冲而增设 D 锁存器的输出。
由照片可见,第 1 个脉冲不能锁存数据,第 2 个上升时钟为低电平时锁存数据。由
此,约有 1 个时钟周期的时延(61ns),但对于输出连续波形的振荡器不会出现问
题。

照片 10.5 是输出波形,其中,照片 10.5(a)是最低振荡频率 $f_{o\,min}$＝500Hz(仅
位 1 为高电平)的输出波形以及 D/A 转换器的 MSB 输入波形。输出端接的低通
滤波器的截止频率 f_c 为 1.2MHz,因此,对于 500Hz 的频率来说,几乎与不接滤波
器时一样,可以观察到波形步进的变化(这是由于存储器的地址为 7 位,数据极性
为＋7 位构成的缘故)。

照片 10.5(b)是 f_o＝1kHz 时输出波形谐波频谱,谐波都是－60dBm 以下,地
址步进在不接滤波器时也能保持 7 位到 128kHz 的实用值。进一步抑制谐波时,
根据 $f_{o\,max}$ 更改低通滤波器的截止频率即可。

电路实例中使用的是截止频率为 1MHz 的 LC 无源滤波器,但 100kHz 以下时
最好使用运算放大器构成的有源滤波器。

照片 10.5(c)是频率数据设定为 2048(f_o＝1024kHz)时高次谐波频谱,用低通
滤波器对 2 次,3 次谐波进行衰减。

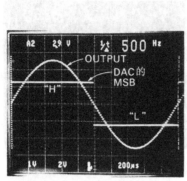

(a) $f_{o\,min}$=500Hz时输出波形

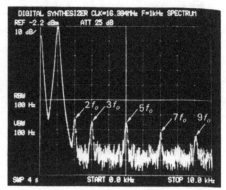

(b) f_o=1 kHz时谐波

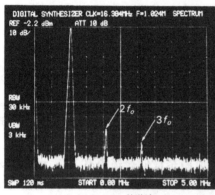

(c) f=1.024MHz 的谐波

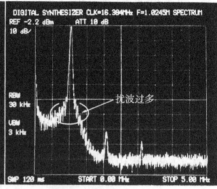

(d) 数据2048+1时谐波

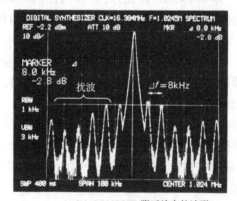

(e) 1.0245 MHz附近放大的波形

照片 10.5　直接数字频率合成器的输出波形

(PROM 中写入的数据与图 4 所示相同的正弦波,如照片(a)所示,波形非常好。观察高次谐波就可知道正弦波的纯度,如照片(b)和(c)所示,高次谐波都为 -60dBm 以下,认为大体上完善就可以了。频率设定为 $2^N\pm1$ 时,产生寄生振荡,这如(d)和(e)所示,但原理上不是这样,电平不那么大)

10.3 单片 DDS 的应用

为了实现直接数字频率合成器的功能需要累加器、波形存储器和 D/A 转换器。最近的 LSI 技术可以做到高集成度和高速动作。这里介绍的 DDS-LSI，TC170C030HS(维尔哈银(株))是最高时钟频率为 70MHz,26 位累加器和 10 位输出正弦波 ROM 等单片化的组件。

10.3.1 TC170C030HS 的概况

图 10.14 是 DDS-LSI 的框图,频率数据进行并行或串行控制,对片内 4 通道指令仅串行方式有效。

累加器为 26 位,它决定振荡频率的分辨率。

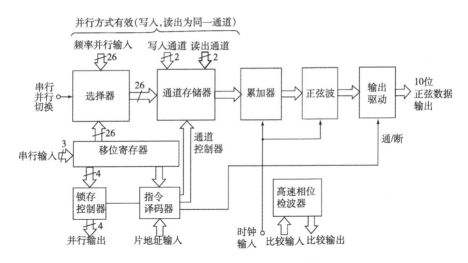

图 10.14 TC170C030HS 的框图

图 10.15 示出 10 位的正弦波数据,正弦波数据 ROM 的振幅轴为 10 位(000h ~3FFh),时间轴为 12 位(步进为 4096)。

DDS-LSI 与 PLL 电路组合构成频率合成器时使用独立的相位比较器,其工作就是进行相位频率比较(PFD)。

图 10.16 是引脚排列图,采用 80 脚 QFP 的小型封装型式,引脚间距为 0.5mm。

表 10.1 示出各引脚的名称与功能。有 7 个电源端子,8 个 GND 端子,这是为了减少电源端子电感的缘故。这是高速工作逻辑 IC 中经常见到的形式。

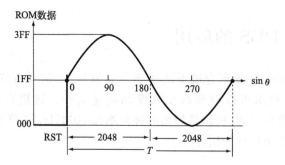

图 10.15　10 位正弦数据 ROM 数据

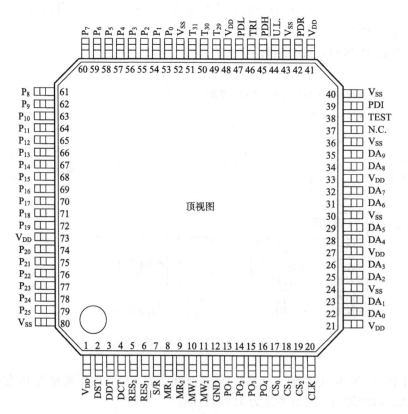

图 10.16　TC170C030HS 的引脚排列图

表 10.1 DDS-LSI 的引脚名称与功能

信号名称	功 能	信号名称	功 能
DST	串行选通输入	$DA_0 \sim DA_9$	正弦数据输出端
DDT	串行数据输入	TEST	片的功能测试用,通常接 GND
DCK	串行输入时钟	PDI	相位比较器的信号输入
RES_2	累加器除外都复位	PDR	相位比较器的基准输入
RES_1	仅累加器复位	$\overline{UL}$	开启输出(有源低电平)
S/P	串行并行方式选择	PDH	相位比较器输出(PDI 输入相位超前时高电平)
MR_1	存储器读地址		
MR_2	存储器读地址		
NW_1	存储器写地址	TRI	相位比较器三态输出
NW_2	存储器写地址	PDL	相位比较器输出(PDI 输入相位迟后时低电平)
$PO_1 \sim PO_4$	通用并行输出(4 位)		
$CS_0 \sim CS_2$	仅串行输入有效,本片可 8 个并联连接	$TEST_{29} \sim TEST_{31}$	串行方式时为开路,并行方式时接 GND
CLK	时钟输入端(CMOS 电平)	$P_0 \sim P_{25}$	并行数据输入时 P_0 为 LSB,串行方式时输入开路

10.3.2 并行方式的使用

图 10.17 是用并行数据设定频率的连接实例,4 位并行输出(13~16 脚)以及相位比较器输出端子开路,其余不用引脚都接地。

为了减小 IC 片内电感,电源端子由多个引脚引出。各 V_{cc} 端附近接入 $0.01 \sim 0.1\mu F$ 的陶瓷电容。

并行数据输入 $P_0 \sim P_{25}$ 设定几位根据振荡频率范围决定,不使用的引脚接地。

时钟频率 f_{CLK} 最高可到 70MHz,1LSB 频率为数赫。例如,1LSB=1Hz(P_{data} =1)时,根据

$$f_o = f_{CLK}(P_{data}/2^{26})$$

的关系式,则有

$$f_{CLK} = f_o \times 2^{26}/P_{data} = 2^{26} = 67.108864(MHz)$$

用 0.5Hz 步进控制频率时 $f_{CLK} = 33.5544MHz$。

并行数据为 8,12,16 位等,步进频率为 10Hz 或 100Hz 时,可根据下式求出 f_{CLK}。

$$f_{CLK} = f_{LSB} \times 2^{26}/2^4 = 41.9430(MHz)$$

数据范围 16 位,1LSB=10Hz,$f_{o \max} = 655.35kHz$,LSB 为 P_4($P_{20} \sim P_{25}$ 为 GND)。

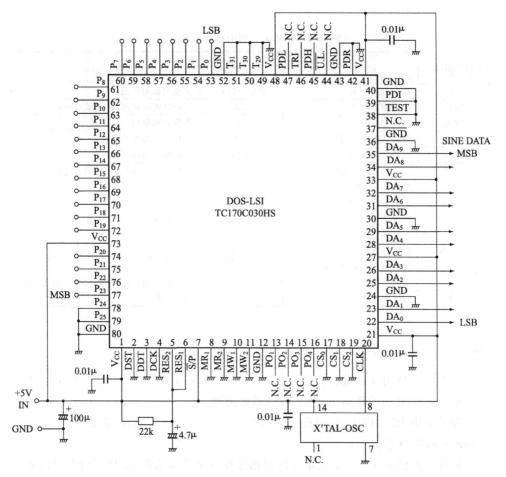

图 10.17　并行输入方式的连接实例

10.3.3　D/A 转换器的位数

　　DDS-LSI 的正弦数据输出为 10 位(000～3FFh)。照片 10.6 示出只是从 MSB 开始的 4 位,DA₉(MSB)输出是占空比为 1∶1 的方波,需要正弦波时可原样利用该端子。

　　D/A 转换器(DAC)的位数越多,就可以得到失真小的正弦波,但最低也是 8 位,要求低失真用途时可用 12 位。

　　照片 10.7 是 4 位 DAC 输出波形。振幅轴的步进数为 $2^4 = 16$,不能说是非常好的正弦波形。照片 10.8 是 5 位($2^5 = 32$)时波形,照片 10.9 是 6 位($2^6 = 64$)时波形,观察到的都是近似的正弦波。

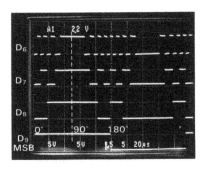

照片10.6 正弦数据输出

拍摄的仅是从 MSB 开始的 4 位。屏幕显示的是 1 个周期的正弦波。

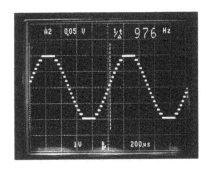

照片10.7 4 位 DAC 输出波形

振幅宽度的分辨率为 4 位（16 分割）。$f_{CLK} = 4MHz$，$P_{15} = $ " H "（$f_o = 0.9765kHz$）

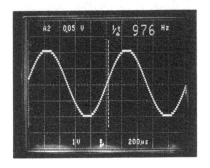

照片10.8 5 位 DAC 输出波形

振幅宽度的分辨率为 5 位（32 分割）。$f_{CLK} = 4MHz$，$P_{15} = $ " H "（$f_o = 0.9765kHz$）

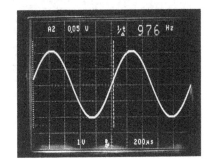

照片10.9 6 位 DAC 输出波形

振幅宽度的分辨率为 6 位（64 分割）。$f_{CLK} = 4MHz$，$P_{15} = $ " H "（$f_o = 0.9765kHz$）

10.3.4 DDS 的最高振荡频率 $f_{o\,max}$

累加器为 26 位，若考虑时间轴分辨率，则设定数据最大需要 24 位以下。为使波形为正弦波，一定要增设陡峭特性的低通滤波器（正弦插补处理）。

照片 10.10 是 10 位 DAC 输出波形，频率数据是 P_{24} 为高电平，因此，以 8 个步进进行 1 次循环累加，这不能称为正弦波。

照片 10.11 是 P_{23} 为高电平（16 步进）时输出波形，照片 10.12 是 P_{22} 为高电平（32 步进）时输出波形，照片 10.13 是 P_{21} 为高电平（64 步进）时输出波形。仅用 DAC 产生正弦波需要 128～256 步进。

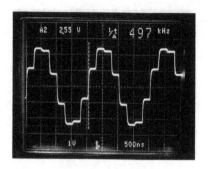

照片 **10. 10**　　$f_{\text{CLK}} = 4\text{MHz}, \text{P}_{24} = \text{"H"}$
（1 000 000h）时间轴的分辨率为 3
位（8 分割）

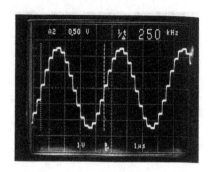

照片 **10. 11**　　$f_{\text{CLK}} = 4\text{MHz}, \text{P}_{23} = \text{"H"}$
（800 000h）时间轴的分辨率为 4 位
（16 分割）

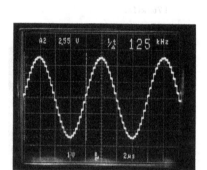

照片 **10. 12**　　$f_{\text{CLK}} = 4\text{MHz}, \text{P}_{22} = \text{"H"}$
（400 000h）时间轴的分辨率为 5 位
（32 分割）

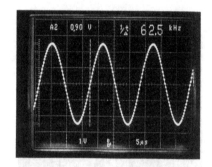

照片 **10. 13**　　$f_{\text{CLK}} = 4\text{MHz}, \text{P}_{21} = \text{"H"}$
（200 000h）时间轴的分辨率为 6 位
（64 分割）

10.3.5　低通滤波器的必要性

若仅由 DAC 产生正弦波,则最高振荡频率不能很高。这里,考虑 DDS-LSI 的寄生振荡而增设低通滤波器,介绍产生更高振荡频率的方法。

图 10.18 示出 DDS-LSI 的谐波失真与寄生的关系（$3f_{\text{CLK}}$ 以上省略）。

这里,关注 $f_{\text{CLK}} - f_{\text{o}}$ 的频谱。

若为了提高振荡频率 f_{o} 而设定较大数据值时,则 $f_{\text{CLK}} - f_{\text{o}}$ 频谱接近 f_{o},波形纯度变坏。这里,若 $f_{\text{o max}}$ 与 $f_{\text{CLK}} - f_{\text{o}}$ 之差达到某种程度,可用特性陡峭的低通滤波器滤除 $f_{\text{o max}}$ 以上频率的频谱,由此可产生很好的正弦波。

照片 10.14 是 $f_{\text{CLK}} = 4\text{MHz}, \text{P}_{\text{data}} = 800\ 000\text{h}（\text{P}_{23}$ 为高电平）时,输出 $f_{\text{o}} = 250\text{kHz}$（时钟的 1/16）时的频谱。由照片可见,在 $f = 4\text{MHz}$ 及 8MHz 附近（±250kHz）产生较大电平的寄生振荡。

由此,为了用 DDS-LSI 产生更高频率,时钟频率 f_{CLK} 是有限制的(70MHz 以下),这样设计特性陡峭的低通滤波器。

对于低通滤波器,数千赫以下采用有源方式,数千赫以上采用具有巴特沃兹与切比雪夫特性的 LC 滤波器。考虑时钟频率中具有衰减极限特性的滤波器,但 $f_{\mathrm{CLK}}-f_\circ$ 时寄生随 $f_\circ$ 变化较大,因此,不能得到预想的效果。

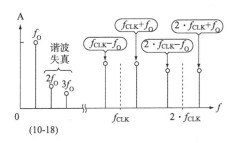

图 10.18 DDS-LSI 失真与寄生的关系

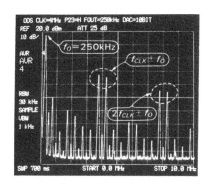

照片 10.14 DDS 的寄生振荡 ,10 位的 DAC 输出 $f_{\mathrm{CLK}}=4\mathrm{MHz},\mathrm{P}_{23}=$ "H"（800000h）。

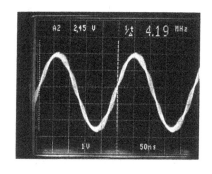

照片 10.15 $f_{\mathrm{CLK}}=33.5544\mathrm{MHz},\mathrm{P}_{23}=$ "H",$\mathrm{P}_7=$ "H"时的输出波形位

10.3.6 频率数据不是 2^N 时产生的寄生振荡

累加器的数据长度为 26 位,因此,不是 2^N 的设定数据时,在正弦波的 1 个周期时间内会使波形跳动。

高频时这就成为问题,照片 15 示出的就是这样的输出波形。

照片 10.16 示出使用 8 位 DAC,数据 $=200\,000$(P_7 为低电平)与 $200\,010$(P_7 为高电平)时不同的噪声谱。

P_7 为低电平时示出与晶体振荡器同等的波形纯度,但设定不是 2^N 的数据时,噪声电平恶化为 $-65\mathrm{dB}$ 左右。

10.3.7　低频用 DDS-LSI 输出电路

数十千赫以下低频电路的信号源要求波形失真小,振荡电平稳定性高。这时若使用电压输出型 DAC,就可以简单产生高稳定性的信号。

图 10.19 原为 12 位输入型 DAC,这里是省略 LSB 开始的 2 位而使用 10 位的实例。这是在原来的梯形电阻网络中接入正弦数据输出(CMOS 电平)的 DAC,电平变化与 DDS-LSI 的电源电压变化成比例,但 DAC80 不受逻辑电源变化的影响。

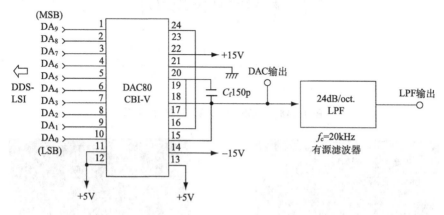

图 10.19　低频输出电路实例

振荡输出振幅的稳定性由片内基准电压电路的特性决定,可容易得到 12 位左右的稳定性。这种构成可改善频率与输出电平的稳定性,但使用的 DAC 不是高速型器件,因此,振荡频率变高时失真有增大的趋势。请增设 $f_C = 20\text{kHz}$ 的有源低通滤波器。

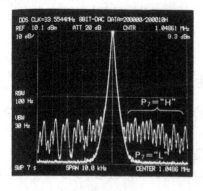

照片 10.16　数据不是 2^N 时寄生增加的
情况(双重曝光摄影)

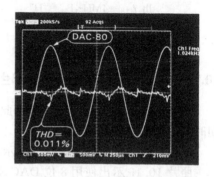

照片 10.17　低频波形失真 $f_\circ = 1.024\text{kHz}$,
$f_{\text{CLK}} = 33.544\text{MHz}$ 不接低通滤波器时
DAC 输出

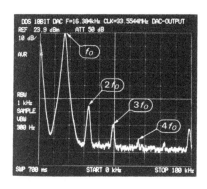
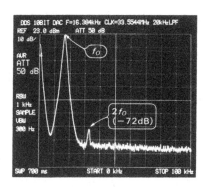

照片 10.18　　DAC 输出的高频失真
$f_{\text{o}}=16.384\text{kHz}$,
$f_{\text{CLK}}=33.5544\text{MHz}$

照片 10.19　增设 20kHz 低通滤波器时高频
失真（$f_{\text{o}}=16.384\text{kHz}$）

　　照片 10.17 是 $f_{\text{o}}=1.024\text{kHz}$ 时输出波形与约 0.01% 的残留失真情况（失真仪的输出，通道 2）。然而，$f_{\text{o}}=16.384\text{kHz}$ 时失真增加相当大，如照片 10.18 所示，2 次谐波为 -55dB，3 次谐波为 -70dB。

　　这里，若用低通滤波器滤除失真，可以得到相当大的改善。照片 10.19 实例中，2 次谐波为 -72dB，3 次谐波观察不到。

10.3.8　高频用途的 DDS 输出电路

　　为了产生数兆赫的正弦波，需要高速 DAC 与 LC 低通滤波器。这可方便地用传统的 DAC，但这里等例是使用比较高速的 DAC08，如图 10.20 所示。

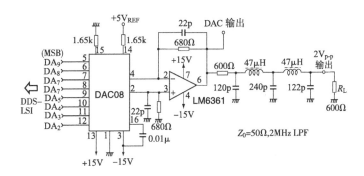

图 10.20　8 位高速 DAC 与低通滤波器电路

　　使用 10 位高速 DAC 场合，8 位分辨率也能实用，原因是高频时时间轴的分辨率变坏。DAC08 为电流型，因此，需要外接电压变换电阻与运算放大器。为了得到高速响应,周围电阻值设计比标准值低。

　　当然,运算放大器需要处理数兆赫信号的高速运算放大器,这里选用 LM6361 差动输入型运算放大器。

　　低通滤波器采用衰减特性为恒定 K 型 30dB/oct,截止频率为 f_C＝2MHz 的恒定 K 型滤波器。照片 10.20 是 600Ω 终端的衰减特性,数十兆赫时得到较大的衰减。

　　DDS-LSI 的时钟频率 f_{CLK} 为 33.5544MHz,数据输入的 P_0 为 5Hz,以 16 进制给出 2FFFFFh 数据,则输出约为 2MHz。照片 10.21 是 f_o＝1.048MHz 的 DAC 输出波形(照片下方)与低通滤波器输出波形(照片上方)。明显显示出接入低通滤波器的效果。

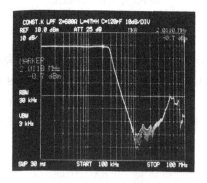

照片 10.20　恒定 K 型低通滤波器的衰减特性。(L＝47μH, C＝120pF, Z_o＝50Ω)

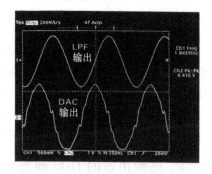

照片 10.21　接入低通滤波器的效果 (f_o＝1.048MHz)

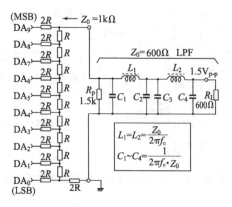

图 10.21　梯形电阻网络(R＝1kΩ)构成的 DAC 输出电路

10.3.9 梯形电阻网络构成的 DAC 电路

图 10.21 是简单低成本的电路实例。梯形电阻网络的电阻值精度要高,这里是 10 位输入,使用 2kΩ/1kΩ 的电阻。低通滤波器为恒定 K 型,$Z_0=600\Omega$,为此与梯形电阻的输出阻抗 1kΩ 并联 1.5kΩ 的 R_p。由于输出电压受电源电压变化的影响,因此,需要 5V 稳定电源。

图 10.22 是高频用途实例,需要设计较低的特性阻抗低通滤波器,为此,在梯形电阻之间增设一个高速而单电源工作的 AD8041,起到阻抗缓冲的作用。

梯形电阻网络输出电压在负载开路时约 5V,因此,运算放大器输出波形产生失真。电阻 R_1 提供一些偏置电压,使输出电位不为零。R_2 是使输出电压为 5V 以下的梯形负载电阻。若在 +0.5~+4.5V 范围使用,可防止失真的增大。

当在使用 10kΩ/20kΩ 高阻值梯形网络时,如图 10.23 所示,由同一常数的 18dB/oct 有源滤波器简单构成。$R=10\text{k}\Omega$,电容 C 的值可由下式进行计算:

$$C=0.675/(2\pi f_c \times 10^4)$$

运算放大器的增益要设定 $A=2$,当然,这时输出电压的振幅为 0~+10V。

照片 10.22 是截止频率为 20kHz 的低通滤波器输出的高频失真情况,$f_c=$ 1kHz 时,2 次,3 次谐波都为 −70dB。

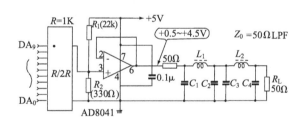

图 10.22 高频低输出阻抗时需要的缓冲电路

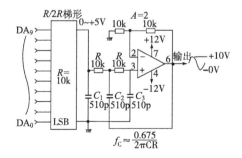

图 10.23 梯形电阻网络(10kΩ/20kΩ)与低通滤波器电路

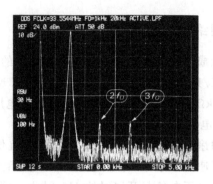

照片 10.22　图 10.23 电路的高频失真

10.3.10　串行输入的使用方式

并行输入时若产生宽范围的频率,则数据线要增多。8 或 16 位数据时使用并行接口 IC 非常方便,但其位数超过 16 位时可使用串行输入方式。

图 10.24 是用串行输入数据方式设定频率数据与指令时的电路连接实例,这里简要说明与并行输入方式的不同之处。

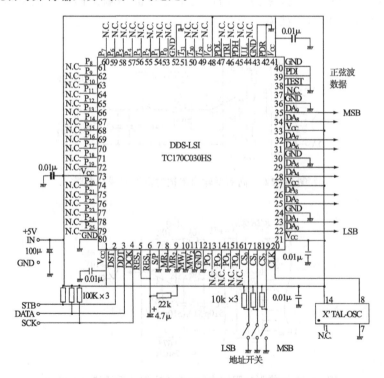

图 10.24　串行输入时电路连接实例

$\overline{S}/P$ 端子(7 脚)接地,使用片选 $CS_0 \sim CS_2$(17 脚~19 脚)时,由 3 位(可用 8 个 DDS-LSI 并联)设定片地址数据,但不使用片选时这些端子接地。

串行输入端子 DST(2 脚),DDT(3 脚)和 DCK(4 脚)按照图 10.25 的定时输入数据。

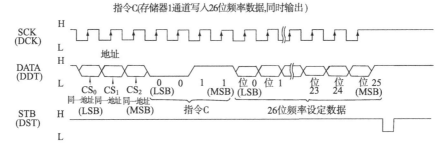

图 25 各串行输入端子的定时图

要注意不用端子的处理。并行数据输入 $P_0 \sim P_{25}$ 不接地,输入开路。原因是串行输入方式时内部电路变为输出方式,输入端子变为输出端子。

同样,LSI 的功能测试端子 $T_{29} \sim T_{31}$(49 脚~51 脚)也开路。

串行输入定时是在时钟的上升沿读取串行数据,选通信号的上升沿锁存全部数据,更改频率等。

更改数据需要 33 个时钟,因此,高速更改数据(FM,FSK,扫描)时就受到限制。

照片 10.23 是片地址 000,指令 Ch(1100),频率 Ah(1010)的实例。

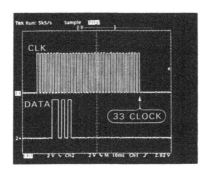

照片10.23 串行输入波形。时钟上升时进行锁存
(ADR:000,CMD:0010,FREQ:Ah)

参 考 文 献

[1]*TCO707シリーズ水晶発振モジュール・カタログ，東洋通信機㈱

[2]*タイム・スタンダードIC SPG8650B，セイコーエプソン㈱

[3]*正弦波発振モジュール・カタログ，㈱日本サーキットデザイン

[4]*92年 C²MOS ロジック IC データブックより，㈱東芝

[5]*92年 リニア IC データブックより，ナショナルセミコンダクタージャパン

[6]*92年 産業リニア IC データブックより，日本電気㈱

[7]*92年 リニア IC データブックより，日本テキサスインスツルメンツ㈱

[8]*岩田光信，高周波回路のトラブル対策(絶版)，CQ出版㈱

[9]*92年 トランジスタ・データブックより，㈱日立製作所

[10]*セラロック・データシートより，㈱村田製作所

[11]*松井邦彦，「アナログIC活用ハンドブック」より，CQ出版㈱

[12]*阿部 彰，「アナログIC活用ハンドブック」より，CQ出版㈱

[13] Model 3312A Function Generator Operating and Service Manual,
Hewlett-Packard INC.

[14]*バイポーラ・ディジタルIC データブックより，日本テキサスインスツルメンツ
㈱

[15]*89年 小信号ダイオード・データブックより，三洋電機㈱

[16]*CdS フォト・カプラ・カタログ，㈱モリリカ

[17]*90年 小信号用トランジスタ・データブックより，㈱東芝

[18]*89年 ダイオード・データブックより，㈱日立製作所

[19]*89年 小信号用ダイオード・データブックより，㈱東芝

[20]*CMOS ロジック IC データブックより，日本モトローラ㈱

[21]*MC145163 データシート，日本モトローラ㈱

[22]*92年 アナログ・プロダクト・データブック，アナログデバイセズ㈱

[23]*SM5833A データシート，日本プレシジョン・サーキッツ㈱

[24]*DDS-LSI取扱説明書，㈱ウェルパイン（☎(03)3223-0115)

电抗计算图

频率